●新・工科系の数学●
TKM-A1

工学基礎
代数系とその応用

平林隆一

数理工学社

編者のことば

　21世紀に入り，工学分野がますます高度に発達しつつある．頭脳集約型の産業がわが国の将来を支える最も重要な力であることに疑問の余地はない．

　高度に発展した工学の基本技術として数学がますます重要になっていることは，大学工学部のカリキュラムにしめる数学および数学的色彩をもった科目が20年前と比べて格段に多数になっていることから容易に想像がつくことである．

　一方で，大学1, 2年次で教授される数学が，過去40年の間に大きな変革を受けたとは言いがたい．もとより，数学そのものが変わるわけもなく，また重要な数学の基礎に変更があるわけもないが，時代の変化や実際面での数学に対するニーズに対して，あまりに鈍感であってよいわけではない．

　現在出版されている数学関連図書の多くは，数学を専門にする学生および研究者向けであるか，あるいは反対に数学が不得手な者を対象にした易しい数学解説書であることが多い．将来数学を専攻しない，しかし数学と多くのかかわりをもつであろう理工系学生に，将来使うための数学を教育し，あるいは将来どのような形で数学が重要になるかを体系的に説く，そのような数学書が必要なのではないだろうか．またそのような数学書は，数学基礎教育に携わる数学専門家にとっても，例題集としてまた生きた数学の像を得るために重要なのではないかと考えている．

　以上のような観点から全体を構成し，それぞれの専門家に執筆をお願いしたものが本ライブラリ「新・工科系の数学」である．本ライブラリではまず，大学工学部で学ぶ数学に十分な基礎をもたない者のための数学予備[第0巻]と特に高校数学と大学数学の間の乖離を埋めるために数学の考え方，数の概念，証明とは何かを説いた第1巻，工学系学生の基礎数学[第2, 3巻](以上，書目群I)，工学基礎数学(書目群II, III)を配置した．これらが数学各分野を解説する縦糸である．

編者のことば　　　　　　　　　　　　　　　　iii

　一方，電気，物質科学，情報，機械，システム，環境，マネジメントの諸分野を数学を用いて記述する，またはそれらの分野で特化した数学を解説する巻（書目群Ⅳ）を用意した．これは，数学としての体系というより，数学の体系を必要に応じて横断的に解説した横糸の構成となっている．両者を有機的に活用することにより，工科系における数学の重要性と全体像が明確にできれば，編者としてこれに優る喜びはない．ライブラリ全体として，編者の意図が成功したかどうか，読者の批判に待ちたい．

　2002 年 8 月

　　　　　　　　　　　　　　　　　　　　　編者　藤原毅夫
　　　　　　　　　　　　　　　　　　　　　　　　薩摩順吉
　　　　　　　　　　　　　　　　　　　　　　　　室田一雄

「新・工科系の数学」書目一覧			
書目群 I		書目群 III	
0	工科系 大学数学への基礎	A–1	工学基礎 代数系とその応用
1	工科系 数学概説	A–2	工学基礎 離散数学とその応用
2	工科系 線形代数	A–3	工学基礎 数値解析とその応用
3	工科系 微分積分	A–4	工学基礎 最適化とその応用
		A–5	工学基礎 確率過程とその応用
書目群 II		書目群 IV	
4	工学基礎 常微分方程式の解法	A–6	電気・電子系のための数学
5	工学基礎 ベクトル解析とその応用	A–7	物質科学のための数学
6	工学基礎 複素関数論とその応用	A–8	アナログ版・情報系のための数学
7	工学基礎 フーリエ解析とその応用	A–9	デジタル版・情報系のための数学
8	工学基礎 ラプラス変換と z 変換	A–10	機械系のための数学
9	工学基礎 偏微分方程式の解法	A–11	システム系のための数学
10	工学基礎 確率・統計	A–12	環境工学系のための数学
		A–13	マネジメント・エンジニアリングのための数学

(A: Advanced)

まえがき

　本書は，工学において本格的に代数学を応用しようとする学生の便に供するために書かれたものである．現代技術において，代数学は暗号理論，符号理論，ロボティクス，オペレーションズ・リサーチ，最適化理論などに応用されている．そこで問題となるのは，数理系の学科以外では代数学の講義がほとんどないことである．したがって，代数学の応用を志す学生は突然に暗号理論や符号理論等の教科書で代数学に触れることになる．それらの教科書の序章には，非常にコンパクトにそれらの知識が紹介されているが，初学者がそれで代数学を理解して，応用できるようになるのは至難のことである．といって，一般の代数学の教科書を手に取ると，その記述のあまりの抽象性と簡潔さにとまどうことであろう．したがって，工学部の学生が代数学の応用を学ぶにあたって，基本となる数学も含めて解説してあり，しかも応用を常に意識した教科書が必要であると考え，本書が書かれたわけである．

　本書では代数学の教科書にあるような公理系の記述から始めることをさけることにし，あまりに抽象的な記述とならないようにした．また，初学者に理解できるように例をできるだけあげて，わかりやすく述べている．本書を読まれれば，暗号理論等の専門書で使用される代数学の知識は身に付くであろう．また，さらに高度な代数学の知識が必要な場合でも，代数学の標準的な教科書も読めるようになっているはずである．数学書は一般的には，記述をできる限り簡潔にし，繰り返しを嫌うのであるが，本書は必要とあれば記述をわかりやすく冗長にし，繰り返しもいとわずに説明している．本書を通じて代数学を理解し，それを応用するための第一歩となれば，著者としてはこれ以上の喜びはない．

　本書執筆の機会をくださった東京大学大学院の室田一雄先生に感謝の意を表します．本書の完成まで随分かかりましたが，これはひとえに筆者の怠慢によります．その間，作業の進捗を見守りながら，辛抱強く待っていただいた数理

まえがき

工学社の竹田直氏に厚くお礼申しあげます．

　最後に，執筆途中に常に暖かい目で見守り，励ましてくれた妻の美枝子と子供達に感謝いたします．本書がわかりやすくなったとすれば，工学部出身の長男との議論によるところが大きいと思います．

　　2006 年 8 月

平林　隆一

目　　次

第1章　イントロダクション　　1
1.1　有理整数環 ……………………………………………… 2
1.2　有理数体と実数体 ……………………………………… 5
1.3　集合論から ……………………………………………… 8
1.4　写　　　像 ……………………………………………… 13
1.5　順　序　集　合 ………………………………………… 15
1章の問題 …………………………………………………… 16

第2章　群　　論　　17
2.1　群 ………………………………………………………… 18
2.2　正規部分群と剰余群 …………………………………… 22
2.3　準同型写像 ……………………………………………… 25
2.4　準同型定理 ……………………………………………… 28
2.5　巡　回　群 ……………………………………………… 32
2章の問題 …………………………………………………… 36

第3章　環　　論　　37
3.1　環 ………………………………………………………… 38
3.2　イ デ ア ル ……………………………………………… 40
3.3　環の準同型定理 ………………………………………… 44
3.4　素イデアル ……………………………………………… 49
3.5　局　所　化 ……………………………………………… 53
3.6　単項イデアル環と一意分解環 ………………………… 58
3.7　ユークリッド整域 ……………………………………… 66
3章の問題 …………………………………………………… 68

第4章 初等整数論　　　　　　　　　　　　　　　　69
4.1 ユークリッドの互除法と整数の整除 ………… 70
4.2 合同式 ……………………………………………… 76
4.3 1次合同式 ………………………………………… 78
4.4 連立1次合同式 …………………………………… 82
4.5 既約剰余類群とフェルマーの小定理 …………… 84
4.6 オイラー関数とオイラーの定理 ………………… 87
4.7 既約剰余類群と原始根 …………………………… 92
4章の問題 ……………………………………………… 98

第5章 公開鍵暗号　　　　　　　　　　　　　　　　99
5.1 暗号 ……………………………………………… 100
5.2 RSA暗号のアルゴリズム ……………………… 101
5.3 素数の判定 ……………………………………… 103
5.4 フェルマーテスト ……………………………… 105
5.5 ラビン・ミラーテスト ………………………… 109
5章の問題 …………………………………………… 112

第6章 多項式環　　　　　　　　　　　　　　　　113
6.1 多項式環 ………………………………………… 114
6.2 1変数多項式のわり算 ………………………… 118
6.3 1変数多項式とユークリッドの互除法 ……… 125
6.4 既約多項式 ……………………………………… 128
6.5 原始多項式 ……………………………………… 130
6章の問題 …………………………………………… 136

第7章 体論　　　　　　　　　　　　　　　　　　137
7.1 ベクトル空間 …………………………………… 138
7.2 体の拡大 ………………………………………… 140
7.3 代数拡大 ………………………………………… 145
7.4 最小分解体 ……………………………………… 150
7.5 有限体 …………………………………………… 151

- 7.6 有限体の存在 …………………………………… 153
- 7.7 有限体の構造 …………………………………… 158
- 7.8 多項式の周期 …………………………………… 161
- 7章の問題 ………………………………………… 164

第8章 符号理論　165

- 8.1 線形符号 ………………………………………… 166
- 8.2 ハミング距離 …………………………………… 171
- 8.3 ハミング符号 …………………………………… 173
- 8.4 巡回符号 ………………………………………… 175
- 8.5 巡回ハミング符号の復号法 …………………… 181

第9章 計算代数　185

- 9.1 多項式によるわり算 …………………………… 186
- 9.2 単項式の順序付け ……………………………… 188
- 9.3 多項式環におけるわり算 ……………………… 191
- 9.4 ディクソンの補題 ……………………………… 194
- 9.5 ヒルベルトの基底定理とグレブナー基底 …… 197
- 9.6 グレブナー基底の性質 ………………………… 201
- 9.7 S-多項式とブーフベルガーの判定法 ………… 207
- 9.8 ブーフベルガーのアルゴリズム ……………… 214
- 9.9 2次元巡回符号とグレブナー基底 …………… 217
- 9章の問題 ………………………………………… 219

問題解答　220

参考文献　237

索　引　239

1 イントロダクション

　本章では整数，有理数，実数，複素数が自然に持っている四則演算の性質を取り出して考察する．ここで出てくる用語 (群，環，体) は，代数学の基本概念となる．以降の章で順に詳しく調べることになるが，よく知っている整数などで各概念をまず確実に理解してもらいたい．

　また，集合の基本的な演算と関係，特に同値関係について学ぶが，同値関係は以下の章でたくさんでてくるので，ここでしっかりと理解しておきたい．また，写像の概念は数学の基本であり，丁寧に解説してあるので，基本的なことをきちんと把握してほしい．

> **1 章で学ぶ概念・キーワード**
> - 群，加法群，(有理整数) 環，体，拡大体
> - 直積集合，関係，同値関係
> - 写像，関数，定義域，値域，像，逆像，逆写像，単射，全射，全単射
> - 順序，半順序，全順序，整列集合

1.1 有理整数環

(有理) 整数全体からなる集合 $\{\cdots, -2, -1, 0, 1, 2, \cdots\}$ を $\mathbb{Z}$ で表すことにし，数 a が整数であるとき，$a \in \mathbb{Z}$ と書く．たし算とひき算を合わせて**加法**といい，かけ算とわり算を合わせて**乗法**ということにする．$a, b \in \mathbb{Z}$ であるとき，$a + b \in \mathbb{Z}$ が成り立つが，このとき，$\mathbb{Z}$ はたし算に対して閉じているという．また，$a - b \in \mathbb{Z}$ も成り立つが，このとき，$\mathbb{Z}$ はひき算に対して閉じているという．$\mathbb{Z}$ はたし算とひき算の両方について閉じているので，加法について閉じているという．ここで，$\mathbb{Z}$ が加法に対して持っている性質について列挙してみると，

(1) $0 \in \mathbb{Z}$ であり，任意の $a \in \mathbb{Z}$ に対して $0 + a = a + 0 = a$ が成り立つ．
(2) $a \in \mathbb{Z}$ なら $a + b = b + a = 0$ となる $b (= -a) \in \mathbb{Z}$ がある．
(3) $(a + b) + c = a + (b + c)$ が成り立つ．
(4) $a + b = b + a$ が成り立つ． $\qquad (a, b, c \in \mathbb{Z})$

となる．

(1) について補足すると，ゼロを発見したのは古代インドの人達であるが，これは数学史上最大の発見といわれている．これに対して，負の数が発見されたのはよくわからないけれども，遅くとも 7 世紀前半までのインドでは分数，負数，ゼロ，さらには無理数をも含む「実数」の領域で自由に計算できるようになっていたといわれている．ここで実数全体からなる集合を表す記号 $\mathbb{R}$ も紹介しておこう．

上の (3) の性質を結合則というが，これが演算における基本的な性質である．結合則がないと，演算をするときに，どの順番に計算するかをカッコを用いて指定してやらなければいけなくなる．例えば，

$$(((a + b) + c) + ((d + e) + (f + g))) + (h + i)$$

などと書かないといけなくなる．このカッコで指定した順以外でたし算を行うと，結果が違ってしまうかもしれないということになって，煩わしい限りである．幸いに，整数のたし算では結合則が成り立つので，どういう順序で演算を行っても構わない．そこで，上のようにわざわざたくさんのカッコをつけて面倒くさい式を書かずに，どんな順序で計算してもいいですよ，という意味で，簡単に

$$a+b+c+d+e+f+g+h+i$$

と書いてもよくなって，見た目にも非常に簡単な表記となる．

(1), (2), (3) の性質によって，「$\mathbb{Z}$ は**加法に関して群をなす**」というのであるが，$(\mathbb{Z}, +)$ は加法に関して群をなすというほうがより正確ないい方である．$\mathbb{Z}$ はさらに (4) の交換法則を満たすので，$(\mathbb{Z}, +)$ は加法に関して**可換群**をなす，**加法群**をなす，あるいは**アーベル群**となるという．ちなみに，アーベル (1802–1829) は 26 歳で亡くなったノルウェーの天才数学者からとっている．

ところで自然数全体からなる集合 $\mathbb{N} = \{0, 1, 2, \cdots\}$ はたし算に対しては閉じているが，ひき算に関して閉じていないので群にはならない．なお，自然数に 0 を入れる流儀と入れない流儀があるが，本書では自然数に 0 を入れることにし，1 以上の自然数からなる集合を表すときには $\mathbb{N}^*$ で表すことにする．

今度はかけ算について考えてみよう．$\mathbb{Z}$ はかけ算に関しても閉じているので，かけ算の性質を書いてみると

(1) $1 \in \mathbb{Z}$ であり，任意の $a \in \mathbb{Z}$ に対して $1 \cdot a = a \cdot 1 = a$ が成り立つ．
(2) $(ab)c = a(bc)$ が成り立つ．
(3) $ab = ba$ が成り立つ．

となる．ここで，$a \times b$ のかわりに $a \cdot b$ と書いていることに注意しておこう．1 が加法のときのゼロと同じ働きをしていることに注意しよう．$\mathbb{Z}$ では $a \neq 0$ でも b/a は一般には整数とはならないから，わり算に関して閉じていないので，

(4) 任意の $a \in \mathbb{Z}$ に対して $ab = ba = 1$ となる $b \in \mathbb{Z}$ が存在する．

は成り立たない．したがって $(\mathbb{Z}, \cdot)$ は群ではない．しかし，かけ算とたし算の間には分配則

(5) $a(b+c) = ab + ac$

が成り立つ．このとき，$(\mathbb{Z}, +, \cdot)$ は**環**になっているという．

特にかけ算に対して交換則 (3) が成り立っているので**可換環**という．省略して，$\mathbb{Z}$ は可換環であるともいう．あとで，環の一般的な話をするので，$\mathbb{Z}$ のことを **(有理) 整数環**ということにする．

ところで $a \in \mathbb{Z}$ のことを (有理) 整数と書いたが，これは，数学の大きな分野に代数的整数論というものがあるが，そこでは，代数方程式

$$z^n + a_1 z^{n-1} + \cdots + a_n = 0 \quad (a_1, \cdots, a_n \in \mathbb{Z})$$

の解を代数的整数というため，それと区別するために $a \in \mathbb{Z}$ のことを有理整数というわけである．しかし，この本では代数的整数は扱わないので，以下では $a \in \mathbb{Z}$ を単に整数ということにしよう．ついでにいうと，

$$a_0 z^n + a_1 z^{n-1} + \cdots + a_n = 0 \quad (a_0, a_1, \cdots, a_n \in \mathbb{Z},\ a_0 \neq 0)$$

の解 z を代数的数という．代数的整数は上の方程式で $a_0 = 1$ の場合であるから，代数的数になっている．

例 1 $\sqrt{2}$ は $z^2 - 2 = 0$ の解であるから代数的整数であるし，$\sqrt[3]{2}$ も $z^3 - 2 = 0$ の解であるから代数的整数である．また，

$$z^2 + z + 1 = 0$$

の解は $z = (-1 \pm \sqrt{3}i)/2$ であるから，この複素数も代数的整数である．しかし，π や自然対数の底 (ネイピア数) e は代数的数ではない．代数的数でない数を超越数という．e が超越数であることはエルミートが 1873 年に証明し，円周率 π が超越数であることはリンデマンが 1882 年に証明した．a が 0 でも 1 でもない代数的数で，b が有理数でない代数的数であるとき，a^b は超越数であるというゲルファント・シュナイダーの定理 (1934) などという難しい定理もあるが，この本の範囲をはるかに超えているから，以下では取り扱わない．この定理によると $2^{\sqrt{2}}$ や $e^{\pi} = e^{-\pi i^2} = (e^{\pi i})^{-i} = (-1)^{-i}$ は超越数になるなどということがいえる．ただし，$i = \sqrt{-1}$ である．ここで $e^{\pi i} = -1$ というオイラーの公式を使ったが，以下でこの公式を使うことはないので，無視しても構わない．なお，$\pi + e$ が超越数かどうか，というより，無理数かどうかということもわかっていない． □

$\mathbb{Z}(i) = \{a + bi \mid a, b \in \mathbb{Z}\}$ なる集合を考えてみよう．これは複素数で，実部と虚部それぞれを整数に制限したものである．ちょっと考えればわかるが，$\mathbb{Z}(i)$ も環になっていることがわかる．$a + bi \in \mathbb{Z}(i)$ を**ガウス整数**，$\mathbb{Z}(i)$ を**ガウスの整数環**という．ガウスの整数環 $\mathbb{Z}(i)$ も (有理) 整数環 $\mathbb{Z}$ とよく似た性質を持っているので，詳しく調べられているが，本書では触れない．

なお，ヨハン・カール・フリードリヒ・ガウス (1777–1855) はドイツの数学者，天文学者，物理学者で，近代数学のほとんどの分野に影響を与えたと考えられている．子供の頃から数学の才能を発揮して，数学史上最高の数学者といわれている．

1.2 有理数体と実数体

有理数全体つまり分数全体からなる集合を $\mathbb{Q}$ と表す．$\mathbb{Q}$ は加減乗除の四則演算に対して閉じていると普通はいうが，わり算に関しては分母がゼロになってはいけないので，$a, b \in \mathbb{Q}$ に対して，$a \neq 0$ のときに限って $b/a \in \mathbb{Q}$ となるわけである．つまり，乗法について閉じているのは $\mathbb{Q}$ ではなくて，$\mathbb{Q}$ からゼロを除いた集合 $\mathbb{Q}^* = \mathbb{Q} \backslash \{0\} = \{a \mid a \in \mathbb{Q},\ a \neq 0\}$ である．このとき，$(\mathbb{Q}^*, \cdot)$ は可換群となっているわけである．ここで，2 つの集合 A, B に対して $A \backslash B = \{a \in A \mid a \notin B\}$ を A と B の**差集合**という．$(\mathbb{Q}, +, \cdot)$ は可換環となっているわけだが，$\mathbb{Q}^*$ が群になっているので，$(\mathbb{Q}, +, \cdot)$ を **(有理数) 体**という．$(\mathbb{Q}^*, \cdot)$ が可換群となっていることをはっきりさせたいときは，$\mathbb{Q}$ は**可換体**であるというが，体というときは普通は可換体のことをいう．

実数全体からなる集合 $\mathbb{R}$ や複素数全体からなる集合 $\mathbb{C}$ に対しても $\mathbb{Q}$ と同じ性質が成り立つので，$\mathbb{R}, \mathbb{C}$ も (可換) 体になる．$\mathbb{R}$ を**実数体**，$\mathbb{C}$ を**複素数体**という．

数からなる集合で，$\mathbb{Q}, \mathbb{R}, \mathbb{C}$ 以外に体になるものはあるだろうか．

$$\mathbb{Q}(\sqrt{2}) = \{a + b\sqrt{2} \mid a, b \in \mathbb{Q}\}$$

なる集合を考えてみよう．加法について閉じているのは明らかであるので，乗法について考えてみよう．

$$(a + b\sqrt{2})(c + d\sqrt{2}) = (ac + 2bd) + (ad + bc)\sqrt{2} \in \mathbb{Q}(\sqrt{2})$$

となるので，$\mathbb{Q}(\sqrt{2})$ はかけ算に対して閉じている．次にわり算について見てみると，$c, d \neq 0$ として，

$$\frac{a + b\sqrt{2}}{c + d\sqrt{2}} = \frac{ac - 2bd}{c^2 - 2d^2} + \frac{bc - ad}{c^2 - 2d^2}\sqrt{2} \in \mathbb{Q}(\sqrt{2})$$

となっているので，$\mathbb{Q}(\sqrt{2})^*$ は乗法について閉じている．結合法則や分配法則が成り立つのは明らかであるから，$\mathbb{Q}(\sqrt{2})$ が体となっていることがわかる．

今度は

$$\mathbb{Q}(\sqrt{2}, \sqrt{3}) = \{a + b\sqrt{2} + c\sqrt{3} \mid a, b, c \in \mathbb{Q}\}$$

なる集合を考えてみよう．やはり加法について閉じているのは明らかなので，乗法について考えてみよう．

$$(a+b\sqrt{2}+c\sqrt{3})(d+e\sqrt{2}+f\sqrt{3})$$
$$=(ad+2be+3cf)+(ae+bd)\sqrt{2}+(af+cd)\sqrt{3}$$
$$+(bf+ce)\sqrt{6}\notin\mathbb{Q}(\sqrt{2},\sqrt{3})$$

となるので，$\mathbb{Q}(\sqrt{2},\sqrt{3})$ はかけ算に対して閉じていない．したがって，$\mathbb{Q}(\sqrt{2},\sqrt{3})$ は体ではない．かけ算について閉じているためには $\sqrt{6}$ が必要だということがわかったので，

$$\mathbb{Q}(\sqrt{2},\sqrt{3},\sqrt{6})=\{a+b\sqrt{2}+c\sqrt{3}+d\sqrt{6}\,|\,a,b,c,d\in\mathbb{Q}\}$$

なる集合を考えてみよう．やはり加法について閉じているのは明らかなので，乗法について考えてみよう．

$$(a+b\sqrt{2}+c\sqrt{3}+d\sqrt{6})(e+f\sqrt{2}+g\sqrt{3}+h\sqrt{6})$$
$$=(ae+2bf+3cg+6dh)+(af+be+3ch+4dg)\sqrt{2}$$
$$+(ag+ce+2bh+2df)\sqrt{3}+(ah+bg+cf+de)\sqrt{6}$$
$$\in\mathbb{Q}(\sqrt{2},\sqrt{3},\sqrt{6})$$

となり，かけ算について閉じていることがわかる．$\mathbb{Q}(\sqrt{2},\sqrt{3},\sqrt{6})^*$ がわり算について閉じていることも同様にわかるので，$\mathbb{Q}(\sqrt{2},\sqrt{3},\sqrt{6})$ は体となっている．

線形代数を知っている人は $\mathbb{Q}(\sqrt{2})$ は $\mathbb{Q}$ 上のベクトル空間となっていて，$1,\sqrt{2}$ が基底となっていることがわかるであろう．基底の数が 2 であるから，$\mathbb{Q}(\sqrt{2})$ を $\mathbb{Q}$ の 2 次の**拡大体**といって，$[\mathbb{Q}(\sqrt{2}):\mathbb{Q}]=2$ と書き，**拡大次数**という．

$\mathbb{Q}(\sqrt{2},\sqrt{3},\sqrt{6})$ を $\mathbb{Q}$ 上のベクトル空間と考えると，$1,\sqrt{2},\sqrt{3},\sqrt{6}$ が基底となるので，$\mathbb{Q}(\sqrt{2},\sqrt{3},\sqrt{6})$ は $\mathbb{Q}$ の 4 次の拡大体となり，拡大次数は $[\mathbb{Q}(\sqrt{2},\sqrt{3},\sqrt{6}):\mathbb{Q}]=4$ となる．

同様に，$\mathbb{C}=\mathbb{R}(\sqrt{-1})$ であるから，$[\mathbb{C}:\mathbb{R}]=2$ となって $\mathbb{C}$ は $\mathbb{R}$ の 2 次拡大体となっている．このときの基底は $1,i$ である．これは，複素数を $a+bi\,(a,b\in\mathbb{R})$ と表すことからわかる．

では実数体 $\mathbb{R}$ は有理数体 $\mathbb{Q}$ の何次の拡大体となっているのだろうか．$\mathbb{Q}$ から $\mathbb{R}$ に拡大するには少なくとも $\sqrt{2},\sqrt{3},\sqrt{5},\sqrt{6},\cdots$ が必要である．ということで，$\mathbb{Q}(\sqrt{2},\sqrt{3},\sqrt{5},\sqrt{6},\cdots)$ を考えると，これだけで拡大次数は $[\mathbb{Q}(\sqrt{2},\sqrt{3},\sqrt{5},\sqrt{6},\cdots):\mathbb{Q}]=\infty$ となってしまう．そのほかにも $\sqrt[3]{2}$ や

1.2 有理数体と実数体

超越数の π, e も必要だし，$\cdots$ ということなので，$[\mathbb{R} : \mathbb{Q}] = \infty$ となる．

体 E が体 K の拡大のとき E/K と書くが，拡大次数 $[E : K]$ が有限のとき，E/K を**有限拡大**といい，そうでないとき，**無限拡大**という．すると，$\mathbb{R}/\mathbb{Q}$ は無限拡大，$\mathbb{C}/\mathbb{R}$, $\mathbb{Q}(\sqrt{2})/\mathbb{Q}$ は有限 (2 次) 拡大になるわけである．

ところで，$\sqrt{2}$ は代数方程式 $x^2 - 2 = 0$ の解であるから，代数的数である．$\mathbb{Q}$ に代数的数 $\sqrt{2}$ を付け加えて拡大した体 $\mathbb{Q}(\sqrt{2})$ を有理数体 $\mathbb{Q}$ の**代数的拡大体**という．$i = \sqrt{-1}$ も代数的数であるから．複素数体 $\mathbb{C} = \mathbb{R}(i)$ は実数体 $\mathbb{R}$ の代数的拡大体である．数からなる体がたくさんあるということを上で見たが，数からなる体のことを**数体**という．

1.3 集合論から

代数学で使う集合の記号などをここでまとめておくことにしよう．集合 A が与えられたとき，a が A の元 (要素) であるときに $a \in A$ と書き，a が A の元でないときに $a \notin A$ と書くことはすでに使用している．任意の A の元 a に対して，あるいはすべての $a \in A$ に対して，と書くかわりに $\forall a \in A$ と書くことにする．$\forall$ という記号は for all あるいは for any の略であるが，これを A を 180° 回転した記号で表すわけである．同様に，適当な $a \in A$ に対して，あるいは A の元 a が存在して，と書くかわりに $\exists a \in A$ と書くことにする．これは英語でいうと There exists $a \in A$ such that $\cdots$ というわけであるから，exists の E を 180° 回転したわけである．

今度は集合をたくさん考える．これを A_λ ($\lambda \in \Lambda$) と表す．添字 λ で集合を区別するわけであるが，Λ を添字集合という．例えば A_n ($n \in \mathbb{N}$) とか A_t ($t \in \mathbb{R}$) と書くわけである．このとき，$\mathbb{N}$ とか $\mathbb{R}$ が添字集合である．このとき，

$$\bigcap_{\lambda \in \Lambda} A_\lambda = \{x \mid x \in A_\lambda, \forall \lambda \in \Lambda\}, \quad \bigcup_{\lambda \in \Lambda} A_\lambda = \{x \mid x \in A_\lambda, \exists \lambda \in \Lambda\}$$

とおく．$\bigcap_{\lambda \in \Lambda} A_\lambda$ は共通集合 $A \cap B$ の拡張で，すべての A_λ に含まれている元全体からなる集合を表し，$\bigcup_{\lambda \in \Lambda} A_\lambda$ は合併集合 $A \cup B$ の拡張で，少なくとも 1 つの A_λ に含まれている元全体からなる集合を表す．考えている集合が $A_1, \cdots, A_n$ のときにはそれぞれを $\bigcap_{i=1}^{n} A_i, \bigcup_{i=1}^{n} A_i$ と書き，$A_1, \cdots, A_n, \cdots$ を考えているときにはそれぞれを $\bigcap_{i=1}^{\infty} A_i, \bigcup_{i=1}^{\infty} A_i$ と書く．

今度は，集合の**直積**について説明しよう．集合 A, B が与えられたとき，A と B の直積集合 $A \times B$ を $A \times B = \{(a, b) \mid a \in A, b \in B\}$ で表す．

例2 $A = \{$浦島, 金太郎, 桃太郎$\}$, $B = \{$亀, 熊, 犬, 猿, 雉$\}$ とするとき，$A \times B$ を書き表すと，

$A \times B = \{$(浦島, 亀), (浦島, 熊), (浦島, 犬), (浦島, 猿), (浦島, 雉),

(金太郎, 亀), (金太郎, 熊), (金太郎, 犬), (金太郎, 猿),

(金太郎, 雉),

(桃太郎, 亀), (桃太郎, 熊), (桃太郎, 犬), (桃太郎, 猿),

(桃太郎, 雉)}

となる. □

$A_1, \cdots, A_n$ の直積集合も同様に

$A_1 \times A_2 \times \cdots \times A_n = \{(x_1, x_2, \cdots, x_n) \mid x_1 \in A_1,\ x_2 \in A_2,\cdots, x_n \in A_n\}$

によって定義する.

A と B の直積の部分集合 $R \subseteq A \times B$ を A と B の **(2項) 関係**という. $(a,b) \in R$ のとき a と b には関係 R があるといい, aRb とも書くことにする. 上の 例2 において, $R = \{(浦島, 亀), (金太郎, 熊), (桃太郎, 犬), (桃太郎, 猿),$ (桃太郎, 雉)} とおくと, R は昔話にでてくる主人公と動物の関係になる. このとき, 浦島 R 亀, $\cdots$ となる. $A \times A$ の関係 R を集合 A の関係 R ともいうことにする.

今度は, 等号 = や三角形の合同を表す記号 ≡ が持っている性質を抽象化する. $\sim$ が集合 A の**同値関係**であるとは, $\sim$ は $A \times A$ の関係であって, しかも

(1) (**反射律**) $a \in A$ なら $a \sim a$
(2) (**対称律**) $a \sim b$ なら $b \sim a$
(3) (**推移律**) $a \sim b, b \sim c$ なら $a \sim c$

が成り立つときをいう.

─── 例題 1.1 ───
($\mathbb{R}, =$) や ({平面上の三角形全体}, ≡) が同値関係であることを確かめよ.

【解答】 ($\mathbb{R}, =$) について考えると,

(1) (反射律) $x = x$
(2) (対称律) $x = y$ なら $y = x$ が成り立つ
(3) (推移律) $x = y, y = z$ なら $x = z$ が成り立つ

ということなので, = においてはこれらは当然成り立つべき性質である.

また, 三角形の合同関係では,

(1) (反射律) △ABC ≡ △ABC

(2) （対称律） △ABC ≡ △DEF なら △DEF ≡ △ABC が成り立つ
(3) （推移律） △ABC ≡ △DEF, △DEF ≡ △GHI なら △ABC ≡ △GHI が成り立つ

ということであるから，これまた当然成り立っている． ∎

三角形の相似関係や平面上の直線の平行関係も同値関係になるから，同値関係は数学ではよく現れる関係である．というより，数学では，考察している対象を同値関係で分類するということが，目的の1つとなる．

$a \in A$ に対して a と同値な元からなる A の部分集合を $[a]$ で表すことにすると，$[a] = \{x \in A \mid x \sim a\}$ であるが，$a \sim a$ であるから $a \in [a]$ となって $[a] \neq \emptyset$ であることがわかる ($\emptyset$ は空集合を表す)．$[a]$ を a の**同値類**という．

いま，$a, b \in A$ に対して $[a] \cap [b] \neq \emptyset$ とすると，$c \in [a] \cap [b]$ となる $c \in A$ が存在する．これより $c \sim a, c \sim b$ となる．このとき任意の $x \in [a]$ をとると $x \sim a$ となるので，対称律と推移律を使うと $x \sim c$ がいえる．再度，推移律を使うと $x \sim b$ がいえるので，$x \in [b]$ となる．すなわち $[a] \subseteq [b]$ がいえる．ここで $[a]$ と $[b]$ の役割を入れ換えると $[b] \subseteq [a]$ もいえる．こういうとき，数学では議論の対称性によって $[b] \subseteq [a]$ がいえるという．これによって，$[a] = [b]$ がいえたことになる．したがって，$a, b \in A$ に対して $[a] = [b]$ か $[a] \cap [b] = \emptyset$ のいずれかが成り立つということがいえた．

以下で，あとで解説することになる暗号理論などで使用する同値関係を例としてあげておくことにしよう．

例3 整数環 $\mathbb{Z}$ に関係 $\equiv \pmod 3$ を，$a-b$ が3でわり切れるとき $a \equiv b \pmod 3$ と書くことによって定義する．ついでにいっておくと，整数 a が整数 b をわり切るとき $a|b$ と書く．この記号は暗号理論ではよく使われる記号である．記号が次から次へとたくさんでてくるが，それぞれの分野の専門書に取り組むと，ここで出てくる記号は周知あるいは慣れているものとして扱われるので，徐々に慣れていくしかしかたないであろう．いまの場合，$3|a-b$ のとき $a \equiv b \pmod 3$ と書くわけである． □

1.3 集合論から

例題 1.2

例3 の関係が $\mathbb{Z}$ における同値関係となっていることを示せ．また，このときの同値類を求めよ．

【解答】(1)（反射律） $a - a = 0$ であるから $a \equiv a \pmod 3$ となる．

(2)（対称律） $a \equiv b \pmod 3$ とすると $3|b-a$ も明らかなので $b \equiv a \pmod 3$ がいえる．

(3)（推移律） $a \equiv b \pmod 3$, $b \equiv c \pmod 3$ とすると $a-b = 3m$, $c-b = 3n$ となる $m, n \in \mathbb{Z}$ があるので，$c - a = 3(n-m)$ すなわち $3|c-a$ がいえる．よって $a \equiv c \pmod 3$ となる．

ということで，確かに同値関係となっている．このとき，

$$\cdots = [-3] = [0] = [3] = \cdots = \{\cdots, -3, 0, 3, \cdots\}$$

$$\cdots = [-2] = [1] = [4] = \cdots = \{\cdots, -2, 1, 4, \cdots\}$$

$$\cdots = [-1] = [2] = [5] = \cdots = \{\cdots, -1, 2, 5, \cdots\}$$

となり，$[0] \cap [1] = [0] \cap [2] = [1] \cap [2] = \emptyset$ となる． ■

一般に，$m|a-b$ のとき $a \equiv b \pmod m$ と書くことにすると，$\equiv \pmod m$ も $\mathbb{Z}$ の同値関係となっていることが同じようにいえる．このとき $\mathbb{Z}$ の異なる同値類は $[0], [1], \cdots, [m-1]$ であるが，代数学では同値類を $\bar{a}$ で書くことが普通なので，この場合 $\bar{0}, \bar{1}, \cdots, \overline{m-1}$ が異なる同値類となる．

集合 A の部分集合 A_λ ($\lambda \in \Lambda$) が与えられたとき，$\mathcal{A} = \{A_\lambda \mid \lambda \in \Lambda\}$ を A の**部分集合族**という．これは A の部分集合を元とする集合である．$\mathcal{A}$ が

(1) $A = \bigcup_{\lambda \in \Lambda} A_\lambda$

(2) $A_\lambda \cap A_\mu = \emptyset$ ($\lambda \neq \mu$, $\lambda, \mu \in \Lambda$)

を満たすとき A の**分割**という．

$$B = \{浦島, 金太郎, 桃太郎\}$$
$$C = \{亀, 熊, 犬, 猿, 雉\}$$

に対して，例えば

$$\mathcal{B} = \{\{浦島\}, \{金太郎\}, \{桃太郎\}\}$$

$$\mathcal{C} = \{\{亀\}, \{熊\}, \{犬, 猿, 雉\}\}$$

はそれぞれ B と C の分割であるし，$\{\bar{0}, \bar{1}, \cdots, \overline{m-1}\}$ は $\mathbb{Z}$ の分割である．集合 A の分割 $\mathcal{A}$ に対して，$a_\lambda \in A_\lambda$ となる元 a_λ を A_λ の**代表元**という．例えば犬，猿，雉はいずれも $\mathcal{C}$ の元 $\{犬, 猿, 雉\}$ の代表元である．各 A_λ から1つずつ代表元を選んでつくった集合 $\{a_\lambda \mid \lambda \in \Lambda\}$ を $\mathcal{A}$ の **(完全) 代表系**という．

$$\mathcal{B} = \{\{浦島\}, \{金太郎\}, \{桃太郎\}\}$$

の完全代表系は $\{浦島, 金太郎, 桃太郎\}$ ただ1つに決まるが，

$$\mathcal{C} = \{\{亀\}, \{熊\}, \{犬, 猿, 雉\}\}$$

の完全代表系は $\{亀, 熊, 犬\}, \{亀, 熊, 猿\}, \{亀, 熊, 雉\}$ と3つあって，1つには決まらない．通常は，都合のよい完全代表系を選ぶことになる．

集合 A に同値関係 $\sim$ が与えられていると $\{[a] \mid a \in A\}$ が A の分割になることはすでに示しているが，このとき，この集合を $A/\sim$ で表して A の同値関係 $\sim$ による**商集合**という．ただし，$\mathbb{Z}$ に対する同値関係を $\equiv \pmod{m}$ とするときは，習慣で，この商集合を $\mathbb{Z}/m\mathbb{Z}$ と書く．このとき $\{0, 1, 2, \cdots, m\}$ は $\mathbb{Z}/m\mathbb{Z}$ の完全代表系になっている．なお，$m\mathbb{Z} = \{\cdots, -m, 0, m, \cdots\} = \bar{0}$ は m の倍数からなる集合を表している．

いま，$\mathcal{A} = \{A_\lambda \mid \lambda \in \Lambda\}$ を A の分割とするとき，A に関係 $\sim$ を

$$a \sim b \iff \exists \lambda \in \Lambda, \, a, b \in A_\lambda$$

によって定義することにする．このとき，$\sim$ が A の同値関係となることは簡単にわかる (章末問題1)．さらにこの同値関係から導かれる A の分割は $\mathcal{A}$ にほかならない (章末問題2) から，結局，集合 A に同値関係を定義することと，集合 A の分割を与えることは同値だということがわかる．

1.4 写　　像

集合 A, B において，A の各元 x に対して B の元 y をただ 1 つ対応させる規則のことを**写像**という．この規則を f で表すとき，$f : A \to B$ と表す．また，要素の対応を表すときには $f : x \mapsto y$ あるいは $y = f(x)$ と表す．B が $\mathbb{R}$ や $\mathbb{Q}$ など数の集合のときには，写像を**関数**という．写像を関係で表せば，$A \times B$ における関係 f で，すべての $x \in A$ に対して，$(x, y) \in f$ となる $y \in B$ がちょうど 1 つだけ存在する場合であるといえるが，初心者にはかえってわかりにくいかもしれない．

写像 $f : A \to B$ について，A を f の**定義域**といい，$\operatorname{dom} f$ で表し，B を f の**値域**という．また，f によって A の元に対応している B の元全体からなる集合 $\operatorname{Im} f = \{f(x) \mid x \in A\}$ を A の f による**像**という．$f(x)$ を x による**像**といい，$y \in B$ に対して $f^{-1}(y) = \{x \in A \mid f(x) = y\}$ を y の f による**逆像**という．同様に，$C \subseteq B$ に対して $f^{-1}(C) = \{x \in A \mid f(x) \in C\}$ を C の f による**逆像**という．

$B = \operatorname{Im} f$ となるとき f を**全射**という．また，$x, y \in A$, $x \neq y$ に対して $f(x) \neq f(y)$ となるとき，f を**単射**という．全射かつ単射である写像のことを**全単射**という．f が全単射のとき，任意の $y \in B$ に対して $f^{-1}(y)$ はただ 1 つに決まるので，$f^{-1} : B \to A$ を $y \in B$ に対してその逆像 $f^{-1}(y)$ を対応させることによって定義することができる．これを f の**逆写像**という．このとき，明らかに $f^{-1} : B \to A$ は全単射になる．

例 4　$A = \{浦島, 金太郎, 桃太郎\}$, $B = \{亀, 熊, 犬, 猿, 雉\}$ に対して $f(浦島) = 亀$, $f(金太郎) = 熊$, $f(桃太郎) = 犬$ とおくと，$f : A \to B$ は写像となる．この写像の定義域は $A = \{浦島, 金太郎, 桃太郎\}$, A の f による像は

$$f(A) = \{亀, 熊, 犬\}$$

である．また，

$$f^{-1}(猿) = f^{-1}(雉) = \emptyset, \quad f^{-1}(亀) = 浦島,$$
$$f^{-1}(熊) = 金太郎, \quad f^{-1}(犬) = 桃太郎$$

となる．この写像 f は単射であるが，全射ではない．　　□

f が全射であるための条件は，すべての $y \in B$ に対して $f^{-1}(y) \neq \emptyset$ となる

ことである．また，単射となるための条件は，すべての $y \in B$ に対して $f^{-1}(y)$ が空集合となるかただ 1 つの元からなる集合となることである (章末問題 3)．

例5 $g : B \to A$ を
$$g(亀) = 浦島, \quad g(熊) = 金太郎, \quad g(犬) = 桃太郎,$$
$$g(猿) = 桃太郎, \quad g(雉) = 桃太郎$$
と定義すると，これは全射であるが，
$$g^{-1}(桃太郎) = \{犬, 猿, 雉\}$$
となるから，単射ではない． □

$\mathrm{id}_A : A \to A$ という写像を $\mathrm{id}_A(a) = a \ (\forall a \in A)$ によって定義して，これを**恒等写像**という．また，$f : A \to B$ に対して，f の定義域を $C \subseteq A$ に制限したものを $f|C : C \to B$ とおき，f の C への**制限**という．

$f : A \to B, \ g : B \to C$ という 2 つの写像が与えられているときを考えよう．いま，$x \in A$ に対して $y = f(x) \in B$ とおく．すると $z = g(y) \in C$ が得られる．このとき，$g \circ f : A \to C$ を

$$(g \circ f)(x) = z \ (= g(y) = g(f(x)))$$

によって定義することによって新たな写像が得られる．これを f と g の**合成写像**といい，よく

$$A \xrightarrow{f} B \xrightarrow{g} C$$

という**図式**で表す．こうすると，合成写像 $g \circ f$ が A の元をどうやって C の要素に写すのかがよくわかるからである．

$f : A \to B, \ g : B \to C$ のいずれも単射とする．$x, y \in A$ かつ $x \neq y$ とすると，f が単射であるから $f(x) \neq f(y)$ となる．すると，今度は g が単射なので $g(f(x)) \neq g(f(y))$ が得られる．したがって，合成写像 $g \circ f$ が単射であるということがいえた．$f : A \to B, \ g : B \to C$ のいずれも全射とすると，任意の $z \in C$ に対して $y \in B$ が存在して $g(y) = z$ となる．また，f が全射であるから $x \in A$ が存在して $f(x) = y$ となる．すると，$(g \circ f)(x) = g(f(x)) = g(y) = z$ となるので，合成写像 $g \circ f$ が全射となる．

以上のことから，$f : A \to B, \ g : B \to C$ のいずれも全単射とすると，合成写像 $g \circ f$ も全単射になる．

1.5 順序集合

$\mathbb{R}, \mathbb{Z}, \mathbb{N}$ には大小関係 $\leq$ が入っているが,まず,この大小関係を**順序**という概念で考えることから始めよう.

一般の集合 A と A おける二項関係 $\preceq$ が

(1) （反射律） $x \preceq x \ (\forall x \in A)$
(2) （反対称律） $x \preceq y, y \preceq x$ なら $x = y$
(3) （推移律） $x \preceq y, y \preceq z$ なら $x \preceq z$

を満たすとき,$(A, \preceq)$ を**順序集合**という.順序関係 $\preceq$ の特徴は (2) が成り立つことである.これが同値関係と違う部分である.なお,$x \preceq y, x \neq y$ のとき $x \prec y$ と書く.$(\mathbb{R}, \leq), (\mathbb{Q}, \leq), (\mathbb{Z}, \leq)$ は順序集合である.順序集合 $(A, \preceq)$ では,勝手な $x, y \in A$ をとったとき,$x \preceq y$ か $y \preceq x$ のいずれかが必ず成り立つという保証はない.つまり,大小比較ができない元がある場合を否定していない.このことを強調する場合には,$\preceq$ を**半順序**という.それに対して $(\mathbb{R}, \leq), (\mathbb{Q}, \leq), (\mathbb{Z}, \leq)$ のように必ず $x \leq y$ か $y \leq x$ のどちらかが成り立つ順序のことを**全順序**という.

A を全順序集合とする.A の任意の部分集合 $B \subseteq A$ が最小元を持つとき,すなわち $a \in B$ で,すべての $x \in B$ に対して $a \leq x$ となるものが存在するとき,A を**整列集合**という.また,このときの順序を**整列順序**という.

自然数からなる集合 $\mathbb{N} = \{0, 1, 2, \cdots\}$ は整列集合である.また,任意の $a \in \mathbb{N}$ に対して $a > -\infty$ とおくと,$\mathbb{N} \cup \{-\infty\}$ も整列集合となる.

1章の問題

☐ **1** $\mathcal{A} = \{A_\lambda \mid \lambda \in \Lambda\}$ を A の分割とし, A に関係 $\sim$ を $a \sim b \Leftrightarrow \exists \lambda \in \Lambda, a, b \in A_\lambda$ によって定義すると, $\sim$ は A の同値関係となることを示せ.

☐ **2** 上の問題 1 において定義された同値関係 $\sim$ から導かれる A の分割は $\mathcal{A}$ にほかならないことを示せ.

☐ **3** $f: A \to B$ が全射であるための条件は, すべての $y \in B$ に対して $f^{-1}(y) \neq \emptyset$ となることであり, 単射となるための条件は, すべての $y \in B$ に対して $f^{-1}(y)$ が空集合となるかただ 1 つの元からなる集合となることであることを示せ.

2 群　　　論

　本章では群論の初歩について解説する．群論の初歩において重要となるのは準同型定理であるから，よく理解して使いこなせるようになってほしい．以下の章でも準同型定理を応用する場面が出てくる．また，巡回群は概念は簡単であるが，応用上は重要なので，ここできちんと理解しておいてもらいたい．

　本章で初めて代数学に触れることになる．最初はその抽象的な表現にとまどうかもしれないが，一般的な表現をすることによって，豊かな応用が生まれるのだと思って，張り切って取り組んでほしい．抽象的だと思う場合には，常に有理整数環 $\mathbb{Z}$ とは有理数体 $\mathbb{Q}$ などではどうなるかということを考えてみるとよいだろう．

---

2 章で学ぶ概念・キーワード
- 群，結合則，単位元，零元，逆元，反元，交換則，可換群，アーベル群，乗法群
- 有限群，無限群，部分群，剰余類，正規部分群，剰余群，商群
- 準同型写像，単射準同型写像，全射準同型写像，同型写像，自然な射影，準同型定理
- 生成系，生成元，巡回群，有限巡回群，無限巡回群，位数

2.1 群

第 1 章の最初で $\mathbb{Z}$ 上の加法，$\mathbb{Q}$ 上の加法，$\mathbb{Q}^*$ 上の乗法といったものについて述べたが，これを一般化して，ある集合 G が与えられたとき，その上で定義された演算ということを考えることができる．G における演算は $\circ$ という 1 つの記号で表すことにする．

$\circ$ が G の演算であるとは，任意の $a, b \in G$ に対して $a \circ b \in G$ が成り立っているいるということであるが，これは $\circ : G \times G \to G$ という写像のことである．ということは，普通には $a, b \in G$ の演算結果は $\circ(a, b) \in G$ と書くわけであるが，これではたし算の結果を $+(a, b)$ と書くことになるわけで，実感がわかないので $a \circ b$ と書くのが普通である．これなら $a, b \in \mathbb{Z}$ のとき $a + b \in \mathbb{Z}$ となることに対応している．当然，これだけでは $\circ$ を G 上の演算の性質を研究するとか，アーベル群 $\mathbb{Z}$ とかを含んだ対象を研究するというわけにはいかない．最初のモデルは $\mathbb{Z}$ というアーベル群であるから，$\mathbb{Z}$ における加法が持っている性質を演算 $\circ$ に持たせることにする．まず，集合 G とその上の演算 $\circ$ をまとめて $(G, \circ)$ と書くことにし，$\circ$ が G 上で次に述べる性質を持っているとき，$(G, \circ)$ を **群** ということにする．また，$x \circ y = xy$ と略記することも多い．

群の性質

(1) (**結合則**) G の任意の元 x, y, z に対して，
$$(x \circ y) \circ z = x \circ (y \circ z)$$
が成り立つ．

(2) (**単位元の存在**) G の元 e が存在して，G のすべての元 x に対して
$$x \circ e = e \circ x = x$$
が成り立つ．このとき e を **単位元** という．

(3) (**逆元の存在**) G の任意の元 x に対して，G の要素 y が存在して
$$x \circ y = y \circ x = e$$
が成り立つ．このとき，y を x の **逆元** という．

$a + b = b + a$ という交換法則も $(\mathbb{Z}, +)$ においては成り立つが，n 次の (実) 正則行列全体を考えるとき，$AB = BA$ が一般には成り立たないということを，線形代数で知っているので，群の定義に交換法則は含めない．任意の $a, b \in G$

に対して $a \circ b = b \circ a$ という**交換則**が成り立つときには，$(G, \circ)$ を特別に**可換群**ということにする．さらに演算が $+$ のとき，$(G, +)$ を**アーベル群**ということは $\mathbb{Z}$ について述べたとおりである．単位元は $(\mathbb{Z}, +)$ では 0 のことなので，アーベル群 $(G, +)$ では単位元を**零元**といい，0 で表す．$(\mathbb{Q}^*, \cdot)$ では，単位元は 1 になる．

以下，$(\mathbb{Z}, +)$ で成り立つことを群 $(G, \circ)$ において述べておく．ところで，こういう性質はできるだけ抽象的にして，一般的な場合に示しておけば，各分野での重複を防いで，理論の見通しがよくなる．

例1 群 $(G, \circ)$ の単位元と，任意の $x \in G$ に対する逆元はそれぞれただ 1 つであることを示してみよう．

e, e' をいずれも群 $(G, \circ)$ の単位元とすると，単位元の性質から
$$e = e \circ e' = e'$$
となって，これは群 $(G, \circ)$ の単位元はただ 1 つしかないことを示している．今度は群 $(G, \circ)$ の任意の元 x に対して，y, y' をその逆元とすると，逆元の性質から，
$$y = y \circ e = y \circ (x \circ y') = (y \circ x) \circ y' = e \circ y' = y'$$
となる．このことから，x 逆元はただ 1 つしかないので，それを x^{-1} で表す． □

アーベル群 $(G, +)$ のときは x の逆元を $-x$ と表し，**反元**という．

例題 2.1

$x, y \in G$ に対して $(x \circ y)^{-1} = y^{-1} \circ x^{-1}$ となることを示せ．

【**解答**】結合律を使うと
$$(x \circ y) \circ (y^{-1} \circ x^{-1}) = x \circ (y \circ y^{-1}) \circ x^{-1} = x \circ e \circ x^{-1} = x \circ x^{-1} = e$$
$$(y^{-1} \circ x^{-1}) \circ (x \circ y) = y^{-1} \circ (x^{-1} \circ x) \circ y = y^{-1} \circ e \circ y = y^{-1} \circ y = e$$
となるので，逆元の一意性から $(x \circ y)^{-1} = y^{-1} \circ x^{-1}$ がいえる．■

同様に，$(x^{-1})^{-1} = x$ もいえる (章末問題 1)．

元の個数が有限である群を**有限群**といい，有限群の元の個数を群 G の**位数**といって，$|G|$ で表す．例えば $G = \{1, -1, i, -i\}$ (ただし，$i = \sqrt{-1}$) とおくと

$(G, \cdot)$ は群となることと，$|G| = 4$ であることはすぐわかる．このときの演算は乗法であるから，この群を**乗法群**という．以下，$(G, \circ)$ のかわりに G だけでも群ということにする．単位元 $\{e\}$ あるいは $\{0\}$ だけからなる群を**自明な群**という．e あるいは 0 と略記することもある．有限群でない群を**無限群**というが，$\mathbb{Z}$, $\mathbb{Q}$ や $(\mathbb{Q}^*, \cdot)$ は無限群である．

以下，記号を簡単にするため，$a \circ a = a^2$ と書き，$a^{n-1} \circ a = a^n$ $(n = 2, 3, \cdots)$ と書く．また，$a^0 = e$, $a^{-n} = (a^{-1})^n$ とする．また，$(G, +)$ がアーベル群のときは，a^n のかわりに na と書く．

群 G の空でない部分集合 H $(\subseteq G)$ が群 G の演算によって群となるとき，H を G の**部分群**という．すると，$H(\subseteq G)$ が与えられたとき，H が G の部分群かどうかを判定する手段を見つける必要が生じる．そのとき，次の定理が有効である．

定理 2.1

G の部分集合 $H \neq \emptyset$ が群 G の部分群であるための必要十分条件は次の条件が成り立つことである．
(1) $x, y \in H$ なら $x \circ y \in H$ が成り立つ．
(2) $x \in H$ なら $x^{-1} \in H$ が成り立つ．

最初なので丁寧に証明をつけることにしよう．

[証明] H が G の部分群であると，$(H, \circ)$ は群であるから，この定理の性質を満たしていることは明らかである．すなわち，必要条件が成り立つ．今度は十分条件について考えてみよう．このときは $(H, \circ)$ が群となることを示すわけであるが，$\circ$ はもともと G の演算であることと，$x \in H$ なら $x \in G$ であることに注意すると，

(i) （結合則）$x, y, z \in H$ とすると，$x, y, z \in G$ であるから，

$$(x \circ y) \circ z = x \circ (y \circ z)$$

が成り立つ．

(ii) （単位元の存在）$H \neq \emptyset$ であるから，$x \in H$ が存在する．すると，$x^{-1} \in H$ となるので，$x \circ x^{-1} = e \in H$ である．

(iii) （逆元の存在）これは定理の条件 (2) そのものである．

以上のことから H は群になる． ■

2.1 群

もう少し使い勝手がよい定理が次であるが，証明は上の定理とほとんど同じなので演習問題にしておこう．

定理 2.2
G の部分集合 $H \neq \emptyset$ が群 G の部分群であるための必要十分条件は，$x, y \in H$ なら $x \circ y^{-1} \in H$ が成り立つことである．

証明は章末問題 2 を参照．

$m \in \mathbb{N}$ に対して $m\mathbb{Z} = \{ma \mid a \in \mathbb{Z}\} = \{\cdots, -2m, m, 0, m, 2m, \cdots\}$ であるから，$m\mathbb{Z}$ は m の倍数全体からなる集合である．このとき，$x, y \in m\mathbb{Z}$ とすると，$x = ma, y = mb$ となる $a, b \in \mathbb{Z}$ が存在するので $x - y = m(a-b) \in m\mathbb{Z}$ となる．したがって，$m\mathbb{Z}$ は $\mathbb{Z}$ の部分群であるが，$\mathbb{Z}$ がアーベル群なので $m\mathbb{Z}$ は部分アーベル群である．

$\mathbb{Z}$ には $m\mathbb{Z}$ ($m \in \mathbb{N}$) という (加算) 無限個の部分群があるが，一般に群 G の部分群 H_λ ($\lambda \in \Lambda$) が与えられたとき，$\bigcap_{\lambda \in \Lambda} H_\lambda$ は G の部分群となるのだろうか．この問題に対して，次の定理が成り立つ．

定理 2.3
H_λ ($\lambda \in \Lambda$) を群 G の部分群とすると，$\bigcap_{\lambda \in \Lambda} H_\lambda$ は G の部分群である．

[証明] $x, y \in \bigcap_{\lambda \in \Lambda} H_\lambda$ をとると，$x, y \in H_\lambda$ ($\forall \lambda \in \Lambda$) となるので．定理 2.2 によって，$xy^{-1} \in H_\lambda$ ($\forall \lambda \in \Lambda$) が成り立つ．したがって，$xy^{-1} \in \bigcap_{\lambda \in \Lambda} H_\lambda$ となる．これより，再度定理 2.2 によって $\bigcap_{\lambda \in \Lambda} H_\lambda$ は G の部分群となる． ∎

例2 $\bigcup_{\lambda \in \Lambda} H_\lambda$ が G の部分群となるかどうかを調べてみよう．

$m\mathbb{Z}$ について考えてみる．$2\mathbb{Z}, 3\mathbb{Z}$ はそれぞれ 2 の倍数，3 の倍数からなる集合なので，$2\mathbb{Z} \cup 3\mathbb{Z} = \{\cdots, -3, -2, 0, 2, 3, \cdots\}$ となるが，$3 + (-2) = 1 \notin 2\mathbb{Z} \cup 3\mathbb{Z}$ であるから，$(2\mathbb{Z} \cup 3\mathbb{Z}, +)$ は加法について閉じていない．したがって，$2\mathbb{Z} \cup 3\mathbb{Z}$ は $\mathbb{Z}$ の部分群ではない．これで，$\bigcup_{\lambda \in \Lambda} H_\lambda$ は一般には G の部分群にはならないことがわかる． □

2.2 正規部分群と剰余群

H を群 G の部分群とするとき,H によって G に同値関係を導入しよう.G には演算 $\circ$ が定義されているので,これを利用して G に同値関係を定義してみようといういうわけである.

定理 2.4

H を群 G の部分群とする.$x, y \in G$ に対して $xy^{-1} \in H$ のときに $x \sim y$ と書くことにすると,$\sim$ は G の同値関係である.x の同値類は $\bar{x} = Hx$ となる.この同値関係 $\sim$ によって得られる G の商集合を G/H で表し,Hx を x の H に関する**右剰余類**という.

[証明] (1) (反射律) $x \in G$ に対して $xx^{-1} = e \in H$ である.したがって,$x \sim x$ である.

(2) (対称律) $x, y \in G$ に対して,$x \sim y$ なら $xy^{-1} \in H$ であるから,$(xy^{-1})^{-1} = yx^{-1} \in H$.したがって,$y \sim x$ である.

(3) (推移律) $x, y, z \in G$ に対して $x \sim y$, $y \sim z$ なら,$xy^{-1}, yz^{-1} \in H$ であるから,

$$(xy^{-1})(yz^{-1}) = xz^{-1} \in H$$

である.したがって,$x \sim z$ である.

これによって,$\sim$ が G の同値関係となることがいえた.

$x \in G$ の同値類 $\bar{x}$ を求めよう.$x \sim y$ とすると $y \sim x$ すなわち $yx^{-1} \in H$ となるので,$z \in H$ が存在して $yx^{-1} = z$ すなわち $y = zx \in Hx$ となる.ただし,$Hx = \{zx \mid z \in H\}$ である.逆に,$y \in Hx$ とすると,$z \in H$ が存在して $y = zx$ となるので,$yx^{-1} = z \in H$,すなわち $y \sim x$ がいえるから,$x \sim y$ となる.これによって,$\bar{x} = Hx$ となることがわかる.∎

今度は $x, y \in G$ が $x \sim y$ であるということを $y^{-1}x \in H$ となることによって定義すると,これも G の同値関係となることが同じように証明できる (章末問題 3).このときの x の同値類 $\bar{x} = xH = \{xz \mid z \in H\}$ を x の H に関する**左剰余類**という.この同値関係 $\sim$ によって得られる G の商集合を $G\backslash H$ で表すことにする.

2.2 正規部分群と剰余群

ここで,部分群の中でも特に重要な**正規部分群**について述べることにしよう.これは,任意の $x \in G$ に対して,x の H に関する左剰余類と右剰余類が一致するという性質をもった部分群 H のことである.このときは剰余類に左右の区別がないので,単に**剰余類**という.また,$H \triangleleft G$ という記号で H が G の正規部分群であることを表すことにする.H が正規部分群になるかどうかを判定するための定理をあげておこう.

補題 2.1（正規部分群）

H を群 G の部分群とする.すべての元 $x \in G$ に対して右剰余類と左剰余類が一致する,すなわち $xH = Hx$ となるための必要十分条件は $xHx^{-1} \subseteq H$ が成り立つことである.

[証明] **必要性**:$y \in H$ を任意にとると,$xH = Hx$ であるから $z \in H$ が存在して,$xy = zx$ となる.したがって,$xyx^{-1} = z \in H$ すなわち $xHx^{-1} \subseteq H$ である.

十分性:$y \in H$ を任意にとると,$xHx^{-1} \subseteq H$ であるから,$z \in H$ が存在して,$xyx^{-1} = z$ となる.したがって,$xy = zx$ となるから $xH \subseteq Hx$ となる.まったく同様にして,$Hx \subseteq xH$ が得られるから,$xH = Hx$ となる. ∎

単位元 e だけからなる集合 $\{e\}$ および G は G の自明な部分群であるが,さらに $\{e\}$,G は G の正規部分群となる (章末問題 4) ので,これらを G の**自明な正規部分群**という.

正規部分群の重要性は商集合 G/H が群になるということにあるが,そのためには G/H に演算を定義しなくてはならない.これは G の演算 ∘ に基づいて定義されるので,同じ記号 ∘ を使うことにする (したがって表記上は省略することがある).G/H の要素は G の同値類 $\bar{x}, \bar{y}$ であるが,これらに対する演算を $\bar{x} \circ \bar{y} = \overline{x \circ y}$ によって定義する.つまり,$\bar{x}, \bar{y}$ の代表元 x, y をそれぞれ選び,G の演算 ∘ によって $x \circ y$ を計算して,それに対する同値類 $\overline{x \circ y}$ を求めるということにする.ここで,$\bar{x}, \bar{y}$ の代表元は x, y だけとは限らないので,他の代表元 $x' \in \bar{x}$,$y' \in \bar{y}$ を選んで,$\overline{x' \circ y'}$ をつくったとき,$\overline{x \circ y} = \overline{x' \circ y'}$ となるかということが問題になる.これは $\bar{x} \circ \bar{y}$ が正しく定義されているのか,あるいは英語でいうと well-defined かどうかということを問題にしている.well-defined

の上手な日本語訳はないので，それぞれの本で著者が苦心して表現する部分である．ともかくこのことを確認しておこう．

$x' \in \bar{x}$, $y' \in \bar{y}$ であるから，$x' = xh$, $y' = yk$ となる $h, k \in H$ が存在する．すると，
$$(xy)^{-1}(x'y') = (y^{-1}x^{-1})(xh)(yk) = y^{-1}(hy)k$$
となるが，$Hy = yH$ であるから，$p \in H$ が存在して $hy = yp$ となる．したがって，
$$(xy)^{-1}(x'y') = y^{-1}(hy)k = y^{-1}(yp)k = pk \in H$$
となる．すなわち，$\overline{x \circ y} = \overline{x' \circ y'}$ がいえた．これによって G/H に演算 $\circ$ が定義できたことになる．次に，この演算によって G/H が群となることを確認しよう．

(**結合則**)　$(\bar{x}\bar{y})\bar{z} = \overline{xy}\bar{z} = \overline{(xy)z} = \overline{x(yz)} = \bar{x}\overline{yz} = \bar{x}(\bar{y}\bar{z})$

(**単位元の存在**)　$\bar{x}\bar{e} = \overline{xe} = \bar{x}$, $\bar{e}\bar{x} = \overline{ex} = \bar{x}$ なので，$\bar{e}$ が G/H の単位元である．

(**逆元の存在**)　$\bar{x}\overline{x^{-1}} = \overline{xx^{-1}} = \bar{e}$, $\overline{x^{-1}}\bar{x} = \overline{x^{-1}x} = \bar{e}$ であるので，$\bar{x}$ の逆元 $\bar{x}^{-1}$ は $\overline{x^{-1}}$ である．

以上をまとめると次の定理となる．

> **定理 2.5 (剰余群)**
>
> H を群 G の正規部分群とするとき，$G/H = \{\bar{x} = xH \mid x \in G\}$ は $\bar{x} \circ \bar{y} = \overline{xy}$ なる演算によって群となる．このとき，G/H を**剰余群**あるいは**商群**という．

可換群では $xH = Hx$ が自動的に成り立つので，すべての部分群 H は G の正規部分群になる．ここで，$\bar{e} = eH = H$ であることに注意しよう．

2.3 準同型写像

群 G, G' の間の写像 $f: G \to G'$ について考えよう. f は群の間の写像なので, 群の演算について何らかの性質をもっているものが考察の対象になるが, 最も重要なものが準同型写像である. 群 $(G, \circ)$ から群 $(G', \circ')$ への写像 $f: G \to G'$ が, G の任意の元 x, y に対して,

$$f(x \circ y) = f(x) \circ' f(y)$$

を満たすとき, f を**準同型写像**あるいは単に**準同型**という. ここで, $x \circ y$ は G での演算であるが, $f(x) \circ' f(y)$ は G' での演算であることに注意しよう. 面倒くさくいえば, 写像 f と群の演算 $\circ, \circ'$ が可換であるとき, f を準同型写像というわけである.

準同型写像の基本的な性質をいくつか調べておこう. 以下では $\circ, \circ'$ は省略する.

例題 2.2

(1) G の単位元を e, G' の単位元を e' とするとき, $f(e) = e'$ が成り立つことを示せ.

(2) $x \in G$ に対して $f(x^{-1}) = f(x)^{-1}$ が成り立つことを示せ.

【解答】(1) $e = ee$ であるから, $f(e) = f(ee) = f(e)f(e)$ である. これに, 右から $f(e)^{-1}$ をかけると, $f(e) = e'$ が得られる. つまり準同型写像によって, G の単位元 e は G' の単位元 e' に写像される.

(2) 次に $x \in G$ とすると

$$e' = f(e) = f(xx^{-1}) = f(x)f(x^{-1})$$

であるから, 両辺に左から $f(x)^{-1}$ をかけることによって $f(x^{-1}) = f(x)^{-1}$ がいえる. すなわち x の逆元 x^{-1} は $f(x)$ の逆元 $f(x)^{-1}$ に写像される. ∎

今度は H を G の部分群とするとき, H の f による像 $f(H) = \{f(x) \mid x \in H\}$ がどうなるかを調べてみよう. 次の定理が成り立つ.

定理 2.6

$f : G \to G'$ を準同型写像とし，H を G の部分群，H' を G' の部分群とすると，
(1) $f(H) := \{f(x) \mid x \in H\}$ は群 G' の部分群である．
(2) $f^{-1}(H')$ は群 G の部分群である．

証明は章末問題 5 を参照．

上の定理によると，G 自身が G の部分群なので $\mathrm{Im}\, f = f(G)$ は G' の部分群になり，また，$f^{-1}(G')$ は G の部分群になる．では，正規部分群は準同型写像によってどう写されるのだろうか．N を G の正規部分群とする．このとき定理 2.6 によって $f(N)$ は $\mathrm{Im}\, f$ の部分群である．ここで，$x' \in f(N)$ および $a' \in \mathrm{Im}\, f = f(G)$ とすると，$f(x) = x'$, $f(a) = a'$ となる $x \in N$, $a \in G$ が存在する．このとき，$axa^{-1} \in N$ なので，

$$a'x'(a')^{-1} = f(a)f(x)f(a)^{-1} = f(axa^{-1}) \in f(N)$$

となる．したがって，補題 2.1 より $f(N)$ は $\mathrm{Im}\, f = f(G)$ の正規部分群となる．つまり，正規部分群は $\mathrm{Im}\, f$ の中で，正規部分群に写像される．f が全射なら $f(N)$ は $\mathrm{Im}\, f = f(G) = G'$ の正規部分群，すなわち $f(N) \triangleleft G'$ となる．

今度は N' を G' の正規部分群としてみよう．定理 2.6 によって，$f^{-1}(N')$ は G の部分群である．ここで $x \in f^{-1}(N'), a \in G$ とすると，$N' \triangleleft G'$ に注意すれば

$$f(axa^{-1}) = f(a)f(x)f(a)^{-1} \in N'$$

となることがわかる．したがって $axa^{-1} \in f^{-1}(N')$ となることがいえたので，$f^{-1}(N')$ は G の正規部分群となる．

以上のことをまとめておくと，次の定理となる．

定理 2.7

$f : G \to G'$ を準同型写像とする．
(1) N が G の正規部分群なら，$f(N)$ は $\mathrm{Im}\, f$ の正規部分群である．
(2) N' が G' の正規部分群なら，$f^{-1}(N')$ は G の正規部分群である．

$f : G \to G'$ を準同型写像とするとき，$\mathrm{Ker}\, f = f^{-1}(e')$ を f の**核**というが，$\{e'\}$ が G' の正規部分群であるから，$\mathrm{Ker}\, f$ は G の正規部分群となる．

2.3 準同型写像

さて，そろそろ群の準同型定理に向かっての話を始めよう．f が群の準同型写像のときに，f が単射とは何を意味するのかを考えることから始めよう．$f(e) = e'$ であるから，$e \in \operatorname{Ker} f$ であるが，f が単射なら $\operatorname{Ker} f = \{e\}$ となる．逆に，$\operatorname{Ker} f = \{e\}$ としよう．このときに $f(x) = f(y)$ とすると

$$e' = f(x)f(y)^{-1} = f(x)f(y^{-1}) = f(xy^{-1})$$

であるから．$xy^{-1} = e$ となる．したがって，$x = y$ が得られる．すなわち，f は単射となる．つまり，次の定理が得られる．

定理 2.8

$f: G \to G'$ を準同型写像とするとき，f が単射であるための必要十分条件は $\operatorname{Ker} f = \{e\}$ である．このとき，f を **単射準同型写像** という．

例3 G, G', G'' を群，$f: G \to G'$，$g: G' \to G''$ を準同型写像とすると，合成写像 $g \circ f$ も準同型写像になることを示してみよう．

$x, y \in G$ に対して

$$(g \circ f)(xy) = g(f(xy)) = g(f(x)f(y))$$
$$= g(f(x))g(f(y)) = (g \circ f)(x)(g \circ f)(y)$$

となるので，合成写像 $g \circ f$ も準同型写像になる． □

2.4 準同型定理

準同型写像 $f: G \to G'$ が全射であるとき f を**全射準同型写像**といい，全単射であるとき f を**同型写像**という．G と G' の間に少なくとも 1 つの同型写像が存在するとき，G と G' は同型であるといい，$G \cong G'$ と書く．

例えば，$\mathbb{R}_{++} = \{x \in \mathbb{R} \mid x > 0\}$ として，$f: \mathbb{R} \to \mathbb{R}_{++}$ を $f(x) = e^x$ で定義すると $(\mathbb{R}, +) \cong (\mathbb{R}_{++}, \cdot)$ となることはすぐわかる (章末問題 6)．

補題 2.2
群の間の関係 $\cong$ は同値関係である．

[証明] (1) (反射律) $\mathrm{id}_G: G \to G$, $\mathrm{id}_G(x) = x$ $(\forall x \in G)$ が同型写像であることは明らかである．したがって $G \cong G$ である．

(2) (対称律) $G \cong G'$ とすると同型写像 $f: G \to G'$ が存在する．すると，$f^{-1}: G' \to G$ が定義されて全単射となる．$x', y' \in G'$ とし，$x = f^{-1}(x')$, $y = f^{-1}(y')$ とおくと，
$$f(xy) = f(x)f(y) = x'y'$$
であるから，$f^{-1}(x'y') = xy = f^{-1}(x')f^{-1}(y')$ となって，f^{-1} が準同型写像であることがいえる．したがって，$f^{-1}: G' \to G$ は同型写像となるから $G' \cong G$ となる．

(3) (推移律) $G \cong G'$, $G' \cong G''$ とすると，同型写像 $f: G \to G'$, $g: G' \to G''$ が存在する．このとき合成写像 $g \circ f: G \to G''$ は全単射かつ準同型写像であるから，同型写像である．したがって，$G \cong G''$ である． ∎

例 4 N を群 G の正規部分群とする．すると定理 2.5 によって剰余群 G/N は群になる．いま，$p: G \to G/N$ を $p(x) = \bar{x}$ $(\forall x \in G)$ で定義すると，
(1) p は全射準同型である．
(2) $\mathrm{Ker}\, p = N$ である．

このとき p を**自然な準同型**あるいは**自然な射影**という．

上の (1), (2) を示してみよう．
(1) 任意の $\bar{x} \in G/N$ をとれば $x \in \bar{x}$ であるから，$p(x) = \bar{x}$ となる．つまり，p は全射である．また，$x, y \in G$ に対して

2.4 準同型定理

$$p(xy) = \overline{xy} = \bar{x}\bar{y} = p(x)p(y)$$

であるので，p は全射準同型である．

(2) $x \in \operatorname{Ker} p$ とすると，$N = \bar{e} = p(x) = \bar{x} = xN$ となる．したがって $N = xN$ であるが，$e \in N$ を選ぶと $xe = x \in N$ となることがわかるから，$\operatorname{Ker} p \subseteq N$ である．逆に，$x \in N$ とすると，$p(x) = \bar{x} = xN = N = \bar{e}$ となるので，$x \in \operatorname{Ker} p$ がいえて，$N \subseteq \operatorname{Ker} p$ である．結局，$\operatorname{Ker} p = N$ となることがいえた． □

これで準備が整ったので準同型定理を述べることにしよう．

定理 2.9 (準同型定理)

$f : G \to G'$ を全射準同型とし，$N = \operatorname{Ker} f$ とすると，同型写像 $\bar{f} : G/N \to G'$ で，$f = \bar{f} \circ p$ を満たすものが一意に存在する．

準同型定理を図式でかくと，図 2.1 のようになる．ここで → で G から G' にたどるには $G \xrightarrow{f} G'$ と $G \xrightarrow{p} G/\operatorname{Ker} f \xrightarrow{\bar{f}} G'$ という 2 つがあるが，定理ではこの 2 つが同じ結果となるということをいっている．このとき，この図を可換な図式という．代数学においては，この可換な図式を上手にかくことによって，理論の道筋がはっきりすることが多い．

$$\begin{array}{ccc} G & \xrightarrow{f} & G' \\ {\scriptstyle p}\downarrow & \nearrow{\scriptstyle \bar{f}} & \\ G/\operatorname{Ker} f & & \end{array}$$

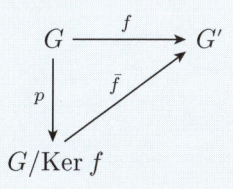

図 2.1 準同型定理の可換図式

[証明] 証明は 5 段階に分けて行うことにする．

1° 定理 2.7(2) によって $\operatorname{Ker} f$ は G の正規部分群であるから，$G/\operatorname{Ker} f \,(= G/N)$ は剰余群である．ここで $\bar{f}$ をつくらなければならないので，天下り的に，$\bar{f} : G/N \to G'$ を $\bar{f}(\bar{x}) := f(x)$ によって定義することにしよう．これは，この定理が正しいとして $\bar{f}$ があったとすると，$f(x) = \bar{f} \circ p(x) = \bar{f}(\bar{x})$ とならなければならないからである．$\bar{x}$ に属する元 $x \in \bar{x}$ の取り方に任意性があるから，この定義が意味を持つことをまず示さないといけない．

$\bar{x} = \bar{y}$ とすると，$x^{-1}y \in N = \mathrm{Ker}\, f$ が成り立つ．すると，$f(x)^{-1}f(y) = f(x^{-1})f(y) = f(x^{-1}y) = e'$ となるから $f(x) = f(y)$ となる．したがって，$\bar{f}(\bar{x}) = \bar{f}(\bar{y})$ がいえるので，$\bar{f}$ は正しく定義されていることがわかる．

2° $\bar{x}, \bar{y} \in G/N$ とすると，
$$\bar{f}(\bar{x}\bar{y}) = \bar{f}(\overline{xy}) = f(xy) = f(x)f(y) = \bar{f}(\bar{x})\bar{f}(\bar{y})$$
となるから，$\bar{f}$ は準同型写像である．

3° $x' \in G'$ をとると，f が全射なので $f(x) = x'$ となる $x \in G$ が存在する．すると，$\bar{f}(\bar{x}) = f(x) = x'$ となるので $\bar{f}$ は全射である．

4° $\bar{x}, \bar{y} \in G/N$ をとり，$\bar{f}(\bar{x}) = \bar{f}(\bar{y})$ とすると，$f(x) = f(y)$ となるので $xy^{-1} \in N$ である．したがって，$\overline{xy^{-1}} = \bar{e}$ すなわち $\bar{x} = \bar{y}$ となるので，$\bar{f}$ は単射となることがいえた．

これで $\bar{f}: G/N \to G'$ は全単射かつ準同型写像となったので，同型写像であることがいえた．

5° $\bar{f}$ の定義から $f = \bar{f} \circ p$ を満たすことは明らかである．また $\bar{f}$ を決めるときの注意から一意性も明らかである． ∎

例5　$\mathbb{Z}_m = \{0, 1, 2, \cdots, m-1\}$ に加法を，$a, b \in \mathbb{Z}_m$ に対して $a + b = c$ とする．ただし c は $a+b$ を m でわった余りと定義すると，$(\mathbb{Z}_m, +)$ はアーベル群になることは簡単に確かめることができる．念のために $(\mathbb{Z}_4, +), (\mathbb{Z}_5, +)$ の加法表を書いておくと，次の表 2.1, 2.2 のようになる．

いま自然数 $m \in \mathbb{N}$ が与えられたとき，$f: \mathbb{Z} \to \mathbb{Z}_m$ を $f(a)$ は a を m でわったときの余りと定義する．この写像が全射準同型となっているのは明らかである．f の核は m でわった余りがゼロになる整数全体になるので $m\mathbb{Z}$ である．$\mathbb{Z}$

表 2.1

+	0	1	2	3
0	0	1	2	3
1	1	2	3	0
2	2	3	0	1
3	3	0	1	2

表 2.2

+	0	1	2	3	4
0	0	1	2	3	4
1	1	2	3	4	0
2	2	3	4	0	1
3	3	4	0	1	2
4	4	0	1	2	3

がアーベル群なので，その部分群である $m\mathbb{Z}$ は正規部分群となる ($m\mathbb{Z} \triangleleft \mathbb{Z}$)．これより準同型定理が使えるので，$\bar{f}(\bar{a}) = f(a)$ なる写像 $\bar{f} : \mathbb{Z}/m\mathbb{Z} \to \mathbb{Z}_m$ が同型写像となることがわかる．したがって，$\mathbb{Z}/m\mathbb{Z} \cong \mathbb{Z}_m$ がいえた． □

準同型定理を使って同型定理を導いておこう．

定理 2.10 (第一同型定理)

$f : G \to G'$ を全射準同型とする．N' を G' の正規部分群とすると，$N = f^{-1}(N')$ は G の正規部分群であり，$G/N \cong G'/N'$ である．

[証明] 定理 2.7(2) によって $N = f^{-1}(N')$ は G の正規部分群である．また $N' \triangleleft G'$ であるから，定理 2.5 によって G'/N' が剰余群になる．G から G'/N' への全射準同型をつくるためには，自然な射影 $p : G' \to G'/N'$ を用いて，合成写像 $\bar{f} = p \circ f : G \xrightarrow{f} G' \xrightarrow{p} G'/N'$ をつくる．f も p も全射準同型なので，$\bar{f} = p \circ f$ も全射準同型である．この写像の核は

$$\bar{f}^{-1}(\overline{e'}) = (p \circ f)^{-1}(\overline{e'}) = f^{-1}(p^{-1}(\overline{e'})) = f^{-1}(N')$$

となるので，$N = f^{-1}(N')$ と $\bar{f} : G \to G'/N'$ に準同型定理を適用できるようになる．したがって，$G/N \cong G'/N'$ である． ■

定理 2.11 (第二同型定理)

群 G の正規部分群 K, N を $K \subseteq N$ を満たすようにとると，N/K は G/K の正規部分群であり，

$G/N \cong (G/K)/(N/K)$

である．

[証明] N は G の正規部分群 ($N \triangleleft G$) なので，自然な射影 $p : G \to G/K$ を考えると，定理 2.7(1) によって $p(N) = N/K$ は G/K の正規部分群となる．ここで $p(x) \in N/K$ とすると $p(x) = xK \subseteq NK$ となる．すると $x = xe = ab$ を満たす $a \in N, b \in K\ (\subseteq N)$ が存在する．したがって $x = ab \in N$ がいえるので，$N = p^{-1}(N/K)$ となる．これより $p : G \to G/K$ に上の第一同型定理を使うと，$G/N \cong (G/K)/(N/K)$ が成り立つことがいえる． ■

2.5 巡回群

S を群 G の部分集合とするとき,S を含む G のすべての部分群の共通部分 H は定理 2.3 によって部分群となる.これは S を含む最小の部分群である.なぜなら,K を S を含む G の部分群とすると,H の定義から,H は K の部分群になるからである.これを S によって生成される部分群といい,$\langle S \rangle$ で表す.$\langle S \rangle = G$ となるとき,S を G の**生成系**といい,S の元を**生成元**という.

群 G が有限集合を生成系として持つとき,G は**有限生成**であるという.特に,1 つの元 a で生成される群を**巡回群**といい,$\langle a \rangle$ と書く.無限群である巡回群を**無限巡回群**といい,有限群である巡回群を**有限巡回群**という.

巡回群 $\langle a \rangle$ が実際にどうなるかを見てみよう.

例6 $a \neq e$ とするとき,$\langle a \rangle = \{a^n \mid n \in \mathbb{Z}\}$ となることを示してみよう.

定義から $e, a, a^{-1} \in \langle a \rangle$ でなければならない.$n \in \mathbb{N}$ に対して $a^n, a^{-n} \in \langle a \rangle$ であると,$a^{-n-1} = a^{-n}a^{-1} \in \langle a \rangle$,$a^{n+1} = a^n a \in \langle a \rangle$ となる.したがって帰納法によって,$\{a^n \mid n \in \mathbb{Z}\} \subseteq \langle a \rangle$ である.

$\{a^n \mid n \in \mathbb{Z}\} = \{\cdots, a^{-2}, a^{-1}, e, a, a^2, \cdots\}$ が G の部分群となることを示そう.これは $a^l, a^m \ (l, m \in \mathbb{Z})$ をとると

$$(a^l)^{-1} a^m = a^{-l} a^m = a^{m-l} \in \{a^m \mid m \in \mathbb{Z}\}$$

となるからいえる.したがって,$\langle a \rangle = \{a^m \mid m \in \mathbb{Z}\}$ となることがわかる.□

$a^m = a^n$ となる $m \neq n \ (m < n)$ があるとすると,両辺に a^{-m} をかけると $e = a^{n-m}$ となる.そこで,$a^n = e$ となる最小の $n \in \mathbb{N}^*$ を選ぶことにし,$1 \leq k < l < n$ とおく.このとき $a^k = a^l$ とすると,両辺に a^{-k} をかけると $a^{l-k} = e$ となるが,$0 < l - k < n$ であるから n が $a^n = e$ となる最小の自然数であるということに反する.したがって,$\{e, a, a^2, \cdots, a^{n-1}\}$ はすべて異なる.勝手な $m \in \mathbb{Z}$ に対して $m = qn + r,\ 0 \leq r < n$ とすると,

$$a^m = a^{qn+r} = (a^n)^q a^r = e^q a^r = a^r$$

となるから $\langle a \rangle = \{e, a, a^2, \cdots, a^{n-1}\}$ となることがいえた.このとき,この巡回群は有限巡回群である.このことから,無限巡回群 $\langle a \rangle = \{a^n \mid n \in \mathbb{Z}\} = \{\cdots, a^{-2}, a^{-1}, e, a, a^2, \cdots\}$ ではすべての元が異なることもわかる.

一般に有限群 G の元 a の**位数**とは，

$$a^n = e$$

となる最小の自然数 n のことをいう．a で生成される巡回群の位数は元 a の位数に等しいことは上で見たとおりである．G がアーベル群のときは，$na = 0$ となる最小の自然数 n が a の位数となる．

例7 $\mathbb{Z} = \langle 1 \rangle$ であるから，$\mathbb{Z}$ は無限巡回群である．同様に $m\mathbb{Z} = \langle m \rangle$ であるから，やはり無限巡回群である．$\mathbb{Z}_m = \{0, 1, \cdots, m-1\} \langle 1 \rangle$ であるが，これは有限巡回群である． □

G を有限群として，その部分群 H を考える．任意の $a \in G$ を1つ固定して，H から G の左剰余類 aH への写像 $a : H \to aH$ を $a(x) = ax$ $(x \in H)$ によって定義する．いま，$x, y \in H, a(x) = a(y)$ とすると，$ax = ay$ であるから，左から a^{-1} をかけると $x = y$ が得られる．これより a は単射であることがわかる．また，明らかに a は全射であるから，a は全単射ということがわかる．したがって，すべての左剰余類は H と同じ数の要素を持つことがいえた．また，左剰余類は G の分割になっていたので，$|G/H| \cdot |H| = |G|$ が得られ，次の定理がいえたことになる．ただし，$|G/H|$ は G/H の元の数 (濃度) を表す．

定理 2.12

有限群 G の任意の部分群 H の位数は G の位数の約数である．G/H の濃度は $|G|/|H|$ に等しい．また，任意の $a \in G$ に対して，その位数は $|G|$ の約数である．

系 2.1

$a \in G$ の位数を m とし，$n \in \mathbb{Z}$ に対して $a^n = e$ とすると，n は m の倍数である．

証明は章末問題 7 を参照．

系 2.2

$a \in G$ の位数を m とし，$1 < d \in \mathbb{N}$ を m の約数とすると，$b = a^d$ の位数は $n = m/d$ である．

証明は章末問題 8 を参照.

G を巡回群 $\langle x \rangle$ とすると, $a, b \in G$ に対して $m, n \in \mathbb{Z}$ が存在して, $a = x^m$, $b = x^n$ となるので,

$$ab = x^m x^n = x^{m+n} = x^{n+m} = x^n x^m = ba$$

となるから, G は可換群である. したがって, 以下では巡回群をアーベル群として記述することにする. このとき, x^m のかわりに mx と書くことになる. アーベル群が $G = \langle x \rangle$ という巡回群で, すべての $n \neq 0$ に対して $nx \neq 0$ なら $n \neq m$ に対して $nx \neq mx$ となるので,

$$G = \langle x \rangle = \{\cdots, -2x, -x, 0, x, 2x, \cdots\} \cong \mathbb{Z}$$

となり, これは無限巡回群である. このとき, $G = \mathbb{Z}\langle x \rangle$ と書くことがある. そうでない場合は, 自然数 $p = \min\{n > 0 \mid nx = 0\}$ が存在して,

$$G = \{0, x, 2x, \cdots, (p-1)x\} \cong \mathbb{Z}_p = \{0, 1, \cdots, p-1\}$$

となる. これは位数 p の巡回群で, $G = \mathbb{Z}_p \langle x \rangle$ とも書く.

無限巡回群 $G = \mathbb{Z}\langle x \rangle$ の任意の部分群 H ($\neq \{0\}$) を考えよう. このとき, $p = \min\{n > 0 \mid nx \in H\}$ とする. ここで $0 \neq y \in H$ を任意に取ると, $m \in \mathbb{Z}$ が存在して, $y = mx$ となる. $m < 0$ のときは $-y$ を考えることにすれば, 最初から $m > 0$ と仮定してかまわない. すると p の決め方から $p \leq m$ となる. ここで $p < m$ のときに $p \nmid m$ (p は m をわり切らない) とし, m を p でわった商を k, 余りを r とおく. すると, $m = kp + r$ ($k \in \mathbb{N}$, $1 \leq r < p$) となる. このとき

$$y = mx = (kp + r)x = k(px) + rx \Rightarrow rx = mx - k(px) \in H$$

となるが, $1 \leq r < p$ であるから, これは p の取り方に矛盾する. したがって, $p \mid m$ となる. 逆に. $p \mid m$ なら $y = mx = (m/p)(px) \in H$ であるから, $y \in H$ となる. 以上のことから, $H = \mathbb{Z}\langle px \rangle$ となり, H は無限巡回群となることがわかる.

結局, 次の定理が証明された.

定理 2.13

無限巡回群 $G = \mathbb{Z}\langle x \rangle$ の任意の部分群 H ($\neq \{0\}$) は無限巡回群である.

2.5 巡回群

$\mathbb{Z}$ は無限巡回群であるから，その任意の部分群も無限巡回群となる．

無限巡回群のときとまったく同様に考えると，位数 p の有限巡回群 $G = \mathbb{Z}_p\langle x \rangle$ の任意の部分群 H も有限巡回群となることがわかる．H の位数が H の生成元の位数であるから，定理 2.12 によって，H の生成元の位数は p の約数になる．つまり次の定理が成り立つ．

定理 2.14

位数 p の有限巡回群 $G = \mathbb{Z}_p\langle x \rangle$ の任意の部分群 H は有限巡回群であり，H の生成元の位数は p の約数である．

例題 2.3

位数 pq の有限巡回群 $\mathbb{Z}_{pq}\langle x \rangle$ と，位数 p の有限巡回群 $\mathbb{Z}_p\langle y \rangle$ に対して，$\mathbb{Z}_{pq}\langle x \rangle / \mathbb{Z}_q\langle px \rangle \cong \mathbb{Z}_p\langle y \rangle$ となることを示せ．

【解答】 $f : \mathbb{Z}_{pq}\langle x \rangle \to \mathbb{Z}_p\langle y \rangle$, $f(nx) = ny$ を考えると，f は全射準同型である．このとき，$\mathrm{Ker}\, f = \mathbb{Z}_q\langle px \rangle$ となることはすぐにわかるから，準同型定理 2.9 を使うと

$$\mathbb{Z}_{pq}\langle x \rangle / \mathrm{Ker}\, f = \mathbb{Z}_{pq}\langle x \rangle / \mathbb{Z}_q\langle px \rangle \cong \mathbb{Z}_p\langle y \rangle$$

となる． ∎

2章の問題

☐ **1** 群 $(G, \circ)$ において $(x^{-1})^{-1} = x$ を示せ．

☐ **2** 群 G の部分集合 $H \neq \emptyset$ が G の部分群であるための必要十分条件は，$x, y \in H$ なら $x \circ y^{-1} \in H$ であることを示せ．

☐ **3** $H \subseteq G$ を G の部分集合とし，$x \sim y$ を $y^{-1}x \in H$ によって定義する．このとき，$\sim$ が同値関係となることと，$\bar{x} = xH$ となることを示せ．ただし，$xH = \{xz \mid z \in H\}$ である．

☐ **4** $\{e\}$ と G は群 G の正規部分群であること，すなわち $\{e\} \triangleleft G$，$G \triangleleft G$ を示せ．

☐ **5** $f : G \to G'$ を準同型写像とし，H を G の部分群，H' を G' の部分群とすると，
(1) $f(H) := \{f(x) \mid x \in H\}$ は群 G' の部分群である
(2) $f^{-1}(H')$ は群 G の部分群である
が成り立つことを示せ．

☐ **6** $\mathbb{R}_{++} = \{x \in \mathbb{R} \mid x > 0\}$ として，$f : \mathbb{R} \to \mathbb{R}_{++}$ を $f(x) = e^x$ で定義すると $(\mathbb{R}, +) \cong (\mathbb{R}_{++}, \cdot)$ となることを証明せよ．

☐ **7** $a \in G$ の位数を m とし，$n \in \mathbb{Z}$ に対して $a^n = e$ とすると，n は m の倍数となることを示せ．

☐ **8** $a \in G$ の位数を m とし，$1 < d \in \mathbb{N}$ を m の約数とすると，$b = a^d$ の位数は $n = m/d$ となることを示せ．

3 環　　　論

　工学への代数学の応用の基礎になるのが環論であるから，きちんと理解してほしい．環においては，$ab=0$ であっても $a=0$ か $b=0$ とならないところが，理論の取り扱いを面倒にしているが，整域になると，$a=0$ か $b=0$ となるので取り扱いが楽になる．ここでは整数の素因数分解の一意性に対応する素元分解の一意性について詳しく述べているが，これが後で応用上重要となるので，よく学習してほしい．

> **3章で学ぶ概念・キーワード**
> - 環，単元，可逆元，単数群，斜体，体，部分環
> - イデアル，単純環，中国人の剰余定理
> - 環準同型，素イデアル，整域，零因子，商体
> - 既約元，素元，一意分解環，単項イデアル，整域，極大イデアル
> - ユークリッド整域

3.1 環

$(\mathbb{Z}, +, \cdot)$ が整数環であるということは第 1 章で述べたが，ここでは環の一般論について簡単に述べておくことにする．集合 R が**環**であるとは，2 つの 2 項演算，和 $+$ と積 $\cdot$ が定義されており，次の公理を満たす場合である：

公理 3.1

(1) $(R, +)$ はアーベル群である．すなわち，
 (a) **(結合則)** $\forall a, b, c \in R, \quad a + (b + c) = (a + b) + c$
 (b) **(零元の存在)** $\exists 0 \in R, \forall a \in R, \quad a + 0 = 0 + a = a$
 (c) **(反元の存在)** $\forall a \in R, \exists -a, \quad a + (-a) = (-a) + a = 0$
(2) 積は結合則を満たし，$(R, \cdot)$ は単位元を持つ．すなわち，
 (a) **(結合則)** $\forall a, b, c \in R, \quad a(bc) = (ab)c$
 (b) **(単位元の存在)** $\exists 1 \in R, \forall a \in R, \quad a1 = 1a = a$
(3) **(分配則)** 任意の $x, y, z \in R$ に対して，
$$(x + y)z = xz + yz, \quad z(x + y) = zx + zy$$
が成り立つ．

補題 3.1
任意の $x \in R$ に対して $0x = 0$ が成り立つ．

[証明] $0x + x = (0 + 1)x = 1x = x$ であるから，$0x = 0$ が成り立つ． ∎

$1 = 0$ とすると $a = 1a = 0a = 0$ となって，$R = \{0\}$ というつまらない場合になる．したがって，通常，$0 \neq 1$ を仮定する．

補題 3.2
任意の $x, y \in R$ に対して，
(1) $(-x)y = -(xy)$
(2) $(-x)(-y) = xy$
が成り立つ．

[証明] (1) $xy + (-x)y = (x + (-x))y = 0y = 0$ であるから，$(-x)y$ は xy の反元である．すると，反元の一意性によって $(-x)y = -(xy)$ が成り立つ．

(2) $(-x)(-y) - xy = (-x)(-y) + (-x)y = (-x)(-y+y) = (-x)0 = 0$ であるから，$(-x)(-y) = xy$ が成り立つ． ∎

$x \in R$ に対して $y \in R$ が $xy = 1$ を満たすとき，y を x の**右逆元**といい，$y \in R$ が $yx = 1$ を満たすとき，y を x の**左逆元**という．右逆元と左逆元を持つ元を**単元**あるいは**可逆元**という．また，単元を単数ということもある．

補題 3.3

R を環とし，U を単元からなる集合とする．すると，U は乗法群となる．U を**単数群**という．

証明は章末問題 1 を参照．

例 1 整数環 $\mathbb{Z}$ の単数群は $\{-1, 1\}$，有理数体 $\mathbb{Q}$ の単数群は $\mathbb{Q}^*$ である． □

定理 3.1

R を環とし，U を R の単数群とする．また，$m = |U|$ とすると $a^m = 1 \ (\forall a \in U)$ である．

[証明] 定理 2.14 によって，$a \in U$ の元の位数 p は m の約数であるから
$$a^m = (a^p)^{m/p} = 1^{m/p} = 1$$
である． ∎

$1 \neq 0$ である環 R で，零元以外のすべての元が可逆元 (単元) であるものを**斜体**という．斜体 F が乗法に関して可換，すなわち任意の $x, y \in F$ に対して $xy = yx$ が成り立つとき，F を**体**という．$\mathbb{Q}, \mathbb{R}, \mathbb{C}$ は体であるが，実正方行列全体 $M(\mathbb{R}, n)$ は環ではあるが斜体ではない．体 F においては $0 \neq 1$ であるから，F は少なくとも 0 と 1 の 2 元を持っている．

環 R が乗法に関して可換なとき，R を**可換環**という．以下ではほとんどの場合，可換環を扱う．環 R の部分集合 R' が R の**部分環**であるとは，R' は R の演算で環となっており，R の単位元 1 を含んでいるときをいう．

3.2 イデアル

$I \subseteq R$ が環 R の**左イデアル** とは，

(1) I は R の部分アーベル群
(2) 任意の $r \in R$ と $a \in I$ に対して $ra \in I$ となる

を満たすときをいう．$I \subseteq R$ が環 R の**右イデアル** とは，

(3) I は R の部分アーベル群
(4) 任意の $r \in R$ と $a \in I$ に対して $ar \in I$ となる

を満たすときをいう．$I \subseteq R$ が環 R の**両側イデアル**とは，I が R の左イデアルかつ右イデアルであるときをいう．すなわち，

(5) I は R の部分アーベル群
(6) 任意の $r \in R$ と $a \in I$ に対して $ar \in I$, $ra \in I$ となる

を満たすときである．

補題 3.4

R を環とし，$a \in R$ とすると，
(1) $Ra = \{ra \mid r \in R\}$ は左イデアルである．
(2) $aR = \{ar \mid r \in R\}$ は右イデアルである．
(3) $RaR = \left\{ \sum_{\text{有限和}} rar' \mid r, r' \in R \right\}$ は両側イデアルである．

これらのイデアルを a によって生成される**単項イデアル**という．また，a を単項イデアルの**生成元**という．また，ここで有限和というのは，適当な $n \in \mathbb{N}$ と $r_1, \cdots, r_n, s_1, \cdots, s_n \in R$ によって，$r_1 a s_1 + \cdots + r_n a s_n \in R$ と表せるものをいう．

[証明] (1) Ra が加法群となることは，$x, y \in Ra$ としたとき，$x - y \in Ra$ となることをいえばよい．$x = ra, y = r'a$ となる $r, r' \in R$ が存在するから，
$$x - y = ra - r'a = (r - r')a \in Ra$$
がいえる．次に，$x \in Ra$ と $r \in R$ をとると，$x = r'a$ となる $r' \in R$ が存在するから，$rx = r(r'a) = (rr')a \in Ra$ となる．したがって，Ra は左イ

デアルである.

(2), (3) 章末問題 2 を参照. ■

R が可換環のときは，左イデアル，右イデアル，両側イデアルは一致する．このときは単にイデアルと呼ぶことが多い．またこのとき，$Ra = aR = RaR$ を (a) と書くことが多い．一般に，R と $\{0\}$ は R の両側イデアルとなるが，これらを**自明なイデアル**という．以下では，記号を簡単にするため，$\{0\}$ あるいは (0) を 0 と書くことにする．自明なイデアル以外に両側イデアルを持たない環を**単純環**という．

補題 3.5

R を可換環とし，$I, J \subseteq R$ をイデアルとすると，
(1) $I \cap J$ はイデアルである．
(2) $I + J = \{a + b \mid a \in I, b \in J\}$ はイデアルである．
(3) $IJ = \left\{ \sum_{\text{有限和}} a_i b_i \mid a_i \in I, b_i \in J \right\}$ はイデアルである．

[証明] (1) $x, y \in I \cap J, r \in R$ に対して，$x - y, rx \in I \cap J$ が成り立つのは明らかである．

(2) $x, y \in I + J, r \in R$ とすると，$x = a + b, y = a' + b'$ となる $a, a' \in I, b, b' \in J$ が存在する．このとき，
$$x - y = (a + b) - (a' + b') = (a - a') + (b - b') \in I + J$$
$$rx = r(a + b) = ra + rb \in I + J$$
である．

(3) $x, y \in IJ, r \in R$ とすると，$x = \sum_{\text{有限和}} a_i b_i, (a_i \in I, b_i \in J), y = \sum_{\text{有限和}} a'_i b'_i, (a'_i \in I, b'_i \in J)$ と書けるから，
$$x - y = \sum_{\text{有限和}} a_i b_i - \sum_{\text{有限和}} a'_i b'_i = \sum_{\text{有限和}} a_i b_i + \sum_{\text{有限和}} (-a'_i) b'_i \in IJ$$
$$rx = r \left(\sum_{\text{有限和}} a_i b_i \right) = \sum_{\text{有限和}} (ra_i) b_i \in IJ$$
となる． ■

> **命題 3.1**
> R を可換環とし，$I, J \subseteq R$ をイデアルとすると，
> (1) $I \cap J$ は I と J に含まれるイデアルの最大のものである．
> (2) $I + J$ は I, J を含むイデアルの中で最小のものとなる．

[証明] (1) K を I と J に含まれる任意のイデアルとすると，集合として $K \subseteq I \cap J$ となるから，$I \cap J$ は I と J に含まれるイデアルの最大のものである．

(2) K を I, J を含む任意のイデアルとする．任意の $a \in I, b \in J$ に対して，$a \in I \subseteq K$ かつ $b \in J \subseteq K$ であるから

$$a + b \in K$$

が成り立つ．したがって，$I + J \subseteq K$ がいえた．また，$I, J \subseteq I + J$ であることは明らかであるから，$I + J$ は I, J を含むイデアルの中で最小のものとなる． ■

$I \cap J$ を I と J の**交わり**といい，$I + J$ を I と J の**和**という．また，IJ を I, J の**積**といい，$IJ \subseteq I \cap J$ であるが，一般には等号は成り立たない．

> **命題 3.2**
> 可換環 R が体となるための必要十分条件は，R が自明でないイデアルを持たないことである．

証明は章末問題 3 を参照．

すべてのイデアルが単項イデアルである環を**単項イデアル環**という．

[例2] 整数環 $\mathbb{Z}$ は単項イデアル環であることを示してみよう．

整数環 $\mathbb{Z}$ において．$I \subseteq \mathbb{Z}$ を自明でないイデアルとする．すると I は $\mathbb{Z}$ の加法群となるが，定理 2.13 より $I = m\mathbb{Z} = (m)$ となる $m \in \mathbb{N}$ が存在するので，I は単項イデアルである．したがって，$\mathbb{Z}$ は単項イデアル環である． □

> **補題 3.6**
> 可換環 R のイデアル I, J が $I + J = R$ を満たすものとする．このとき，$IJ = I \cap J$ が成り立つ．

3.2 イデアル

[証明] 仮定から，$a \in I$ と $b \in J$ が存在して，$a+b=1$ となる．$x \in I \cap J$ を任意にとると，$x = (a+b)x = ax + xb \in IJ$ となるから，$I \cap J \subseteq IJ$ である．一方，命題 3.1 の下の部分で $IJ \subset I \cap J$ となることは注意したとおりであるから，補題が成り立つ． ■

命題 3.3

$I_1, \cdots, I_n$ を R のイデアルとし，$I_i + I_j = R \ (i \neq j)$ が成り立つものとする．このとき，
(1) $I_i + \bigcap_{j \neq i} I_j = R \ (i = 1, \cdots, n)$ が成り立つ．
(2) (**中国人の剰余定理**) 任意の $a_1, a_2, \cdots, a_n \in R$ に対して，$a \in R$ で $a - a_i \in I_i \ (i = 1, \cdots, n)$ となるものが存在する．

[証明] (1) $1 \leq i \leq n$ とする．仮定から，$u_j \in I_i$, $v_j \in I_j$ が存在して $u_j + v_j = 1 \ (j \neq i)$ となる．そこで，$1 = \prod_{j \neq i}(u_j + v_j)$ を展開して，$u_1, u_2, \cdots, u_n$ のいずれかを含む項をまとめて u_i^* とし，残りの項 $\prod_{j \neq i} v_j$ を v_i^* とおく．$I_1, \cdots, I_n$ はイデアルだから，
$$u_i^* \in I_i, \ v_i^* \in \bigcap_{j \neq i} I_j, \ u_i^* + v_i^* = 1$$
となる．よって，$I_i + \bigcap_{j \neq i} I_j = R$ となる．

(2) u_i^*, v_i^* を (1) のようにとり，$a_1, \cdots, a_n \in R$ を任意にとる．このとき，$a = a_1 v_1^* + a_2 v_2^* + \cdots + a_n v_n^*$ とおくと，
$$a - a_i = (a_1 v_1^* + a_2 v_2^* + \cdots + a_n v_n^*) - a_i(u_i^* + v_i^*)$$
$$= \sum_{j \neq i} a_j v_j^* - a_i u_i^*$$
となる．ここで，$v_j^* \in \bigcap_{k \neq j} I_k \subseteq I_i \ (j \neq i)$, $u_i^* \in I_i$ に注意すると，$a - a_i \in I_i$ がわかる． ■

上の命題の (2) を剰余定理という理由は，初等整数論の章で明らかになる．

3.3 環の準同型定理

R, R' を可換環とする．$f: R \to R'$ が**環準同型写像**であるとは，

(1) $f(a+a') = f(a) + f(a')$
(2) $f(aa') = f(a)f(a')$
(3) $f(1) = 1$, $f(0) = 0$

が任意の $a, a' \in R$ に対して成り立つときをいう．f の**核**は $\mathrm{Ker} f = f^{-1}(0)$ である．

補題 3.7

可換環 R, R' の準同型写像 $f: R \to R'$ の核 $\mathrm{Ker}\, f$ は R のイデアルである．

証明は章末問題 4 を参照．

例題 3.1

I を環 R のイデアルとするとき，群で剰余群を定義したように，**剰余環** R/I を構成せよ．

【解答】まず，R と I をアーベル群と考えれば，剰余群 R/I を考えることができる．R/I 上の積を，$\bar{x} = x + R$, $\bar{y} = y + R$ に対して，$\bar{x}\bar{y} = \overline{xy} = xy + R$ と定義する．積が矛盾なく定義されていることを確かめる．
$x, x' \in \bar{x}, y, y' \in \bar{y}$ とすると，
$$xy - x'y' = x(y-y') + (x-x')y' \in I$$
これより $\overline{xy} = \overline{x'y'}$ がいえたので，積が矛盾なく定義されることがいえた．
$\bar{x}, \bar{y}, \bar{z} \in I$ とすると，
$$(\bar{x}\bar{y})\bar{z} = \overline{xy}\bar{z} = \overline{(xy)z} = \overline{x(yz)} = \bar{x}\overline{yz} = \bar{x}(\bar{y}\bar{z})$$
であるから，結合則も成り立つ．単位元は $\bar{1} = 1 + R$ である．そのほかの環の公理も成り立つことが簡単に確かめられるので，R/I は環となり，自然な射影
$$p: R \to R/I,\ x \mapsto \bar{x}$$
は明らかに環の準同型写像である． ∎

3.3 環の準同型定理

定理 3.2 (環準同型定理)

R, R' を可換環とし，$f : R \to R'$ を環の準同型写像とする．すると，図 3.1 を可換にする環準同型 $\bar{f} : R/\mathrm{Ker}\, f \to R'$ がただ 1 つ存在し，$R/\mathrm{Ker}\, f \cong \mathrm{Im}\, f$ となる．とくに f が全射なら，$R/\mathrm{Ker}\, f \cong R'$ となる．

$$\begin{array}{ccc} R & \xrightarrow{f} & R' \\ {}_p\downarrow & \nearrow_{\bar{f}} & \\ R/\mathrm{Ker}\, f & & \end{array}$$

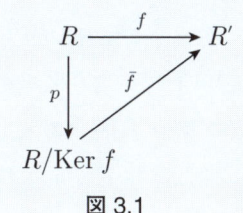

図 3.1

また，R の $\mathrm{Ker}\, f$ を含むイデアル I と $\mathrm{Im}\, f$ のイデアル I' とは，

$$I = f^{-1}(I') \;\leftrightarrow\; I' = f(I)$$

なる対応で 1 対 1 に対応し，環の同型 $R/I \cong \mathrm{Im}\, f/I'$ が成り立つ．

[**証明**] 1° p, f をアーベル群の準同型と見ると，上の図式を可換とする群の準同型写像 $\bar{f}$ がただ 1 つ存在して，群の同型として，$R/\mathrm{Ker}\, f \cong \mathrm{Im}\, f$ である．ここで，$x \in R$ なら $f(x) = \bar{f}(p(x))$ となる．

2° $x, y \in R$ に対して，

$$\bar{f}(p(x)p(y)) = \bar{f}(p(xy)) = f(xy) = f(x)f(y) = \bar{f}(p(x))\bar{f}(p(y))$$

である．また，$\xi, \eta \in R/\mathrm{Ker}\, f$ とすると，$x, y \in R$ が存在して，$\xi = p(x)$, $\eta = p(y)$ となる．したがって，

$$\bar{f}(\xi\eta) = \bar{f}(p(x)p(y)) = \bar{f}(p(x))\bar{f}(p(y)) = \bar{f}(\xi)\bar{f}(\eta)$$

となる．また，$\bar{f}(\bar{1}) = 1$, $\bar{f}(\bar{0}) = 0$ が成り立つことも明らかである．したがって，環の同型として $R/\mathrm{Ker}\, f \cong \mathrm{Im}\, f$ となることがわかった．

3° 群の第一同型定理 2.10 より，$\mathrm{Ker}\, f$ を含む R の部分群 I と $\mathrm{Im}\, f$ の部分アーベル群 I' が $I = f^{-1}(I') \;\leftrightarrow\; I' = f(I)$ なる対応で 1 対 1 に対応する．そこで，I が $\mathrm{Ker}\, f$ を含む R のイデアルなら，$I' = f(I)$ は $\mathrm{Im}\, I$ のイデアルとなり，逆に I' が $\mathrm{Im}\, f$ のイデアルなら，$I = f^{-1}(I')$ が $\mathrm{Ker}\, f$ を含む R のイデアルとなることがわかれば，部分群の間の 1 対 1 対応をイデアルの対応に制限して，イデアルの間の 1 対 1 対応が得られる．ここで，f が環準同

型写像であることから，$a \in f^{-1}(I')$ なら
$$f(ra) = f(r)f(a) \in I'$$
となり，$ra \in f^{-1}(I')$ となる．よって，I' がイデアルなら $f^{-1}(I')$ は R のイデアルである．

また，$f(a) \in f(I) = I'$ なら $a \in I$ であるから，$f(r)f(a) = f(ra) \in f(I)$ となる．したがって，I' は $\operatorname{Im} f$ のイデアルとなる．さらにこのとき，
$$g: R \to \operatorname{Im} f/I', \ R \ni a \mapsto f(a) + I' \in \operatorname{Im} f/I'$$
は環の準同型写像であり，全射かつ，$\operatorname{Ker} g = f^{-1}(I') = I$ となる．

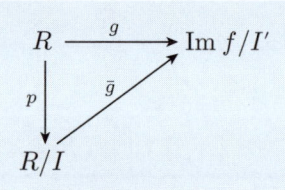

図 3.2

よって，定理の前半から $R/I \cong \operatorname{Im} f/I'$ となる． ∎

$x \in R$ に対する $\bar{x} \in R/I$ を x の**剰余類**という．$x, y \in R$ が $\bar{x} = \bar{y}$ を満たすとき，次のように書く．
$$x \equiv y \pmod{I}$$

系 3.1

単項イデアル環 R に対して次のことが成り立つ．
(1) I を R のイデアルとすると，R/I も単項イデアル環である．
(2) $p: R \to R/I$，$p(x) = \bar{x} = x + I$ を自然な準同型とする．このとき，$J = (b)$ の p による像は $p(J) = (\bar{b})$ である．

[証明] 環準同型定理 3.2 によって R/I のイデアル J' と R のイデアル $J = p^{-1}(J')$ が 1 対 1 対応する．R は単項イデアル環であるから $J = (b)$ となる $b \in R$ が存在する．このとき $J' = (\bar{b})$ となることは明らかである． ∎

例 3 整数環 $\mathbb{Z}$ と $\mathbb{Z}_m$ において環準同型定理が何をいっているのかを調べてみ

3.3 環の準同型定理

よう. $\mathbb{Z}_m$ における加法は $a+b$ を m でわった余り r をとるというものであった. $a,b \in \mathbb{Z}$ としてこれを眺めたときには,これを $a+b \equiv r \pmod{m}$ と書くのであった.これをかけ算についても考えてみよう. $a,b \in \mathbb{Z}_m$ の積は ab を m でわった余り r をとることによって定めることにする.かけ算の表を $\mathbb{Z}_5, \mathbb{Z}_6$ について書いておこう.

表 3.1

·	0	1	2	3	4
0	0	0	0	0	0
1	0	1	2	3	4
2	0	2	4	1	3
3	0	3	1	4	2
4	0	4	3	2	1

表 3.2

·	0	1	2	3	4	5
0	0	0	0	0	0	0
1	0	1	2	3	4	5
2	0	2	4	0	2	4
3	0	3	0	3	0	3
4	0	4	2	0	4	2
5	0	5	4	3	2	1

$\mathbb{Z}_m$ が環となることは,合同式 $x \equiv a \pmod{m}$ の基本的な性質を示すことによって得られる.合同式の性質をここでまとめて述べておこう.

(1) $x \equiv a, y \equiv b \pmod{m}$ なら $x \pm y \equiv a \pm b \pmod{m}$

[証明] $m|x-a, m|y-b$ であり,$(x \pm y)-(a \pm b)=(x-a)\pm(y-b)$ であるから,$m|(x \pm y)-(a \pm b)$ がいえるので $x \pm y \equiv a \pm b \pmod{m}$ となる.

(2) $x \equiv a, y \equiv b \pmod{m}$ なら $xy \equiv ab \pmod{m}$

[証明] $m|x-a, m|y-b$ であり,$xy - ab = x(y-b)+(x-a)b$ であるから,$m|xy-ab$ がいえるので $xy \equiv ab \pmod{m}$ となる.

(3) $x \equiv a, y \equiv b, z \equiv c \pmod{m}$ なら $x(y+z) \equiv a(b+c) \pmod{m}$

[証明] $x(y+z) = xy + xz \equiv ab + ac = a(b+c) \pmod{m}$

(4) 任意の $n \in \mathbb{N}$ と $a \equiv b \pmod{m}$ に対して $a^n \equiv b^n \pmod{n}$

[証明] きちんと証明するには,数学的帰納法を使う.$n=1$ のときには証明すべきことは何もない.n のときには正しいものとすると,(2) より

$$a^{n+1} = a^n a \equiv b^n b = b^{n+1} \pmod{m}$$

となる.

以上のことから，$\mathbb{Z}_m$ が環となることが確かめられる．$1 \in \mathbb{Z}_m$ が単位元である．表 3.1，表 3.2 の九九表を見ると，$\mathbb{Z}_5$ の単数群は $\{1, 2, 3, 4\}$ となっているから，$\mathbb{Z}_m$ が体である．一方，$\mathbb{Z}_6$ の単数群は $\{1, 5\}$ だけであるから $\mathbb{Z}_6$ は体ではない．

$f : \mathbb{Z} \to \mathbb{Z}_m$ を $f(a)$ は a を m でわった余りとするとき，f が加法に関する準同型写像となっていることは群論のところですでに調べてあるが，上の (1) からもわかる．また，乗法についても準同型写像となっていることは (2) からわかる．$f(0) = 0$, $f(1) = 1$ であることも明らかだから $f : \mathbb{Z} \to \mathbb{Z}_m$ は環準同型写像である．このとき $\operatorname{Ker} f = m\mathbb{Z}$ であるから，環準同型定理をこの場合に表すと，図 3.3 のようになる．

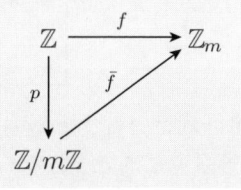

図 3.3

ここで，$\operatorname{Ker} f = m\mathbb{Z} \subseteq I$ となる $\mathbb{Z}$ のイデアル I はどういうものになるのだろうか．$\mathbb{Z}$ は単項イデアル環だから，イデアル I も $I = n\mathbb{Z}$ という形をしている．そこで，まず $m = 6$ で考えると $6\mathbb{Z} = \{\cdots, -6, 0, 6, \cdots\}$ であるから $6\mathbb{Z}$ を含む単項イデアルは $\mathbb{Z}$, $6\mathbb{Z}$ のほかに $2\mathbb{Z} = \{-6, -4, -2, 0, 2, 4, 6, \cdots\}$, $3\mathbb{Z} = \{\cdots, -6, -3, 0, 3, 6, \cdots\}$ の 2 つがあることがわかる．ここで 2, 3 は 6 の約数になっているが，ちょっと考えれば $m\mathbb{Z}$ を含む $\mathbb{Z}$ の単項イデアル $n\mathbb{Z}$ は $n | m$ を満たすことがわかるだろう．さてこのとき，$2\mathbb{Z} \leftrightarrow \{0, 2, 4\} \subseteq \mathbb{Z}_6$, $3\mathbb{Z} \leftrightarrow \{0, 3\} \subseteq \mathbb{Z}_6$ が環準同型定理からいえて，これが $\mathbb{Z}_6$ の自明でないイデアルのすべてであるということになる．

$m = 5$ の場合には $5\mathbb{Z} = \{\cdots, -5, 0, 5, \cdots\}$ を含む $\mathbb{Z}$ の単項イデアルは $\mathbb{Z}$ しかないので，$\mathbb{Z}_5$ は自明なイデアルしか持たない単純環となる．すると命題 3.2 によって $\mathbb{Z}_5$ が体となることがわかる．これは m が 5, 6 以外でも同様のことが成り立つから，m が素数のときには $\mathbb{Z}_m$ は体となり，そうでないときには $\mathbb{Z}_m$ は体にはならない． □

3.4 素イデアル

この節では R は可換環を表すものとする．$a \in R$ に対して，$0 \neq b \in R$ が存在して，

$$ab = 0$$

となるとき，a を R の**零因子**という．当然，0 は R の零因子であるが，0 以外に零因子を持たない環を**整域**という．体においては，$ab = 0, b \neq 0$ とすると

$$ab = 0 \Rightarrow a(bb^{-1}) = 0 \Rightarrow a = 0$$

であるから，体は整域である．

例4 $\mathbb{Z}_m$ が整域となるのは，m がどういう場合であろうか．

$\mathbb{Z}_p$ (p は素数) は体であるから整域である．一方，$\mathbb{Z}_6$ においては $2 \cdot 3 = 0$ であるから，$2, 3 \in \mathbb{Z}_6$ はいずれも零因子である．よって，$\mathbb{Z}_6$ は整域ではない．一般に m が合成数のときには，$m = ab$ とすると $ab = 0 \in \mathbb{Z}_m$ となるから，a, b いずれも零因子となり，$\mathbb{Z}_m$ は整域ではない． □

R のイデアル $I \,(\neq R)$ が**素イデアル**とは，剰余環 R/I が整域となるときをいう．

─ **例題 3.2** ─
単項イデアル環 $\mathbb{Z}$ の素イデアルを決定せよ．

【解答】$p \in \mathbb{Z}$ を素数とするとき，単項イデアル (p) による整数環 $\mathbb{Z}$ の剰余環 $\mathbb{Z}/p\mathbb{Z} \cong \mathbb{Z}_p$ は体となるから，(p) は $\mathbb{Z}$ の素イデアルである．一方，m が合成数の場合には $\mathbb{Z}/m\mathbb{Z} \cong \mathbb{Z}_m$ は整域ではないから (m) は素イデアルではない．このことが素イデアルという名前がついた理由の1つである．このことから想像がつくように，素イデアルは環 R において $\mathbb{Z}$ における素数に対応する性質も持っている．$m = 0$ の場合を考えると，$\mathbb{Z}/0\mathbb{Z} = \mathbb{Z}/\{0\} \cong \mathbb{Z}$ であるから $(0) = 0$ は素イデアルである． ■

─ **補題 3.8** ─
R のイデアル I が素イデアルであるための必要十分条件は，$xy \in I \,(x, y \in R)$ なら $x \in I$ あるいは $y \in I$ が成り立つことである．

この補題を $\mathbb{Z}$ で解釈すると, $\mathbb{Z}$ のイデアル (p) が素イデアルであるための必要十分条件は, $xy \in (p) = \{\cdots, -p, 0, p, \cdots\}$ なら, $x \in (p)$ あるいは $y \in (p)$ が成り立つということであるが, これは,

$$p \text{ が素数} \quad \Leftrightarrow \quad (p|xy \Rightarrow p|x \text{ または } p|y)$$

ということと同じであるから, 普通の素数の持っている性質となる. 逆にいうと, $p \in \mathbb{Z}$ を素数とすると, (p) は $\mathbb{Z}$ の素イデアルである.

[証明] **必要性**: $xy \in I$ とすると, $\bar{x}\bar{y} = \bar{0} \in R/I$ である. R/I が整域であるから, R/I は零因子を持たない. したがって, $\bar{x} = \bar{0}$ であるか $\bar{y} = \bar{0}$ である. すなわち, $x \in I$ であるか $y \in I$ である.

十分性: $\bar{x}\bar{y} \, (= \overline{xy}) = 0 \in R/I$ とすると, $xy \in I$ であるから, $x \in I$ あるいは $y \in I$ となる. このことは, $\bar{x} = \bar{0}$ あるいは $\bar{y} = \bar{0}$ であることを意味する. よって, R/I は整域である. ∎

可換環 R の単位元を 1_R として,

$$f: \mathbb{Z} \to R, \ n \mapsto f(n) = n1_R$$

を考えると, 明らかに, f は環準同型写像である. f の核 $f^{-1}(0)$ は $\mathbb{Z}$ のイデアルとなるが, それは,

$$f^{-1}(0) = \{n \in \mathbb{Z} \mid n1_R = 0\}$$

である. $\mathbb{Z}$ は単項イデアル環であるから, $f^{-1}(0) \neq 0$ のときは, $f^{-1}(0)$ に属する最小の正整数を m とすると,

$$f^{-1}(0) = m\mathbb{Z} = (m)$$

となる. すると, 環準同型定理 3.2 から,

$$\mathbb{Z}/m\mathbb{Z} \cong f(\mathbb{Z})$$

が得られる. ただし, $f^{-1}(0) = \{0\}$ のときには $m = 0$ とおく.

$m = 0$ の場合は, $\mathbb{Z} \cong \mathbb{Z}/\{0\} \cong f(\mathbb{Z})$ であるから, R は $\mathbb{Z}$ に同型な部分環を含んでいることになる. これを, 通常 $\mathbb{Z}$ と同一視して, R の **標数** は 0 であるという. $m \neq 0$ の場合は, R の **標数** は m であるという. この場合, R は $\mathbb{Z}/m\mathbb{Z} \cong \mathbb{Z}_m$ と同型な部分環を含んでいる. 特に $m = p$ が素数の場合は, $\mathbb{Z}_p \cong \mathbb{Z}/p\mathbb{Z}$ を $\mathbb{F}_p$ と書くのが一般的である. すなわち

$$\mathbb{F}_p = \{\bar{0}, \bar{1}, \cdots, \overline{p-1}\}$$

であるが，これは，通常 $\mathbb{Z}_p$ と同一視して

$$\mathbb{F}_p = \{0, 1, \cdots, p-1\}$$

と書かれる．

---- **例題 3.3** ----

K を体とすると，K の標数は 0 か素数 $p > 0$ であることを示せ．

【解答】 K の標数が $m = ab$ $(1 < a, b < m)$ なる合成数とすると，

$$(a1_K)(b1_K) = (ab)1_K = m1_K = 0 \quad \text{かつ} \quad a1_K \neq 0, \ b1_K \neq 0$$

となって，K に零因子が存在することになり矛盾が生じてしまう． ∎

標数が 0 の場合，K は有理数体に同型な部分体を含む（K は加減乗除ができるから，$a1_K, b1_k \in K$ $(b \neq 0)$ なら $(a/b)1_K \in K$ となる）．標数が $p > 0$ の場合は K は $\mathbb{F}_p$ に同型な部分体を含む．いずれの場合もその部分体を（K の）**素体**という．素体は K の最小の**部分体**であり，これを $\mathbb{Q}$ あるいは $\mathbb{F}_p$ と同一視する．

イデアル $I \ (\subsetneq R)$ が**極大イデアル**であるとは，$I \subsetneq J$ を満たす R のイデアルが $J = R$ 以外に存在しないときをいう．

---- **補題 3.9** ----

R の極大イデアルは素イデアルである．

[証明] I を極大イデアルとし，$x, y \in R$ を $xy \in I$ を満たすものとする．$x \notin I$ とすると，$I + Rx$ は I を真部分集合として含む R のイデアルである．I は極大イデアルであるから，$I + Rx = R$ となる．したがって，

$$1 = u + rx$$

を満たす $u \in I$, $r \in R$ が存在する．両辺に y をかけると（$u \in I$ より $yu \in I$ かつ $xy \in I$ なので）

$$y = yu + rxy \in I$$

となるので，I は素イデアルである． ∎

定理 3.3

R のイデアル I が極大イデアルであるための必要十分条件は剰余環 R/I が体となることである．

証明は章末問題 5 を参照．

命題 3.4

$f: R \to R'$ を環の準同型写像とする．I' を R' の素イデアルとすると，$I = f^{-1}(I')$ は R の素イデアルである．

[証明] $x, y \in R$ を $xy \in I$ とする．いま，$x \notin I$ とすると，

$$f(x) \notin I', \ f(x)f(y) = f(xy) \in I'$$

であるから，$f(y) \in I'$ すなわち $y \in I$ である． ∎

命題 3.5

$f: R \to R'$ を環の全射準同型とする．I' を R' の極大イデアルとすると，$f^{-1}(I')$ は R の極大イデアルである．

証明は章末問題 6 を参照．

例題 3.4

p を素数とするとき，$p\mathbb{Z} = (p)$ は $\mathbb{Z}$ の極大イデアルであることを示せ．

【解答】$(p) \subseteq (n)$ とすると，$n|p$ であるから $p = nm \ (m \in \mathbb{Z})$ と書ける．p が素数であるから，$n = p$ か $n = 1$ である．したがって，$p\mathbb{Z}$ は $\mathbb{Z}$ の極大イデアルである． ∎

3.5 局所化

R を可換環とする．R の部分集合 S が

(1) $a, b \in S \Rightarrow ab \in S$
(2) $1 \in S$, $0 \notin S$

を満たすとき，S を**乗法的閉集合**という．

例えば，$\mathbb{N}^* := \mathbb{N} \backslash \{0\}$ は $\mathbb{Z}$ における乗法的閉集合である．また，$S = \{a \in R \mid a$ は非零因子 $\}$ とすると，S は乗法的閉集合である．

例5 I を R の素イデアルとしたとき，$S = R \backslash I = \{a \in R \mid a \notin I\}$ は乗法的閉集合となる．なぜならば，$a, b \in S$ で，$ab \in R \backslash S = I$ となるものが存在したとすると，$a \in I$ か $b \in I$ となって，矛盾が生じる． □

以下で述べることは，整数環 $\mathbb{Z}$ から有理数体 $\mathbb{Q}$ を構成することの一般化である．つまり可換環 R に基づいて，分数にあたるものを定義して，有理数体に対応するものを構成しようというわけである．ここで注意しなければいけないのは，$\mathbb{Z}$ は整域であるから零因子がないのに対して，一般の環 R では零因子が存在する可能性があることである．

整数環 $\mathbb{Z}$ から有理数体 $\mathbb{Q}$ を構成するには分数を導入するわけであるが，分数は a/b $(a \in \mathbb{Z}, b \in \mathbb{N}^*)$ という形で書ける．また，$1/2 = 2/4 = 3/6 = \cdots$ は，分数 $1/2$ といったとき，同じ分数からなる集合 $\{1/2, 2/4, \cdots\}$ からの代表元を意味しているとも考えられる．そこで，まず個別の分数に対応するものを定義して，そこに同じ分数という概念に対応する同値関係を導入して，一般の環 R に代表元あるいは同値類としての分数を定義することにする．

例6 S を R の乗法的閉集合として，直積 $R \times S$ に次のようにして同値関係を導入する：

$$(a, s) \sim (a', s') \Leftrightarrow \exists s_1 \in S, \ s_1(s'a - sa') = 0$$

(a, s) が個別の分数 a/s に対応するわけである．このとき，(a, s) と (a', s') が同じ分数を表しているかどうかについては，約分という概念がここでは使えないから，両辺の分母を払って同じとなるかどうかを見ることにする．これだと $s'a - sa' = 0$ となるかどうかを見ることになるが，このままだと同値関係にな

らないので，さらに $s_1 \in S$ をかけて $s_1(s'a - sa') = 0$ となるかどうかを調べることにするわけである．$\mathbb{Q}$ における分数では $s_1 \in \mathbb{N}^*$ をわざわざかけるのは面倒なだけだが，さりとて間違いではないというわけである．

上の関係 $\sim$ が同値関係であることは，以下のようにして示せる．

(**反射律**)　$(a, s) \in R \times S$ に対して，$s_1 = 1$ とすると $1(sa - sa) = 0$ であるから，$(a, s) \sim (a, s)$ である．

(**対称律**)　$(a, s) \sim (a', s')$ とすると，$s_1 \in S$ が存在して，
$$s_1(sa' - s'a) = 0 \Rightarrow s_1(s'a - sa') = 0$$
となるから，$(a', s') \sim (a, s)$ である．

(**推移律**)　$(a, s) \sim (a', s'),\ (a', s') \sim (a'', s'')$ とすると，$s_1, s_2 \in S$ が存在して，$s_1(sa' - s'a) = 0,\ s_2(s'a'' - s''a') = 0$ となる．このとき，$s_1 s_2 s' \in S$ であるから，
$$\begin{aligned}
s_1 s_2 s'(sa'' - s''a) &= s_1 s_2 (ss'a'' - s's''a) \\
&= s_1 s_2 (s(s'a'' - s''a') + s''(sa' - s'a)) \\
&= s s_1(s_2(s'a'' - s''a')) + s'' s_2(s_1(sa' - s'a)) = 0
\end{aligned}$$
となる．よって，$(a, s) \sim (a'', s'')$ である．　　□

(a, s) を含む同値類を a/s で表し，その全体を R_S あるいは $S^{-1}R$ と表す．これで環 R に基づく分数らしいものができたので，$S^{-1}R$ に分数の四則演算を導入しよう．まず $S^{-1}R$ に積を
$$a/s \cdot a'/s' = aa'/ss'$$
によって定義する．a/s は同値類を表しているから，この積が代表元の取り方によらないことを示す必要がある．

補題 3.10

$S^{-1}R$ における積の定義は代表元の取り方によらない．

[証明]　$a_1/s_1 = a/s,\ a'_1/s'_1 = a'/s'$ としたとき，$aa'/ss' = a_1 a'_1/s_1 s'_1$ を示せばよい．まず，$s_2, s_3 \in S$ で，
$$s_2(sa_1 - s_1 a) = 0,\quad s_3(s'a'_1 - s'_1 a') = 0$$
を満たすものが存在する．最初の式に $s_3 s'_1 a'$ かけ，2 番目の式に $s_2 s a_1$ をかけ

て加えると，
$$s_2s_3(ss'a_1a_1' - s_1s_1'aa') = 0$$
が得られる．これが示すべき式であったから，証明された． ∎

この積に関する単位元は $1/1$ であり，結合法則も明らかに成り立つ (章末問題 7)．次に，$S^{-1}R$ に和を
$$(a/s) + (a'/s') = (s'a + sa')/ss'$$
によって定義する．

補題 3.11

$S^{-1}R$ における和の定義は代表元の取り方によらない．

[証明] $a_1/s_1 = a/s$, $a_1'/s_1' = a'/s'$ としたとき，
$$(s_1'a_1 + s_1a_1')/s_1s_1' = (s'a + sa')/ss'$$
を示せばよい．まず，$s_2, s_3 \in S$ で $s_2(sa_1 - s_1a) = 0$, $s_3(s'a_1' - s_1'a') = 0$ を満たすものが存在する．最初の式に $s_3s's_1'$ をかけ，2 番目の式に s_2ss_1 かけて，加えると，
$$s_2s_3[s's_1'(sa_1 - s_1a) + ss_1(s'a_1' - s_1'a')] = 0$$
が得られる．これより，
$$s_2s_3[ss'(s_1'a_1 + s_1a_1') - s_1s_1'(s'a + sa')] = 0$$
となるから，
$$(s_1'a_1 + s_1a_1')/s_1s_1' = (s'a + sa')/ss'$$
がいえた． ∎

例題 3.5

$S^{-1}R$ では約分と通分が可能であることを示せ．

【解答】 $a \in R$ と $s, s' \in S$ に対して，$s(s'a) - (s's)a = 0$ であるから，
$$a/s = s'a/s's$$
が成り立つので，約分ができる．また，$a, a' \in R$ と $s \in S$ に対して，

$$a/s + a'/s = (sa' + sa)/s^2 = s(a+a')/s^2 = (a+a')/s$$

であるから，通分も可能である． ■

以上のことから，上で定義した $S^{-1}R$ の和と積は，通常の分数の和と積の性質を満たしていることがわかる．$\mathbb{Z}$ と $\mathbb{N}$ から $(\mathbb{N}^*)^{-1}\mathbb{Z}$ をつくれば有理数体 $\mathbb{Q}$ が得られるが，$S^{-1}R$ は必ずしも体にはならない．

> **補題 3.12**
>
> $(S^{-1}R, +, \cdot)$ は環である．$S^{-1}R$ を R の S による**局所化**あるいは**商環**という．

証明は章末問題 8 を参照．

R から $S^{-1}R$ への写像 $f_S : R \to S^{-1}R$ を $f_S(a) = a/1$ と定義すると，

$$f_S(ab) = ab/1 = (a/1) \cdot (b/1) = f_S(a) f_S(b)$$

であるから，f_S は環の準同型写像である．さらに，$f_S(S)$ のすべての元は $S^{-1}R$ の単元 (可逆元) である ($s/1$ の逆元は $1/s$)．

> **補題 3.13**
>
> R を整域とし，$S\ (\subseteq R)$ を乗法的閉集合で 0 を含まないものとする．すると，
>
> $$f_S : R \to S^{-1}R, \quad a \mapsto a/1$$
>
> は単射である．

[証明] 定義から，$a/1 = 0 = 0/1$ とすると $s \in S$ で $s(1 \cdot a - 1 \cdot 0) = sa = 0$ となるものが存在する．R は整域なので零因子が存在しない．したがって $a = 0$ が得られるから，f_S は単射である． ■

この補題によって，$a/1\ (a \in R)$ と a を同一視すると，R は $S^{-1}R$ に埋め込まれているといえる．このことは $\mathbb{Q} \cong (\mathbb{N}^*)^{-1}\mathbb{Z}$ に整数環 $\mathbb{Z}$ が埋め込まれていることに対応している．

以下で，乗法的閉集合の例をいくつか述べておくことにする．

1. $\mathbb{Z}$ において $S = \{1, 3, 3^2, \cdots\}$ とすると，S は乗法的閉集合である．このとき，$S^{-1}\mathbb{Z} = \{a/3^k \mid a \in \mathbb{Z},\ k \in \mathbb{N}\}$ となる．

2. $\mathbb{Z}$ において $S = \{1\} \cup m\mathbb{N}^* = \{1, m, 2m, \cdots\}$ とすると, S は乗法的閉集合である.

3. R を可換環とし, S を R の可逆元からなる集合とする (すなわち, 単元からなる集合である). 明らかに, S は乗法的閉集合である. これを記号で, R^* と表すことも多い (R が体の場合, $R^* = R\backslash\{0\}$ は R の非零元からなる乗法群となる). このときは, $S^{-1}R = RS$ である.

なぜなら, $1/s$ は $1/s - s^{-1}/1 = (1 - ss^{-1})/s = 0/1 = 0$ だから $1/s = s^{-1}$ である. したがって, $r/s = rs^{-1}$ と書けるから, $S^{-1}R = RS$ となる.

4. R を整域とし, S を R の非零元からなる集合とする. すると, S は乗法的閉集合であり, $S^{-1}R$ は体となる.

$S^{-1}R$ が環となることは補題 3.12 で既に示されている. あとは任意の $a/s \in S^{-1}R \ (a \neq 0)$ が逆元を持つことを示せばよいが, $a \neq 0$ であるから $a \in S$ となって, $s/a \in S^{-1}R$ が a/s の逆元である.

この体を R の**商体**という. R を $S^{-1}R$ の部分集合と同一視し, 任意の $a \in R$ と $s \in S$ に対して, $a/s = s^{-1}a$ と書く.

3.6　単項イデアル環と一意分解環

R を整域とする．$a \neq 0$ が **既約元** であるとは，

(1) a は単元 (可逆元) ではない
(2) $a = bc$ $(b, c \in R)$ と書けるものとすると，b か c のいずれかは単元である

が成り立つときをいう．

補題 3.14

$a \, (\neq 0) \in R$ として，単項イデアル $(a) = Ra$ が素イデアルであるとする．すると，a は既約元である．

[証明]　$a = bc$ とおくと，(a) が素イデアルだから，b か c のいずれかは (a) に属する．一般性を失うことなく $b \in (a)$ としてよい．すると，$d \in R$ が存在して $b = ad$ と書けるから，$b = ad = bcd$ となる．R は整域であるから，$b(1 - cd) = 0$ から $cd = 1$ が得られる．したがって，c は単元である．■

$(0 \neq) \, a \in R$ とする．このとき，R の単元 u と既約元 p_i $(i = 1, \cdots, r)$ が存在して

$$a = u p_1 \cdots p_r$$

と表せ，ほかに同様な表現

$$a = u' q_1 \cdots q_s$$

を持つとき，$r = s$ が成り立ち，添字の順番を入れ換えると

$$p_i = u_i q_i, \, \exists u_i は R の単元, \, i = 1, \cdots, r$$

となるとき，a は既約元によって **一意的に分解** されるという．これは，$\mathbb{Z}$ における素因数分解に対応する概念である．

例題 3.6

p が既約元で u が単元であると，up も既約元であることを示せ．

【解答】$up = ab$ とおくと $p = (u^{-1}a)b$ となる．p は既約元であるから，$u^{-1}a$ が単元か，b が単元である．b が単元なら up は既約元である．$u^{-1}a$ が単元 v

3.6 単項イデアル環と一意分解環

なら $a = uv$ も単元となるので，やはり up は既約元となる．　■

このことから，既約元への分解においては，既約元に単元をかけることを許しておかなければならない．整数環 $\mathbb{Z}$ においては，既約元 (素数) の積への分解においては，通常は，$\pm p$ なる 2 通りの可能な表現の中から正の素数が使用される．しかし，一般の環においては，単元の積だけが異なる既約元の中からどれを使用するべきかという基準は存在しない．

上の既約元への分解において $r = 0$ とすると，R の単元は既約元への一意的な分解を持つといえることに注意しておく．

環 R が**分解環**あるいは**一意分解環**であるとは，

(1)　R は整域
(2)　任意の R の要素 $a \neq 0$ は既約元の積に一意的に分解される

ときをいう．ここで一意的というのは単元の違いを許してという意味であることに注意しておこう．

R を整域とし，$a, b \in R$, $ab \neq 0$ とする．いま $c \in R$ が存在して $ac = b$ となるとき，a は b を**わり切る**といい，$a|b$ と書く．さらにこのとき，b は a の**倍元**，a は b の**約元**という．a, b の共通の約元を**公約元**という．a, b の公約元 d がほかの任意の a, b の公約元でわり切れるとき，d を**最大公約元**といい，$d = (a, b)$ あるいは $d = \gcd(a, b)$ と書く．(a, b) は a, b によって生成されるイデアル $Ra + Rb$ を表す記号としても使われているので，混乱を生じる恐れのある場合には $\gcd(a, b)$ を使用することにする．なお，ここでは単元の差は無視している．最大公約元が 1 のとき a と b は**互いに素**であるといい，$(a, b) = 1$ あるいは $\gcd(a, b) = 1$ と書く．

a が $a_1, \cdots, a_n \in R$ ($a_i \neq 0$, $i = 1, \cdots, n$) の**最小公倍元**であるとは，

(1)　$a_i | a$ ($i = 1, \cdots, n$)
(2)　$a_i | b$ ($i = 1, \cdots, n$) $\Rightarrow$ $a | b$

が成り立つときをいう．

$p \in R$ を $p \neq 0$ かつ単元ではないとする．このとき p が**素元**であるとは，

$a, b \in R$ に対して $p|ab$ なら，$p|a$ か $p|b$ のいずれかが成り立つ

ときをいう．

素数 $p \in \mathbb{Z}$ は当然 $\mathbb{Z}$ の既約元かつ素数となっている．逆に $\mathbb{Z}$ における既約元/素元は $\pm p$ (p は素数) である．

> **補題 3.15**
> R を整域とする．$p \in R$ が素元なら，p は既約元である．

[証明]　p を素元とし，$p = ab$ $(a, b \in R)$ とする．すると $p|a$ か $p|b$ が成り立つ．$p|a$ の場合を考えよう．このときは $a = a'p$ となるから，$p = ab = a'bp$ となる．したがって $(1 - a'b)p = 0$ となる．R は整域で $p \neq 0$ であるから $a'b = 1$ となって，b が単元となる．同様に $p|b$ のときは a が単元となるので，p が既約元となることがいえた． ■

> **補題 3.16**
> R を一意分解環とする．このとき，$p \in R$ が素元であることと p が既約元であることは同値である．

[証明]　**必要性**：p を素元とする．R は一意分解環であるから，p の既約分解が存在するので，それを $p = p_1 \cdots p_r$ とおく．このとき，$p|p_1, \cdots, p|p_r$ のいずれかが成り立つ．

一般性を失うことなく $p|p_1$ としてよい．すると，$p_1 = pv$ となる $v \in R$ が存在する．ここで p_1 が既約元であるから，p か v のいずれかが単元となるが，p は素元なので v が単元である．すると $p = v^{-1}p_1$ となって，p が既約元であることがいえた．

十分性：$p|ab$ とすると，$c \in R$ が存在して $ab = cp$ となる．ここで $c = p_1 \cdots p_l$ と既約元の積に一意的に分解し，同様に $a = q_1 \cdots q_m$, $b = r_1 \cdots r_n$ と既約元の積に一意的に分解する．すると，

$$q_1 \cdots q_m r_1 \cdots r_n = p_1 \cdots p_l p$$

となる．ここで再度，既約元の積への分解の一意性を使うと，左辺のいずれかの元は p と単元の違いしかないことになる．一般性を失うことなく，$q_1 = up$ としてよい．ただし，u は R の単元である．このとき，$p|q_1$ であるから，$p|a$ がいえる．したがって p は素元である． ■

3.6 単項イデアル環と一意分解環

命題 3.6

R を単項イデアル整域とし, $a,b,c \in R$ $(a,b \neq 0)$ が $(a,b) = (c)$ を満たすものとする. このとき, c は a と b の最大公約元である (ここで (a,b) は a,b で生成されるイデアル $Ra + Rb$ である). 逆に, $c = \gcd(a,b)$ とすると $(a,b) = (c)$ である).

[証明] $1°$ $(a,b) = (c)$ とすると, $b \in (c)$ であるから, $b = xc$ となる $x \in R$ が存在するから, $c|b$ である. 同様に, $c|a$ となる. d を $d|a$ および $d|b$ を満たすものとする. すると, $y,z \in R$ が存在して $a = dy$, $b = dz$ と表すことができる. $c \in (a,b)$ であるから, $w,t \in R$ が存在して

$c = wa + tb$

となる. このとき,

$c = wdy + tdz = d(wy + tz)$

となるから, $d|c$ である. したがって, c は a,b の最大公約元である.

$2°$ $c = \gcd(a,b)$ とする. R は単項イデアル整域であるから $(a,b) = (d)$ となる d が存在するが, $1°$ によって $d = \gcd(a,b)$ である. これより $c = ud$ ($\exists u$ は R の単元) ということがわかるから, $(a,b) = (d) = (c)$ となる. ∎

補題 3.17

R を単項イデアル整域とし, $a,b,c \in R$ は $\gcd(a,b) = 1$, $a|bc$ を満たすものとする. すると, $a|c$ が成り立つ.

証明は章末問題 9 を参照.

補題 3.18

R を単項イデアル整域とし, $p \in R$ を既約元とする. また, $a,b \in R$ を $p|ab$ を満たすものとする. すると $p|a$ か $p|b$ が成り立つ. すなわち p は素元である.

[証明] $p \nmid a$ とする. a が単元ではないとすると p は既約元であるから, b が単元となる. すると $a = pb^{-1}$ となるから $p|a$ となって矛盾が生じる. したがって, a は単元であるから, p と a の最大公約元は 1 である. このとき $(p,a) = (1)$ で

あるから，$x, y \in R$ が存在して

$$1 = xp + ya$$

となる．すると $b = bxp + yab$ となり，$p|ab$ であるから，$p|b$ が得られる．■

> **定理 3.4**
>
> R を単項イデアル整域とし，$0 \neq p \in R$ とすると，次の (1)–(4) は同値である．
> (1) p は既約元である．
> (2) $p|ab$ $(a, b \in R)$ なら $p|a$ または $p|b$ である．
> (3) (p) は素イデアルである．
> (4) (p) は極大イデアルである．

[証明] (2) ⇔ (3) は補題 3.8 を $I = (p)$ のときに述べたことに過ぎない．

(3) ⇒ (1) は補題 3.14 で既に示した．

(1) ⇒ (2) は補題 3.18 で既に示した．

これで，(1) ⇔ (2) ⇔ (3) がいえた．

(4) ⇒ (3) は補題 3.9 で既に示した．

(1) ⇒ (4) p を既約元とし，$(p) \subseteq (a) \subsetneq R$ とする．$p \in (a)$ であるから，$p = ab$ となる $b \in R$ が存在する．$(a) \neq R$ であるから，$a \notin U(R)$ すなわち a は R の単元ではない．したがって $b \in U(R)$ となり，$(p) = (a)$ となる．したがって，(p) は極大イデアルである．■

> **定理 3.5**
>
> R を単項イデアル整域とする．すると，R は一意分解環である．

[証明] 1° R の非零元は既約元の積に分解されることを示す．S を既約元の積に分解できない非零元から生成される単項イデアル全体からなる集合とし，S は空集合ではないものとする．$(a_1) \in S$ とする．S における単項イデアルの増加列

$$(a_1) \subseteq (a_2) \subseteq \cdots \subseteq (a_n) \subseteq \cdots$$

を考える．このとき，ある番号 $N \in \mathbb{N}$ が存在して，$(a_N) = (a_{N+1}) = \cdots$ となることを示す．ここで，

3.6 単項イデアル環と一意分解環

$$I = \bigcup_{i=1}^{\infty}(a_i)$$

とおくと I はイデアルである．

なぜなら，$x, y \in I$ とすると，$m, n \in \mathbb{N}$ が存在して $x \in (a_m)$, $y \in (a_n)$ となる．ここで一般性を失うことなく $m \leq n$ と仮定してよい．すると $(a_m) \subseteq (a_n)$ であるから $x, y \in (a_n)$ となる．これより $x - y \in (a_n) \subseteq I$ である．また，$r \in R$ に対して $rx \in (a_m) \subseteq I$ となる．これで I がイデアルであることがいえた．

さて R が単項イデアル整域であるから，$a \in R$ が存在して $I = (a)$ となる．したがって，$(a_n) \subseteq I = (a)$ $(\forall a_n)$ となるが，

$$a \in (a) = \bigcup_{n=1}^{\infty}(a_n)$$

であるから，$N > 0$ が存在して $a \in (a_N)$ となる．したがって，$(a) = (a_N)$ となるから $(a_N) = (a_{N+1}) = \cdots$ となる．

このことから，R のイデアルで (a_N) を真部分集合として含むものは，生成元として，既約元の積に分解されるものを持つことになる．

a_N が既約元とすると，a_N 自身だけで既約元の積に分解されることになるから，$a_N \in S$ に反する．したがって a_N は既約元ではない．これより $a_N = bc$ という分解で b, c いずれも単元ではないものが存在する．すると，$(a_N) \subsetneq (b)$ かつ $(a_N) \subsetneq (c)$ となる．なぜなら，

$$(a_N) = Ra_N = R(bc) = (Rc)b \subseteq Rb = (b)$$

となる．ここで $(a_N) = (b)$ とすると，$da_N = b$ となる $d \in R$ が存在するが，このとき

$$b = da_N = d(bc) = (cd)b$$

となる．すると R は整域だから $cd = 1$ となり，c が単元となって矛盾が生じる．したがって，$(a_N) \subsetneq (b)$ がいえた．$(a_N) \subsetneq (c)$ も同様にして証明できる．

さて $(a_N) \subsetneq (b), (c)$ であるから，(a_N) のつくり方から $b, c \notin S$ となる．したがって，b, c はそれぞれ既約元の積に分解される．これらの既約元の積による分解の積をつくると a_N の既約元の積による分解が得られることになっ

て，$(a_N) \in S$ に矛盾する．したがって，S は空集合である．

2° 既約元の積への分解の一意性を証明する．a が既約元の積に 2 通りに分解できるものとする．

$$a = p_1 \cdots p_r = q_1 \cdots q_s$$

$p_1 | a$ であるから，$p_1 | q_1 \cdots q_s$ である．補題 3.18 によって，p_1 は $q_1, \cdots, q_s$ のいずれか 1 つをわり切る．一般性を失うことなく，$p_1 | q_1$ であると仮定してよい．すると，単元 u_1 が存在して $q_1 = u_1 p_1$ となる．既約元の積の両辺から p_1 を消去すると，

$$p_2 \cdots p_r = u_1 q_2 \cdots q_s$$

となる．k まで正しいとすると，$p_1 = u_1 q_1, \cdots, p_k = u_k q_k$ となり，積の両辺から $p_1, \cdots, p_k$ を消去すると

$$p_{k+1} \cdots p_r = u_1 \cdots u_k q_{k+1} \cdots q_s$$

となる．ただし，$u_1, \cdots, u_k$ は R の単元である．$v_1, \cdots, v_k$ を $u_1, \cdots, u_k$ それぞれの逆元とすると，上式を

$$v_1 \cdots v_k p_{k+1} \cdots p_r = q_{k+1} \cdots q_s$$

と書くことができる．ここで p_{k+1} は左辺をわり切るから，右辺もわり切る．すると，補題 3.18 によって，p_{k+1} は $q_{k+1}, \cdots, q_s$ のいずれか 1 つをわり切る．一般性を失うことなく，$p_{k+1} | q_{k+1}$ であると仮定してよい．すると，単元 u_{k+1} が存在して $q_{k+1} = u_{k+1} p_{k+1}$ となる．これを続けると，最終的に

$$p_1 \cdots p_r = u_1 \cdots u_r p_1 \cdots p_r q_{r+1} \cdots q_s$$

となる．この両辺から $p_1 \cdots p_r$ を消去すると

$$1 = u_1 \cdots u_r q_{r+1} \cdots q_s$$

となる．ここで，$s > r$ であると $q_{r+1}, \cdots, q_s$ が単元となって，既約元であることに矛盾してしまうので，$s = r$ がいえる． ∎

$a, b \in R$ とする．単元 u が存在して，$a = bu$ となるとき a と b は**同伴**であるといい，$a \approx b$ と書く．明らかに，

$$a \approx b \Leftrightarrow a = bu \Leftrightarrow a | b \text{ かつ } b | a \Leftrightarrow (a) = (b)$$

である．同伴という関係は R における同値関係である (章末問題 10)．

3.6 単項イデアル環と一意分解環

例題 3.7

整数環 $\mathbb{Z}$ は一意分解環であって，素因数分解の一意性が成り立つことを示せ．

【解答】 $\mathbb{Z}$ は単項イデアル整域であったから，一意分解環である．$\mathbb{N}$ においては既約元は素数にほかならないから，素因数分解の一意性が成り立つ．$n < 0$ のときには $-n \in \mathbb{N}$ であるから，$-n$ を素因数分解して，それに $-$ 記号をつければ素因数分解の一意性が得られる． ∎

|例7| 一意分解環でない例として，$\mathbb{Z}(\sqrt{-5}) = \{a + b\sqrt{-5} \mid a, b \in \mathbb{Z}\}$ をあげておこう (章末問題 11)． □

3.7 ユークリッド整域

R を整域とし，A を適当な整列集合とする．$\mu : R \to A$ で，次の性質を満たすものが存在するとき R を**ユークリッド整域**という．

(1) $x \neq 0$ なら $\mu(x) > \mu(0)$
(2) $x \neq 0$ なら任意の $y \in R$ に対して，
$$y = qx + r, \ \mu(r) < \mu(x)$$
を満たす $q, r \in R$ が存在する．

例8 有理整数環 $\mathbb{Z}$ において $A = \mathbb{N}$ とし，$\mu = |\cdot| : \mathbb{Z} \to \mathbb{N}$ とおくと，A はユークリッド整域となる． □

定理 3.6
ユークリッド整域は単項イデアル整域である．

[証明] I をユークリッド整域 R の任意のイデアルとする．$B \subseteq A$ を $B = \{\mu(x) \mid x \in I \backslash \{0\}\}$ とおくと，A は整列集合であるから最小元 $b_0 \in B$ が存在する．そこで $x_0 \in I \backslash \{0\}$ を $\mu(x_0) = b_0$ となるように選ぶ．このとき，任意の $x \in I \backslash \{0\}$ に対して，(2) によって

$$x = qx_0 + r, \ \mu(r) < \mu(x_0)$$

を満たすような $q, r \in A$ が存在する．ここで $x, x_0 \in I$ かつ I はイデアルであるから

$$r = x - qx_0 \in I$$

であるが，$r \neq 0$ とすると $r \in I \backslash \{0\}$ となって，$\mu(x_0)$ の最小性に反する．したがって $r = 0$ となる．これより

$$x = qx_0 \in I$$

となるので，$I = (x_0)$ がいえた． ■

最後にイデアルの集合としての包含関係と整除の関係について，繰り返しになるが，注意しておこう．単項イデアル $(a), (b)$ について

$$(a) \subseteq (b) \Leftrightarrow b|a \ \ (\Leftrightarrow a = bx \text{ となる } x \text{ がある})$$

である．すなわち，元 b が元 a の**約元**であることと，イデアルの大小 $(a) \subseteq (b)$ が対応している．したがって，単項イデアル R において，$(d) = (a)+(b)$ ということは (d) が $(a), (b)$ を含む最小のイデアルということであるから，d は $d|a, d|b$ となる「最大の元」であることを意味している．すなわち，$d = \gcd(a,b)$ (a と b の**最大公約元**) である．同様に，$(c) = (a) \cap (b)$ なら c は $a|c, b|c$ となる「最小の元」，すなわち $c = \mathrm{lcm}(a,d)$ (**最小公倍元**) である．

3章の問題

- **1** R を環とし，U を単元からなる集合とする．すると，U は乗法群となることを示せ．

- **2** R を環とし，$a \in R$ とするとき，次を示せ．
  (1) $aR = \{ar \mid r \in R\}$ は右イデアルである．
  (2) $RaR = \left\{ \sum_{\text{有限和}} rar' \mid r, r' \in R \right\}$ は両側イデアルである．

- **3** 可換環 R が体となるための必要十分条件は，R が自明でないイデアルを持たないことであることを示せ．

- **4** 可換環 R, R' の準同型写像 $f : R \to R'$ の核 $\operatorname{Ker} f$ は R のイデアルとなることを示せ．

- **5** R のイデアル I が極大イデアルであるための必要十分条件は剰余環 R/I が体であることを示せ．

- **6** $f : R \to R'$ を環の全射準同型とする．I' を R' の極大イデアルとすると，$f^{-1}(I')$ は R の極大イデアルとなることを示せ．

- **7** $S^{-1}R$ に導入した積に関する単位元は $1/1$ であることと，結合法則が成り立つことを示せ．

- **8** $(S^{-1}R, +, \cdot)$ は環であることを示せ．

- **9** R を単項イデアル整域とし，$a, b, c \in R$ は $\gcd(a, b) = 1$，$a \mid bc$ を満たすものとする．すると，$a \mid c$ が成り立つことを示せ．

- **10** 同伴という関係は R における同値関係であることを示せ．

- **11** $\mathbb{Z}(\sqrt{-5}) = \{a + b\sqrt{-5} \mid a, b \in \mathbb{Z}\}$ は一意分解環ではないことを示せ．

4 初等整数論

　有理整数環 $\mathbb{Z}$ の性質を調べる学問が初等整数論である．この章では初等整数論の初歩について解説することにする．まず，応用上非常に重要なユークリッドの互除法について述べ，その後で，暗号理論で使われる理論について解説するので，暗号理論に興味を持っている読者はしっかりと理解してほしい．後半においては，群論で述べたことが必要となるので，必要な場合には適宜第 2 章を復習しながら読み進めてほしい．

> **4 章で学ぶ概念・キーワード**
> - 整除，ユークリッドの互除法，合同式，1 次合同式
> - 連立 1 次合同式，孫子の剰余定理，既約剰余類群
> - フェルマーの小定理，オイラー関数，オイラーの定理
> - 原始根

4.1 ユークリッドの互除法と整数の整除

整数 $a, b \in \mathbb{Z}$ において a が b をわり切る (整除) とき，$a|b$ と書くということを再確認しておこう．$a_1, a_2, \cdots, a_n$ の最大公約数を，$d = (a_1, a_2, \cdots, a_n)$ あるいは $d = \gcd(a_1, a_2, \cdots, a_n)$ と表す．環論のような一般論では最大公約元を具体的に求めるということはあまり問題にならないが，$\mathbb{Z}$ の性質を調べることを目的とする初等整数論では重要な問題である．

例えば $(-12, 30, 45) = 3$ であるが，$(-12, 30) = 6$, $(6, 45) = 3$ となるから，最大公約数を求めるためには逐次的に 2 つの数の最大公約数を求めていけばよさそうである．このことを数学的帰納法によって確かめてみよう．

--- 例題 4.1 ---
$a_1, \cdots, a_n \in \mathbb{Z}$ に対して，$d_1 = (a_1, a_2)$, $d_k = (d_{k-1}, a_{k+1})$ ($k = 2, \cdots, n-1$) とすると $d_{n-1} = \gcd(a_1, a_2, \cdots, a_n)$ となることを示せ．

[証明]　$n = 2$ のときには，改めて証明すべきことは何もない．$n = k-1$ のときにはこのことは正しいものとする．つまり，$d_1 = (a_1, a_2)$, $d_2 = (d_1, a_3)$, $\cdots$, $d_{k-2} = (d_{k-3}, a_{k-1})$ とすると，$d_{k-2} = \gcd(a_1, a_2, \cdots, a_{k-1})$ となるものとする．ここで，$d_{k-1} = (d_{k-2}, a_k)$ とおく．いま，c を $a_1, a_2, \cdots, a_k$ の任意の公約数とすると，$c | d_{k-2}$ となるから，c は d_{k-2}, a_k の公約数すなわち $c | d_{k-1}$ となる．

また，$d_{k-1} | d_{k-2}$ であるから，$d_{k-1} | a_1, \cdots, a_k$ がわかる．これより d_{k-1} は $a_1, a_2, \cdots, a_k$ の公約数となるので，$d_{k-1} = \gcd(a_1, a_2, \cdots, a_k)$ がいえた．これより，$d_{n-1} = \gcd(a_1, a_2, \cdots, a_n)$ となる．■

今度は，2 つの数 104 734 747, 214 247 371 の最大公約数を実際に求めてみることを考えよう．素因数分解して最大公約数を求めようにも，素因数分解することが難しい．こういうときのために**ユークリッドの互除法**が，ギリシャ時代の数学者ユークリッド (紀元前 365 年?–紀元前 275 年?) によって開発されている．まず互助法を実行してみよう．ユークリッドの互除法は，大きいほうの数を小さいほうの数でわって余りを計算する．そうしたら，小さいほうの数といま求めた余りを新たな 2 つの数とするということである．

例1　104 734 747, 214 247 371 について互除法を実行して最大公約数を求め

てみよう．

$$214247371 = 2 \times 104734747 + 4777877$$
$$104734747 = 21 \times 4777877 + 4399330$$
$$4777877 = 1 \times 4399330 + 378547$$
$$4399330 = 11 \times 378547 + 235313$$
$$378547 = 1 \times 235313 + 143234$$
$$235313 = 1 \times 143234 + 92079$$
$$143234 = 1 \times 92079 + 51155$$
$$92079 = 1 \times 51155 + 40924$$
$$51155 = 1 \times 40924 + 10231$$
$$40924 = 4 \times 10231$$

となる．わり切れたところで終了して，$(104\,734\,747, 214\,247\,371) = 10\,231$ となる．実際，$10\,237 \times 10\,231 = 104\,734\,747$, $20\,941 \times 10\,231 = 214\,247\,371$ となる． □

どうしてこれで最大公約数が求まるのだろうか．まず，ユークリッドの互助法をきちんと書いてみよう．$a, b \in \mathbb{N}$ として，$a > b$ とする．

ユークリッドの互除法

入力：$a, b \in \mathbb{Z}$
出力：$d = \gcd(a, b)$
step1 $r_0 = a$, $r_1 = b$ とおく．
step2 $n \geq 2$ に対して，$r_{n-1} > 0$ である間は r_{n-2} を r_{n-1} でわって，
$$r_{n-2} = q_{n-1} r_{n-1} + r_n \quad (0 \leq r_n < r_{n-1})$$
とおく．
step3 $r_n = 0$ となったら終了し，$r_{n-1} = \gcd(a, b)$ が得られる．
step4 $d = r_{n-1}$ とおく．

このように計算の手続きを記述したものを**アルゴリズム**という．アルゴリズムという名称は，9世紀のアラビアの数学者アル・フワーリズミーの名前から来ている．すなわち，彼の著作『インドの数の計算法』(825年) の冒頭にある「Algoritmi dicti」(「アル・フワリズミに曰く」) の一節からアルゴリズムの名

称が起こったといわれている．

例題 4.2

ユークリッドの互除法の正当性を示せ．

[証明] 1° ユークリッドの互除法が停止することを示す．$r_0 > r_1 > \cdots \geq 0$ が成り立つので，最悪の場合でも b 回繰り返すと $r_b = 0$ となる．

2° アルゴリズムが停止したときに $\gcd(a, b)$ が求まっていることを示す．そのためには，$a = qb + r$ としたとき，$(a, b) = (b, r)$ が成り立つことを示せばよい．これが証明できれば，$(a, b) = (r_0, r_1) = (r_1, r_2) = \cdots = (r_{n-1}, 0)$ となるので，ユークリッドの互除法が正しいことがわかる．

さて，$d = (a, b)$, $d' = (b, r)$ とする．すると，$d|a - qb (= r)$ が成り立つので $d|r$ となって，$d|d'$ がいえる．また，$d'|qb + r (= a)$ であるから $d'|a$ となって，$d'|d$ が得られる．このことから $d = d'$ となる． ∎

$a_1, a_2, \cdots, a_n \in \mathbb{Z}$ に対して

$$I = \{a_1 x_1 + a_2 x_2 + \cdots + a_n x_n \mid x_1, x_2, \cdots, x_n \in \mathbb{Z}\}$$

とおくと，I は $a_1, \cdots, a_n$ によって生成される $\mathbb{Z}$ のイデアルである．すると命題 3.6 より $d = \gcd(a_1, \cdots, a_n)$ に対して $I = (d)$ となる．初等整数論ではこの結果は重要であるから定理として述べておこう．

定理 4.1

$a_1, a_2, \cdots, a_n \in \mathbb{Z}$ に対して

$$I = \{a_1 x_1 + a_2 x_2 + \cdots + a_n x_n \mid x_1, x_2, \cdots, x_n \in \mathbb{Z}\}$$

かつ，$d = \gcd(a_1, a_2, \cdots, a_n)$ とおくと，$I = d\mathbb{Z} = (d)$ となる．

上のことを言い換えると次の定理になる．

定理 4.2

$a_1, a_2, \cdots, a_n \in \mathbb{Z}$ とし,すべての $a_1, \cdots, a_n$ が同時に 0 とはならないものとする.このとき,$0 \neq b \in \mathbb{Z}$ に対する 1 次不定方程式

$$a_1 x_1 + a_2 x_2 + \cdots + a_n x_n = b$$

が $x_1, x_2, \cdots, x_n \in \mathbb{Z}$ なる整数解を持つための必要十分条件は $d = \gcd(a_1, a_2, \cdots, a_n) | b$ である.

定理 4.1 を $n = 2$ の場合について考えると $d = (a, b)$ とするとき,

$$ax + by = d$$

となる $x, y \in \mathbb{Z}$ が存在することがわかる.ところで $(104\,734\,747,\ 214\,247\,371)$ $= 10\,231$ ということはすでに知っているわけであるが,

$$104734747x + 214247371y = 10231$$

となる x, y を実際にどうやって求めればいいのだろうか.これは,ユークリッドの互除法を修正することによって可能となる.ユークリッドの互除法を書き換えると

$$r_0 = a = 1 \cdot a + 0 \cdot b$$
$$r_1 = b = 0 \cdot a + 1 \cdot b$$
$$\cdots\cdots\cdots$$
$$r_{k+1} = r_{k-1} - q_k r_k$$

であるから,$s_0 = 1,\ t_0 = 0,\ s_1 = 0,\ t_1 = 1$ を初期値として,

$$r_{k-1} = s_{k-1} a + t_{k-1} b$$
$$r_k = s_k a + t_k b$$

とおいてやると,

$$\begin{aligned}
r_{k+1} &= r_{k-1} - q_k r_k \\
&= (s_{k-1} a + t_{k-1} b) - q_k (s_k a + t_k b) \\
&= (s_{k-1} - q_k s_k) a + (t_{k-1} - q_k t_k) b
\end{aligned}$$

となるので,

$$s_{k+1} = s_{k-1} - q_k s_k, \quad t_{k+1} = t_{k-1} - q_k t_k$$

という漸化式が得られる．これをユークリッドの互除法を行うときに同時に行い，**拡張ユークリッドの互除法**ということにする．

例題 4.3

$a = 23 \cdot 101 = 2323, b = 17 \cdot 101 = 1717$ について拡張ユークリッドの互除法を行え．

【解答】 $a = 23 \cdot 101 = 2323, b = 17 \cdot 101 = 1717$ について拡張ユークリッドの互除法を行うと，

$$2323 = 1 \cdot 2323 + 0 \cdot 1717$$
$$1717 = 0 \cdot 2323 + 1 \cdot 1717$$
$$2323 = 1 \cdot 1717 + 606, \quad 606 = 1 \cdot 2323 - 1 \cdot 1717$$
$$1717 = 2 \cdot 606 + 505, \quad 505 = -2 \cdot 2323 + 3 \cdot 1717$$
$$606 = 1 \cdot 505 + 101, \quad 101 = 3 \cdot 2323 - 4 \cdot 1717$$
$$505 = 5 \cdot 101 + 0$$

となって，$(2323, 1717) = 101$ かつ $3 \cdot 2323 - 4 \cdot 1717 = 101$ が得られる． ∎

$a, b \in \mathbb{Z}$ が $(a, b) = 1$ となるとき a と b は**互いに素**であるというというのであった．

定理 4.3

$a, b, c \in \mathbb{Z}$ かつ $c \neq 0$ とする．このとき，

　$c | ab$ かつ $(b, c) = 1$ なら $c | a$

すなわち，b, c が互いに素のとき，c が ab をわり切るなら c は a をわり切る．

[証明] $\mathbb{Z}$ が単項イデアル整域であるから，補題 3.17 より明らかである． ∎

系 4.1

$a, b, c \in \mathbb{Z}$ で $b \neq 0, c \neq 0$ かつ $(b, c) = 1$ とする．このとき $b | a, c | a$ なら $bc | a$ である．

証明は章末問題 2 を参照．

4.1 ユークリッドの互除法と整数の整除

系 4.2

$a,b,c \in \mathbb{Z}$ とすると，$(a,b)=1$, $(a,c)=1$ と $(a,bc)=1$ は同値である．

[証明] **必要性**：$d=(a,bc) \geq 1$ とおくと $d|a$, $d|bc$ である．ここで $e=(d,b) > 1$ とすると，$d|a$ より $e|a$ がいえるので，$(a,b) \geq e > 1$ となって $(a,b)=1$ に矛盾する．したがって $e=1$ ということがわかる．すると定理 4.3 によって $d|c$ となる．一方，$d|a$ であるから d は a,c の公約数である．これより $1=(a,c) \geq d \geq 1$ となるから $d=1$ が得られる．

十分性：$d=(a,b) > 1$ とすると，$d|bc$ であるから $1=(a,bc) \geq d > 1$ となって矛盾が生じる．同様に，$d=(a,c) > 1$ とすると，$d|bc$ であるから $1=(a,bc) \geq d > 1$ となって矛盾が生じる．したがって $(a,b)=1$, $(a,c)=1$ である． ■

命題 4.1

$a,b \in \mathbb{Z}$ に対して $(a,b)=d$ とし，$a=a'd$, $b=b'd$ とおけば，$(a',b')=1$ である．

証明は章末問題 3 を参照．

例2 60 と 48 に対して $(60,48)=12$ であるから，$(60/12, 48/12)=(5,4)=1$ である． □

命題 4.2

$a,b \in \mathbb{Z}$ に対して $(a,b)=d$ とすると，$m \in \mathbb{Z}$ に対して $(a+mb, b)=d$ である．

証明は章末問題 4 を参照．

4.2 合 同 式

合同式の性質を復習しておこう．$x, y, x', y' \in \mathbb{Z}$ に対して $x \equiv x'$, $y \equiv y' \pmod{m}$ なら

(1) $x \pm y \equiv x' \pm y' \pmod{m}$

(2) $xy \equiv x'y' \pmod{m}$

(3) $x^n \equiv (x')^n \pmod{m}$ $(\forall n \in \mathbb{Z})$

が成り立つのであった．次にわり算について考えてみよう．$8 \equiv 2 \pmod 6$ であるから，合同式の両辺を 2 でわって

$$8 \equiv 2 \pmod 6 \ \Rightarrow\ 4 \equiv 1 \pmod 6$$

という議論は明らかに誤りである．どこに誤りがあるかを考えてみよう．移項して考えると $8 - 2 = 2 \cdot (4 - 1) = 2 \cdot 3 \equiv 0 \pmod 6$ となっている．$\mathrm{mod}\, 6$ での計算は $\mathbb{Z}_6$ での計算をしているわけだから，このことは 2 が $\mathbb{Z}_6$ の零因子となっている．零因子を持たない環を整域というのであったが，上の合同式のわり算がうまくいかないのは，$\mathbb{Z}_6$ が整域でなく，しかも 2 が零因子だからである．つまり，m が合成数のときには，合同式を両辺を簡単にわり算してはいけないということになる．

p が素数のとき $\mathbb{Z}_p$ は体となっているから，わり算が自由にできる．したがって，合同式のわり算も自由にできる．しかし，m が合成数の場合にわり算がまったくできないかというと，精密に考えると次の命題が成り立つ．

命題 4.3

$m \in \mathbb{N}$ と $a, b, c \in \mathbb{Z}$ に対して

(1) $(c, m) = 1$ なら

$$ac \equiv bc \pmod{m} \ \Rightarrow\ a \equiv b \pmod{m}$$

(2) $(c, m) = d > 1$ なら $m' = m/d$ とすると

$$ac \equiv bc \pmod{m} \ \Rightarrow\ a \equiv b \pmod{m'}$$

となる．

[証明]　(1) $ac \equiv bc \pmod{m}$ だから $m | (a-b)c$ である．また，$(c, m) = 1$ であるから，定理 4.3 によって $m | a - b$ である．したがって $a \equiv b \pmod{m}$

である．

(2) $c' = c/d$ とおくと，命題 4.1 によって $(c', m') = 1$ であり，$m|(a-b)c$ であるから $m'|(a-b)c'$ である．したがって定理 4.3 によって $m'|a-b$ となる．これより $a \equiv b \pmod{m'}$ である． ∎

例3 $(5, 8) = 1$ であるから $55 \equiv 15 \pmod 8$ より $11 \equiv 3 \pmod 8$ となるわけであるが，確かにこれは正しい．

$(2, 6) = 2$ であるから $8 \equiv 2 \pmod 6$ より $4 \equiv 1 \pmod 3$ となるわけであるが，これも確かに正しい． □

4.3　1次合同式

$m \in \mathbb{Z}$ と $a, b \in \mathbb{Z}$ に対して，x を未知数とする合同式

$$ax \equiv b \pmod{m}$$

を考えよう．この合同式を **1 次合同式** という．$x \in \mathbb{Z}$ が 1 次合同式を満たすこと と，$y \in \mathbb{Z}$ が存在して，x, y が 1 次不定方程式

$$ax + my = b$$

を満たすことは同値である．すると次の定理が成り立つ．

定理 4.4

1 次合同式において $d = (a, m)$ とおくと，次のことが成り立つ．
(1) 次の (a), (b) は同値である．
　(a)　$ax \equiv b \pmod{m}$ は根を持つ．
　(b)　$d | b$ が成り立つ．
(2) $ax \equiv b \pmod{m}$ の根の 1 つを x_1 とし，$m' = m/d$ とおくと，1 次合同式の根全体は $\{x_1 + m'k \ (k \in \mathbb{Z})\}$ で与えられる．
(3) m を法としての根の個数は d である．

[証明]　(1)　これは定理 4.2 より明らかである．
(2)　$ax \equiv b \pmod{m}$ の任意の根を $x_2 \in \mathbb{Z}$ とすると，$y_2 \in \mathbb{Z}$ が存在して

$$ax_2 + my_2 = b$$

となる．また，x_1 も 1 次合同式の根だから $y_1 \in \mathbb{Z}$ が存在して

$$ax_1 + my_1 = b$$

が成り立つ．ここで，辺々を引き算すると，

$$a(x_2 - x_1) + m(y_2 - y_1) = 0$$

となる．ここで $a = a'd$, $m = m'd$ なので，d でわり算すると $a'(x_2 - x_1) = -m'(y_2 - y_1)$ を得る．これより $m' | a'(x_2 - x_1)$ が得られるが，$(a', m') = 1$ なので，定理 4.3 から $m' | x_2 - x_1$ となる．したがって $x_2 = x_1 + m'k \ (\exists k \in \mathbb{Z})$ となることがわかる．

逆に $x_2 = x_1 + m'k \ (k \in \mathbb{Z})$ とすると

4.3 1次合同式

$$ax_2 = ax_1 + am'k = ax_1 + a'dm'k = ax_1 + a'mk \equiv b \pmod{m}$$

となる．

(3) 命題 4.3 より $k, k' \in \mathbb{Z}$ に対して

$$x_1 + m'k \equiv x_1 + m'k' \pmod{m} \Leftrightarrow m'k \equiv m'k' \pmod{m}$$
$$\Leftrightarrow k \equiv k' \pmod{d}$$

である．したがって，d を法として k の異なる取り方は d 通りあるから，m を法として互いに合同ではない根 $x = x_1 + m'k$ は全部で d 個あることになる． ■

例題 4.4

1 次合同式 $1717x \equiv 303 \pmod{2323}$ を解け．

【解答】 すでに $(2323, 1717) = 101$, $3 \cdot 2323 - 4 \cdot 1717 = 101$ であることを知っているので，この両辺を 3 倍することによって，求める根は $x_1 = -4 \cdot 3 = -12$ となり，根のすべては

$$x = -12 + 23k \quad (k \in \mathbb{Z})$$

と表される．2323 を法として根は全部で 101 個あることになる． ■

p が素数のときには，任意の $a \in \mathbb{Z}$ に対して $(a, p) = 1$ であるから，定理 4.4(3) は次のようになる．

系 4.3

p を素数とすると，$p \nmid a$ なら $ax \equiv 1 \pmod{p}$ の根はただ 1 つである．

この系は素数 p と $a \in \mathbb{Z}_p$ $(a \neq 0)$ に対して a の逆元が存在するといっていることになるが，それは $\mathbb{Z}_p$ が体となることであり，既知のことである．

例題 4.5

1 次合同式 $35x \equiv 2 \pmod{4}$ を解け．

【解答】 $35 \equiv 3 \pmod{4}$ であるから上の合同式は $3x \equiv 2 \pmod{4}$ と等価である．ここで $4, 3$ に対して拡張ユークリッドの互除法を行うと

$$4 = 1 \cdot 4 + 0 \cdot 3$$
$$3 = 0 \cdot 4 + 1 \cdot 3$$
$$4 = 1 \cdot 3 + 1, \quad 1 = 1 \cdot 4 - 1 \cdot 3$$
$$3 = 3 \cdot 1 + 0$$

となるから，$3 \cdot (-1) \equiv 1 \pmod 4$ となる．$-2 \equiv 2 \pmod 4$ であるから，$x = 2$ が求める根である．

以上のことをアルゴリズムとしてまとめておこう．ただし $(a, p) = d | b$ とする．

---
1 次合同式 $ax \equiv b \pmod p$ を解くアルゴリズム

step1 $0 \leq a < p$ でなければ，$a = a'p + r \ (0 \leq r < p)$ として，$a := r$ に置き換える．

step2 p, a に対して拡張ユークリッドの互除法を行って $pu + av = d$ となる u, v を求める．

step3 $x = v(b/d)$ が求める根である．

── 例題 4.6 ──

$28x \equiv 3 \pmod 5$ をアルゴリズムに従って解け．

【解答】 **step1** $28 > 5$ であるから，$28 = 5 \cdot 5 + 3$ によって $a := 3$ に置き換える．

step2 $5, 3$ に対して拡張ユークリッドの互除法を行うと

$$5 = 1 \cdot 5 + 0 \cdot 3$$
$$3 = 0 \cdot 5 + 1 \cdot 3$$
$$5 = 1 \cdot 3 + 2, \quad 2 = 1 \cdot 5 - 1 \cdot 3$$
$$3 = 1 \cdot 2 + 1, \quad 1 = -1 \cdot 5 + 2 \cdot 3$$
$$2 = 2 \cdot 1 + 0$$

となるから $u = -1, v = 2$ である．

step3 $x = 2(3/1) = 6 \equiv 1 \pmod 5$ が求める根である．

例題 4.7

$20x \equiv 4 \pmod 7$ をアルゴリズムに従って解け.

【解答】 **step1** $20 > 7$ であるから,$20 = 2 \cdot 7 + 6$ によって $a := 6$ に置き換える.

step2 $7, 6$ に対して拡張ユークリッドの互除法を行うと
$$7 = 1 \cdot 7 + 0 \cdot 6$$
$$6 = 0 \cdot 7 + 1 \cdot 6$$
$$7 = 1 \cdot 6 + 1, \quad 1 = 1 \cdot 7 - 1 \cdot 6$$
$$6 = 6 \cdot 1 + 0$$
となるから $u = 1$, $v = -1$ である.

step3 $x = -1 \cdot (4/1) = -4 \equiv 3 \pmod 7$ が求める根である. ■

4.4 連立1次合同式

今度は連立1次合同式を考えよう．$m_1, \cdots, m_k \in \mathbb{N}$ が $(m_i, m_j) = 1$ $(i \neq j)$ を満たすとき，次の連立合同式

$$\begin{cases} x \equiv a_1 \pmod{m_1} \\ x \equiv a_2 \pmod{m_2} \\ \cdots\cdots\cdots \\ x \equiv a_k \pmod{m_k} \end{cases}$$

を解くことを考える．これを整数環 $\mathbb{Z}$ とそのイデアル $I_1 = m_1\mathbb{Z} = (m_1), \cdots, I_k = m_k\mathbb{Z} = (m_k)$ で言い換えてみよう．$\gcd(m_i, m_j) = 1$ $(i \neq j)$ ということは定理 4.1 によれば

$$m_i\mathbb{Z} + m_j\mathbb{Z} = \{m_i x_i + m_j x_j \mid x_i, x_j \in \mathbb{Z}\} = \mathbb{Z}$$

ということである．これより命題 3.3 (2) の中国人の剰余定理が使える．すなわち，$a \in \mathbb{Z}$ で $a - a_i \in I_i$ $(i = 1, \cdots, k)$ となるものが存在する．これは合同式の言葉に直せば上の連立合同式に根があるということである．これを定理としてまとめておこう．ただし，この定理は古代中国の『孫子算経』に載っているので，中国では孫子の定理と言われている．実際のところは定理の発見者も成立時期も不明である．『孫子算経』は秦末から漢初である紀元前2世紀頃に成立している．ということで，本書では，この定理を孫子の剰余定理ということにしよう．

定理 4.5 (孫子の剰余定理)

$m_1, \cdots, m_k \in \mathbb{N}$ が $(m_i, m_j) = 1$ $(i \neq j)$ を満たすとき，次の連立合同式

$$\begin{cases} x \equiv a_1 \pmod{m_1} \\ x \equiv a_2 \pmod{m_2} \\ \cdots\cdots\cdots \\ x \equiv a_k \pmod{m_k} \end{cases}$$

には $M = m_1 m_2 \cdots m_k$ を法としてただ1つの根が存在する．

[証明] 根が存在することはすでに言えているので，根がただ1つであることを示すことにする．x_1, x_2 をそれぞれ連立合同式の根とする．

4.4 連立 1 次合同式

$$x_1 \equiv a_i \equiv x_2 \pmod{m_i} \quad (i=1,\cdots,k)$$

すると，$m_i | x_1 - x_2 \ (i=1,\cdots,k)$ となる．ここで $(m_i, m_j) = 1 \ (i \neq j)$ であるから系 4.1 によって $M = m_1 m_2 \cdots m_k | x_1 - x_2$ となる．このことは $x_1 \equiv x_2 \pmod{M}$ ということであるから，根はただ 1 つである． ∎

それでは根を実際に求める方法を考えてみよう．$M_i = M/m_i \ (i=1,\cdots,k)$ とおくと，系 4.2 によって $(m_i, M_i) = 1 \ (i=1,\cdots,k)$ である．すると定理 4.4 によって

$$M_i x_i \equiv a_i \pmod{m_i} \quad (i=1,\cdots,k)$$

を満たす根 $u_i \ (i=1,\cdots,k)$ がただ 1 つ存在する．このとき，

$$x = M_1 u_1 + \cdots + M_k u_k$$

とおくと，$m_1 | M_i \ (i=2,\cdots,k)$ であるから

$$x \equiv a_1 + 0 + \cdots + 0 = a_1 \pmod{m_1}$$

となる．同様に

$$x \equiv a_i \pmod{m_i} \quad (i=2,\cdots,k)$$

も成り立つので，$x = M_1 u_1 + \cdots + M_k u_k$ が連立合同式の唯一の根である．

例題 4.8

次の連立合同式を解け．
$$\begin{cases} x \equiv 2 \pmod{4} \\ x \equiv 3 \pmod{5} \\ x \equiv 4 \pmod{7} \end{cases}$$

【解答】$M = 4 \cdot 5 \cdot 7 = 140$, $M_1 = 5 \cdot 7 = 35$, $M_2 = 4 \cdot 7 = 28$, $M_3 = 4 \cdot 5 = 20$ であるから，まず，$35x \equiv 2 \pmod 4$, $28x \equiv 3 \pmod 5$, $20x \equiv 4 \pmod 7$ をそれぞれ解く必要がある．この根は，前節の例題 4.5〜4.7 を見ると，それぞれ $x = 2, \ x = 1, \ x = 3$ であるから $u_1 = 2, \ u_2 = 1, \ u_3 = 3$ となる．これよりこの連立合同式の根は

$$x = 35 \cdot 2 + 28 \cdot 1 + 20 \cdot 3 = 70 + 28 + 60 = 158 \equiv 18 \pmod{140}$$

となる． ∎

4.5 既約剰余類群とフェルマーの小定理

剰余群 $\mathbb{Z}/m\mathbb{Z} = \{\bar{0}, \bar{1}, \cdots, \overline{m-1}\}$ で $(a, m) = 1$ となる剰余類 $\bar{a}$ を既約剰余類といい，既約剰余類の全体を $(\mathbb{Z}/m\mathbb{Z})^*$ で表す．$m = 1$ のときには剰余類は $\bar{0} = 0 + \mathbb{Z}$ だけしかないが，$(0, 1) = 1$ なので，このときも $\bar{0}$ を既約剰余類と考えることにする．

例4 既約剰余類の全体 $(\mathbb{Z}/m\mathbb{Z})^*$ は群となることを示してみよう．なお，$(\mathbb{Z}/m\mathbb{Z})^*$ を m を法とする**既約剰余類群**という．

$1°$ $(a, m) = 1$, $(b, m) = 1$ とすると，系4.2 によって $(ab, m) = 1$ であるから，$\bar{a}, \bar{b} \in (\mathbb{Z}/m\mathbb{Z})^*$ なら $\overline{ab} \in (\mathbb{Z}/m\mathbb{Z})^*$ となる．

$2°$ $\bar{1}$ が $\mathbb{Z}/m\mathbb{Z}$ の単位元であるから，$\bar{1}$ は $(\mathbb{Z}/m\mathbb{Z})^*$ の単位元である．

$3°$ $(a, m) = 1$ のとき定理4.2 によって $ab + cm = 1$ となる $b, c \in \mathbb{Z}$ が存在する．これより $ab \equiv 1 \pmod{m}$ となるから $\overline{ab} = \bar{1}$ が得られる．$(ab, m) = d$ とすると，$d | ab + cm$ となるから $d | 1$ となって $d = 1$ となる．すると系4.2 によって $(b, m) = 1$ が得られる．これより $\bar{b} \in (\mathbb{Z}/m\mathbb{Z})^*$ が $(\mathbb{Z}/m\mathbb{Z})^*$ における $\bar{a}$ の逆元であることが示された．

以上によって $((\mathbb{Z}/m\mathbb{Z})^*, \cdot)$ が群となることがいえた． □

例5 p が素数なら既約剰余類群は $(\mathbb{Z}/p\mathbb{Z})^* = \{\bar{1}, \cdots, \overline{p-1}\}$ であり $p-1$ 個の元からなる．m が合成数の場合を考えよう．例えば，$m = 6$ のとき $(a, m) = 1$ を満たすのは $1, 5$ の 2 つであるから $(\mathbb{Z}/6\mathbb{Z})^* = \{\bar{1}, \bar{5}\}$ となる． □

$\mathbb{Z}/m\mathbb{Z} \cong \mathbb{Z}_m$ であったから，既約剰余類群を $\mathbb{Z}_m$ で考えてもかまわない．すると $\bar{a} \in (\mathbb{Z}/m\mathbb{Z})^*$ と書かずに $a \in \mathbb{Z}_m^*$ と書いてよいことになるから，記号が簡単になる．さて $\mathbb{Z}_m^*$ の元は逆元を持つ，すなわち単元 (単数) からなっているから，$\mathbb{Z}_m^*$ は $\mathbb{Z}_m$ の**単数群**にほかならない．なぜなら，$(a, m) = d > 1$ とすると，$a(m/d) = (a/d)m = 0 \in \mathbb{Z}_m$ となるから，$(a, m) = 1$ となることと a が $\mathbb{Z}_m$ で逆元を持つことが同値になるからである．

例6 $\mathbb{Z}_5^* = \{1, 2, 3, 4\}$, $\mathbb{Z}_8^* = \{1, 3, 5, 7\}$ となるが，いちおう乗算表を書いて，群になることを確認しておこう． □

4.5 既約剰余類群とフェルマーの小定理

表 4.1

·	1	2	3	4
1	1	2	3	4
2	2	4	1	3
3	3	1	4	2
4	4	3	2	1

表 4.2

·	1	3	5	7
1	1	3	5	7
3	3	1	7	5
5	5	7	1	3
7	7	5	3	1

定理 4.6 (フェルマーの小定理)

素数 p に対して $p \nmid a$ ならば

$a^{p-1} \equiv 1 \pmod{p}$

である．

フェルマー (1607/1608–1665) はフランスの数学者であるが，実際には弁護士が本業で，数学は趣味である．特に $a^n + b^n = c^n$ は $n \geq 3$ のときには自然数解を持たないというフェルマー予想は数学の発展に大きな影響を与えた．この予想のことを「フェルマーの大定理」といったので，この上の定理を「フェルマーの小定理」という．フェルマー予想は 1994 年にワイルスによって完全に解決されたので，いまではワイルスの定理となった．

[証明] 定理 2.14 によって，元の位数は群の位数の約数である．p が素数のとき，$\mathbb{Z}_p$ の既約剰余類群 $\mathbb{Z}_p^* = \{1, \cdots, p-1\}$ の位数は $p-1$ である．したがって，$a \in \mathbb{Z}_p^*$ の位数を d とすると $d | p-1$ である．このとき $a^{p-1} = (a^d)^{\frac{p-1}{d}} = 1 \in \mathbb{Z}_p$ がいえる．これを $\mathbb{Z}$ で言い換えると $a^{p-1} \equiv 1 \pmod{p}$ $(p \nmid a)$ である． ∎

例題 4.9

$p = 5$ の場合にフェルマーの小定理を確認せよ．

【解答例】$1^4 = 1 \pmod 5$, $2^4 = 16 \equiv 1 \pmod 5$, $3^4 = 81 \equiv 1 \pmod 5$, $4^4 = 256 \equiv 1 \pmod 5$ となっている．ただし，1 の位数は 1, 4 の位数は 2 ($4^2 = 16 \equiv 1 \pmod 5$) である． ∎

例題 4.10

$2^{100}, 3^{100}, \cdots, 100^{100}$ をそれぞれ 101 でわった余りを求めよ．

【解答】 $p = 101$ は素数であるから，
$$2^{100} \equiv 3^{100} \equiv \cdots \equiv 100^{100} \equiv 1 \pmod{101}$$
である． ■

ここでウィルソンの定理を紹介しておこう．

定理 4.7 (ウィルソンの定理)

素数 p に対して $(p-1)! \equiv -1 \pmod{p}$ が成り立つ．

証明は章末問題 5 を参照．

現在よく使用されている暗号方式に，公開鍵暗号の 1 つである RSA 暗号があるが，この暗号方式の安全性をはかるのに，与えられた数 n が素数がどうかを判定するということがある．ウィルソンの定理は逆も成り立って，素数判定に使えるというのが次の定理である．

定理 4.8

$1 < n \in \mathbb{N}$ について，$(n-1)! \equiv -1 \pmod{n}$ が成り立つことと n が素数であることとは同値である．

[証明] **十分性**：これはウィルソンの定理 4.7 そのものである．
必要性：$1 < n \in \mathbb{N}$ が合成数であるとしよう．すると n の約数 p で $1 < p < n$ となるものが存在する．このとき，
$$(n-1)! = n(n-1)(n-2)\cdots(p+1) \cdot p \cdot (p-1)! \equiv 0 \pmod{p}$$
となる．ここで $(n-1)! \equiv -1 \pmod{n}$ であるが，これは $n|(n-1)!+1$ と同値である．すると $p|n$ より $p|(n-1)!+1$ が得られる．これはまた $(n-1)! \equiv -1 \pmod{p}$ と同値であるから矛盾が生じる．これより n が素数であることがいえた． ■

ところで，この定理を使って実際に与えられた $n \in \mathbb{N}$ を素数かどうか判定できるかというと，n が大きいときには実用的な時間で判定するのは難しい．というのは，階乗を高速に計算できるアルゴリズムがいまのところ存在していないからである．

4.6 オイラー関数とオイラーの定理

$1 < m \in \mathbb{N}$ とする.既約剰余類群 $\mathbb{Z}_m^*$ の位数を $\varphi(m)$ で表す.これは $1, 2, \cdots, m$ の中で m と互いに素,すなわち $(a, m) = 1$ $(1 \leq a \leq m)$ を満たすものの数といっても同じである.後半の定義から $\varphi(1) = 1$ とする.$\varphi : \mathbb{N}^* \to \mathbb{N}^*$ を**オイラー関数**という.ただし,$\mathbb{N}^* = \mathbb{N} \backslash \{0\}$ であった.

オイラー (1707–1783) は 18 世紀最高の数学者である.解析学者としても名高いが,フェルマーの次に現れた偉大な整数論学者でもある.この章の後半はオイラーの仕事の紹介になる.

フェルマーの定理のときと同様に,定理 2.14 によって,元の位数は群の位数の約数であり,既約剰余類群 $\mathbb{Z}_m^*$ の位数 (元の数) は $\varphi(m)$ であるから次の命題が成り立つ.

命題 4.4 (オイラーの定理)

$m \in \mathbb{N}^*$ と $(a, m) = 1$ となる $a \in \mathbb{Z}$ に対して,$a^{\varphi(m)} \equiv 1 \pmod{m}$ が成り立つ.

オイラー関数 φ の性質を調べておこう.

命題 4.5

素数 p と $e \in \mathbb{N}^*$ に対して,
$$\varphi(p) = p - 1, \quad \varphi(p^e) = p^e - p^{e-1} = (p-1)p^{e-1} = p^e \left(1 - \frac{1}{p}\right)$$
が成り立つ.

証明は章末問題 6 を参照.

$\mathbb{N}^*$ は乗法的閉集合であるが,$\varphi : \mathbb{N}^* \to \mathbb{N}^*$ は乗法に関する準同型写像であることを主張するのが次の定理である.

命題 4.6

$a, b \in \mathbb{N},\ (a, b) = 1$ なら,$\varphi(ab) = \varphi(a)\varphi(b)$ が成り立つ.

[**証明**] 1° 既約剰余類群をそれぞれ $\mathbb{Z}_a^* = \{a_1, \cdots, a_m\},\ \mathbb{Z}_b^* = \{b_1, \cdots, b_n\}$ とおく.ただし,$m = \varphi(a),\ n = \varphi(b)$ である.このとき,mn 個の連立 1 次

合同式
$$\begin{cases} x \equiv a_i \pmod{a} \\ x \equiv b_j \pmod{b} \end{cases}$$
を考えよう．孫子の剰余定理 4.5 によって，この連立合同式には ab を法として，それぞれただ 1 つの根 $x = c_{ij}$ が存在する．このとき，$0 \le c_{ij} < ab$ としても一般性を失うことはない．ここで mn 個の c_{ij} はすべて異なる．なぜなら $c_{ij} = c_{kl}$ とおくと
$$\begin{cases} a_i \equiv c_{ij} = c_{kl} \equiv a_k \pmod{a} \\ b_j \equiv c_{ij} = c_{kl} \equiv b_l \pmod{b} \end{cases}$$
となるが，$a_i, a_k \in \mathbb{Z}_a^*$ であるから $i = k$ となる．同様に，$b_j, b_l \in \mathbb{Z}_b^*$ より $j = l$ となる．したがって，c_{ij} がすべて異なることがいえた．

2° $c_{ij} \equiv a_i \pmod{a}$ であるから $c_{ij} = a_i + p_{ij} a$ となる $0 \le p_{ij} < b$ が存在する．すると $(a_i, a) = 1$ であるから，命題 4.2 によって
$$(c_{ij}, a) = (a_i + p_{ij} a, a) = (a_i, a) = 1$$
となる．同様にして $(c_{ij}, b) = 1$ も得られる．すると，系 4.2 によって $(c_{ij}, ab) = 1$ が得られるので $c_{ij} \in \mathbb{Z}_{ab}^*$ となることがいえた．

3° いま $c \in \mathbb{Z}_{ab}^*$ とすると，$(c, ab) = 1$ を満たす．すると系 4.2 によって $(c, a) = 1$, $(c, b) = 1$ となる．すると $c \equiv a' \pmod{a}$ $(0 \le a' < a)$ とおくと，命題 4.2 によって $(a', a) = 1$ となるから $a' \in \mathbb{Z}_a^*$ となる．ところが $\mathbb{Z}_a^* = \{a_1, \cdots, a_m\}$ であるから $a' = a_i$ となる i が存在する．同様にして，$c \equiv b_j \pmod{b}$ となる j が存在する．したがって，$x = c$ は連立合同 1 次式
$$\begin{cases} x \equiv a_i \pmod{a} \\ x \equiv b_j \pmod{b} \end{cases}$$
の根となる．ところが，この連立合同 1 次式の根は ab を法としてただ 1 つであったから $0 < c, c_{ij} < ab$ より $c = c_{ij}$ となることがわかる．

4° 以上のことから，$\{c_{ij} \mid i = 1, \cdots, m,\ j = 1, \cdots, n\} = \mathbb{Z}_{ab}^*$ がいえたので，$\varphi(ab) = mn = \varphi(a)\varphi(b)$ がいえた．■

4.6 オイラー関数とオイラーの定理

定理 4.9

$m \in \mathbb{N}$ の素因数分解を $m = p_1^{e_1} \cdots p_k^{e_k}$ とすると,
$$\varphi(m) = m\left(1 - \frac{1}{p_1}\right) \cdots \left(1 - \frac{1}{p_k}\right)$$
が成り立つ.

証明は章末問題 7 を参照.

例 7 オイラー関数を $m = 1, \cdots, 28$ に対して求めると,命題 4.5 と定理 4.9 によって,表 4.3 のようになる. □

表 4.3

m	1	2	3	4	5	6	7	8	9	10	11	12	13	14
$\varphi(m)$	1	1	2	2	4	2	6	4	6	4	10	4	12	6

15	16	17	18	19	20	21	22	23	24	25	26	27	28
8	8	16	6	18	8	12	10	22	8	20	12	18	12

例題 4.11

$m = 14272476927059598804393159475009619897194 90561$ のとき, $\varphi(m)$ を求めよ.

【解答】 いままでのことで,オイラー関数は簡単に求めることができるようになったのだろうか.このように大きい m に対して $\varphi(m)$ をどうやって求めればよいのだろうか. m の素因数分解を求めればよいのであるが,実は素因数分解を効率的に行うアルゴリズムは知られていない.逆にこのことが次章で述べる RSA 暗号の安全性を保証している.上の m については,実は本書では触れていないメルセンヌ素数
$$M_{61} = 2^{61} - 1 = 2305843009213693951$$
$$M_{89} = 2^{89} - 1 = 618970019642690137449562111$$
を使って,$m = M_{61} \cdot M_{89}$ によってつくった合成数である.やみくもに素因数分解しようとしても,簡単に成功しないであろうことは想像できるであろう.
$$\varphi(m) = \varphi(M_{61})\varphi(M_{89}) = (M_{61} - 1)(M_{89} - 1)$$
$$= 14272476927059598798203459255524288430562 34500$$
である. ■

定理 4.10

$\sum_{d|n} \varphi(d) = n$ が成り立つ.

[証明] $a = 1, 2, \cdots, n$ で $(a, n) = d$ となるものからなる集合を S_d とおく. S_d の元は kd の形であり, k は $l = 1, 2, \cdots, n/d$ の中で $(l, n/d) = 1$ を満たすものである. すると, これはちょうど $\varphi(n/d)$ 個ある. $1, 2, \cdots, n$ はいずれか 1 つの S_d に必ず現れるから $\sum_{d|n} \varphi(n/d) = n$ である. d が n の約数全体を動くとき n/d も n の約数全体を動くから, $n = \sum_{d|n} \varphi(n/d) = \sum_{d|n} \varphi(d)$ となる. ∎

例8 $n = 12$ に対して, 上の定理およびその証明に述べていることを確認してみよう.

$S_1 = \{1, 5, 7, 11\}$, $S_2 = \{2, 10\}$, $S_3 = \{3, 9\}$, $S_4 = \{4, 8\}$, $S_6 = \{6\}$, $S_{12} = \{12\}$ であるから, $\varphi(12/1) = \varphi(12) = 4$, $\varphi(12/2) = \varphi(6) = 2$, $\varphi(12/3) = \varphi(4) = 2$, $\varphi(12/4) = \varphi(3) = 2$, $\varphi(12/6) = \varphi(2) = 1$, $\varphi(12/12) = \varphi(1) = 1$ である. このとき,

$$\sum_{d|12} \varphi(d) = \varphi(12) + \varphi(6) + \varphi(4) + \varphi(3) + \varphi(2) + \varphi(1)$$
$$= 4 + 2 + 2 + 2 + 1 + 1 = 12$$

である. □

RSA 暗号で使われる命題も証明しておこう.

命題 4.7

$m, t \in \mathbb{N}$ について, m が**平方因子**を持たないとき, すなわち, どのような素数の 2 乗も約数に持たないとき, 次が成り立つ.

(1) m の任意の素因数 p について $t \equiv 1 \pmod{p-1}$ が成り立つと, 任意の $a \in \mathbb{Z}$ に対して $a^t \equiv a \pmod{m}$ が成り立つ.

(2) $t \equiv 1 \pmod{\varphi(m)}$ が成り立つなら, 任意の $a \in \mathbb{Z}$ に対して $a^t \equiv a \pmod{m}$ が成り立つ.

[証明] (1) m は平方因子を含まないので, $m = p_1 \cdots p_k$ と素因数分解す

4.6 オイラー関数とオイラーの定理

ると,すべての因子は異なるので $(p_i, p_j) = 1$ $(1 \leq i \neq j \leq k)$ となる. すると, $p_i | a^t - a$ $(i = 1, \cdots, k)$ 示されたとすると,系 4.1 によって $m = p_1 \cdots p_k | a^t - a$ がいえるので, $a^t \equiv a \pmod{m}$ となる. これより p を m の任意の素因数とするとき $a^t \equiv a \pmod{p}$ を示せば十分である.

仮定から $t = s(p-1)+1$ $(s \geq 0)$ となる. $(a,p) = 1$ のときにはフェルマーの小定理 4.6 より $a^t = a \cdot (a^{p-1})^s \equiv a \cdot 1^s = a \pmod{p}$ となる. $(a,p) \neq 1$ のときには $p | a$ すなわち $a \equiv 0 \pmod{p}$ となるから $a^t \equiv 0 \equiv a \pmod{p}$ となる.

(2) $t \equiv 1 \pmod{\varphi(m)}$ とすると $\varphi(m) | t - 1$ となる. 一方,定理 4.9 より

$$\varphi(m) = m \left(1 - \frac{1}{p_1}\right) \cdots \left(1 - \frac{1}{p_k}\right)$$
$$= p_1 \cdots p_k \left(1 - \frac{1}{p_1}\right) \cdots \left(1 - \frac{1}{p_k}\right) = (p_1 - 1) \cdots (p_k - 1)$$

であるから m の任意の素因数 p に対して $p - 1 | \varphi(m)$ である. したがって, $p - 1 | t - 1$ すなわち $t \equiv 1 \pmod{p-1}$ が成り立つ.

したがって (1) より (2) が成り立つ. ■

例題 4.12

$m = 30$, $t = 9$ のとき,任意の $a \in \mathbb{Z}$ に対して $a^9 \equiv a \pmod{30}$ となることを示せ.

【解答】 $m = 30 = 2 \cdot 3 \cdot 5$ かつ $t - 1 = 8$ であり, $(2-1)|8 = 1|8$, $(3-1)|8 = 2|8$, $(5-1)|8 = 4|8$ であるから,定理 4.7 によって,任意の $a \in \mathbb{Z}$ に対して $a^9 \equiv a \pmod{30}$ となる. 実際,例えば

$$7^9 = 7 \cdot (7^2)^4 \equiv 7 \cdot (19)^4 = 7 \cdot (361)^2 \equiv 7 \cdot 1^2 = 7 \pmod{30}$$

となる. ■

例題 4.13

$2006^{2006} \pmod{30}$ を求めよ.

[証明] 命題 4.7 によって $a^{t^b} = (a^t)^{t^{b-1}} \equiv a^{t^{b-1}} \equiv \cdots \equiv a \pmod{m}$ となる. これを使うと, $2006 = 2 \cdot 9^3 + 6 \cdot 9^2 + 6 \cdot 9 + 8$ であるから

$$2006^{2006} \equiv 26^{2 \cdot 9^3 + 6 \cdot 9^2 + 6 \cdot 9 + 8} \equiv 26^{2+6+6+8} \equiv 26^{2 \cdot 9 + 4} \equiv 26^{2+4} = (-4)^6$$
$$\equiv 16^3 \equiv 16 \pmod{30}$$

■

4.7 既約剰余類群と原始根

群論の最後で巡回群について述べたが，オイラー関数を用いると巡回群の特徴づけをすることができる．

定理 4.11

G を位数 n の巡回群とする．d を n の任意の約数とすると G には位数 d の部分巡回群がただ 1 つ存在する．また G には位数 d の元がちょうど $\varphi(d)$ 個ある．

[**証明**] 1° G の生成元を a とし，$b = a^{n/d}$ とおく．このとき，$b^d = a^n = e$ となるから b の位数 k は d の約数である．$k < d$ とすると $e = b^k = a^{kn/d}$ となる．ところが $kn/d < n$ であるから，これは a の位数が n であることに矛盾する．したがって b の位数は d であり，$\langle b \rangle$ は位数 d の巡回群となる．したがって，位数 d の部分巡回群があることがいえた．

2° $c = b^l$ $((l,d) = 1)$ とする．c の位数を s とおくと $e = c^s = b^{sl}$ となるから，$d | sl$ である．すると，定理 4.3 によって $d | s$ になる．

一方，$c^d = b^{dl} = (b^d)^l = e$ であるから $s | d$ となって，$d = s$ が得られる．したがって，$\langle b \rangle = \langle c \rangle$ である．ところで $(l, d) = 1$ となる元の数は $\varphi(d)$ であるから，位数 d となる元は少なくとも $\varphi(d)$ 個存在する．ところが $n = \sum_{d|n} \varphi(d)$ であるから位数 d である元はちょうどこれだけしかない．

したがって，ほかに位数 d の部分巡回群は存在しない． ■

上の定理の逆も成り立つ．

定理 4.12

G を位数 n の群とする．n の任意の約数 d について，G は位数 d の部分群を高々 1 つしか含まないとすると，G は巡回群である．

[**証明**] G における位数 d の元の個数を $c(d)$ とする．元の位数 d は群の位数 n の約数であるから $\sum_{d|n} c(d) = n$ である．位数 d の元が存在しない場合は $c(d) = 0$ である．位数 d の元が存在すると，それが生成する位数 d の部分巡回群が存在する．その部分巡回群の中には $\varphi(d)$ 個の位数 d の元が存在すること

4.7 既約剰余類群と原始根

は上の定理の証明で見たとおりである．定理の条件から位数 d の部分群はそれだけであるから $c(d) = \varphi(d)$ となる．このとき，

$$\sum_{d|n} c(d) = n = \sum_{d|n} \varphi(d)$$

であるから，すべての $d|n$ に対して $c(d) = \varphi(d)$ となる．これから，$c(n) = \varphi(n) \neq 0$ がいえる．したがって，位数 n の元 a が存在するから，$G = \langle a \rangle$ となって，G は巡回群となる． ∎

例9 アーベル群 $(\mathbb{Z}_{12}, +)$ について，各位数の元を数え上げて，定理 4.11 を確認してみよう．

位数 1 の元は 0 だけだから $\varphi(1) = 1$ 個である．位数 2 の元は 6 だけだから $\varphi(2) = 1$ 個，位数 3 の元は 4, 8 だから $\varphi(3) = 2$ 個，位数 4 の元は 3, 9 だから $\varphi(4) = 2$ 個，位数 6 の元は 2, 10 だから $\varphi(6) = 2$ 個，位数 12 の元は 1, 5, 7, 11 だから $\varphi(6) = 4$ 個となる． □

例題 4.14

既約剰余類群 $\mathbb{Z}_8^* = \{1, 3, 5, 7\}$ が巡回群かどうかを判定せよ．

【解答】 $3^2 = 1$, $7^2 = 1$ であるから，$\{1, 3\}$, $\{1, 7\}$ はそれぞれ位数 2 の部分群である．したがって，$\mathbb{Z}_8^*$ は巡回群ではない． ∎

補題 4.1

$p \in \mathbb{N}$ を素数とする．$d | p - 1$ に対して $a^d \equiv 1 \pmod{p}$ となる $a \in \mathbb{Z}$ $(1 \leq a \leq p - 1)$ は d 個以下しかない．

[証明] $1, \cdots, p-1$ の中で補題を満たすものが $d+1$ 個以上あったとして矛盾を導くことにする．それらを $a_1, a_2, \cdots, a_{d+1}$ とする．多項式 $x^d - 1$ を $x - a_1$ でわった結果を

$$x^d - 1 = q_1(x)(x - a_1) + r_1 \quad (r_1 \in \mathbb{Z})$$

とおく．この式の両辺に $x = a_1$ を代入すると

$$a_1^d - 1 = r_1$$

となる．このとき $p | a_1^d - 1$ であるから $p | r_1$ である．

次に $q_1(x)$ を $x - a_2$ でわって，

$$q_1(x) = q_2(x)(x - a_2) + r_2 \quad (r_2 \in \mathbb{Z})$$

とおく．この式を上式に代入すると

$$x^d - 1 = \{q_2(x)(x - a_2) + r_2\}(x - a_1) + r_1$$

となる．この式の両辺に $x = a_2$ を代入すると

$$a_2^d - 1 = r_2(a_2 - a_1) + r_1$$

となる．このとき $p|d_2^d - 1$, $p|r_1$ であるから $p|r_2(a_2 - a_1)$ である．ここで $1 \leq a_1, a_2 \leq p-1$ かつ $a_1 \neq a_2$ であるから $(p, a_2 - a_1) = 1$ となる．したがって，定理 4.3 によって $p|r_2$ となる．ここで $r_2(x - a_1) + r_1 = pg_2(x)$ とおくと

$$x^d - 1 = q_2(x)(x - a_2)(x - a_1) + pg_2(x) \quad (\deg g_2(x) < 2)$$

となる．ただし，多項式 $f(x)$ に対して $\deg f(x)$ は $f(x)$ の次数を表す関数である．これを繰り返すと

$$x^d - 1 = q_d(x)(x - a_d)(x - a_{d-1})\cdots(x - a_1) + pg_d(x)$$
$$(\deg g_d(x) < d)$$

となる．ここで右辺第 1 項の次数を左辺と較べると $q_d(x)$ は定数となることがわかる．さらに最高次の項の係数を比較すると $q_d(x) = 1$ となるから

$$x^d - 1 = (x - a_d)(x - a_{d-1})\cdots(x - a_1) + pg_d(x) \quad (\deg g_d(x) < d)$$

が得られる．この式の両辺に $x = a_{d+1}$ を代入すると

$$a_{d+1}^d - 1 = (a_{d+1} - a_d)(a_{d+1} - a_{d-1})\cdots(a_{d+1} - a_1) + pg_d(a_{d+1})$$

となる．この両辺を p を法として考えると

$$0 \equiv (a_{d+1} - a_d)(a_{d+1} - a_{d-1})\cdots(a_{d+1} - a_1) \pmod{p}$$

となるが，$(p, a_{d+1} - a_i) = 1$ $(i = 1, \cdots, d)$ であり，系 4.2 によって $(p, (a_{d+1} - a_d)(a_{d+1} - a_{d-1})\cdots(a_{d+1} - a_1)) = 1$ となるから，

$$(a_{d+1} - a_d)(a_{d+1} - a_{d-1})\cdots(a_{d+1} - a_1) \not\equiv 0 \pmod{p}$$

となって，矛盾が導かれた．これより補題が正しいことが示された． ∎

4.7 既約剰余類群と原始根

定理 4.13

$p \in \mathbb{N}$ を素数とするとき，既約剰余類群 $\mathbb{Z}_p^*$ は巡回群である．この生成元を，p を法とする**原始根**という．

[証明] $\mathbb{Z}_p^* = \{1, 2, \cdots, p-1\}$ である．$d | p-1$ とし，H を $\mathbb{Z}_p^*$ の位数 d の部分群とする．すると，H の任意の元 a の位数は d の約数であるから，$a^d = 1 \in H$ となる．このことを $a \in \mathbb{Z}$ として述べれば $a^d \equiv 1 \pmod{p}$ ということである．補題 4.1 によればそのような a $(1 \leq a \leq p-1)$ は d 個以下しかないから，位数 d の $\mathbb{Z}_p^*$ の部分群は H 以外にない．したがって，$d | p-1$ なる d に対して，$\mathbb{Z}_p^*$ の部分群で位数が d となるものは高々 1 つしかないということがわかる．すると定理 4.12 によって $\mathbb{Z}_p^*$ が部分群となることがわかる． ■

上の定理によって $\mathbb{Z}_p^*$ が巡回群であるから，その生成元が原始根になるわけであるが，実際に原始根を求めることを考えてみよう．

例10 $\mathbb{Z}_5^*, \mathbb{Z}_7^*$ の原始根を求めてみよう．

章末問題 8 の解答を見ると $\mathbb{Z}_5^* = \langle 2 \rangle = \langle 3 \rangle$ であるので，$\mathbb{Z}_5^*$ の原始根は 2, 3 である．

$\mathbb{Z}_7^* = \{1, 2, 3, 4, 5, 6\}$ について考えよう．

$$2^2 = 4, \quad 2^3 = 1, \quad 3^2 = 2, \quad 3^3 = 6, \quad 3^4 = 4, \quad 3^5 = 5, \quad 3^6 = 1$$

であるから 3 は $\mathbb{Z}_7^*$ の原始根である．

$$4^2 = 2, \quad 4^3 = 1, \quad 5^2 = 4, \quad 5^3 = 6, \quad 5^4 = 2, \quad 5^5 = 3, \quad 5^6 = 1$$

であるから 5 も $\mathbb{Z}_7^*$ の原始根である．$6^2 = 1$ であるから，結局 $\mathbb{Z}_7^*$ の原始根は 3, 5 の 2 つであることがわかる． □

メルセンヌ素数 $p = M_{89} = 2^{89} - 1 = 618970019642690137449562111$ に対する原始根についてはどうだろうか．2 が $\mathbb{Z}_{M_{89}}^*$ の原始根かどうかを判定するのに $2^1, 2^2, \cdots, 2^{M_{89}-1}$ と計算していって，途中で 1 となったら原始根でないとし，$2^{M_{89}-1}$ で初めて 1 となったら原始根とする，というのはどうだろうか．これは現在のどんなコンピュータを使っても，実用的な時間内で実行することは不可能である．

p を素数として $p-1$ の素因数分解がわかっているとし，$p-1 = p_1^{e_1} \cdots p_k^{e_k}$ とする．$a \in \mathbb{Z}_p^*$ の位数は $\mathbb{Z}_p^*$ の位数の約数であるから，$a^1, a^2, \cdots, a^{p-1}$ すべ

てを調べる必要はない．必要なのは $p_1, 2p_1, \cdots$ など，$p-1$ の約数についてのみ調べればよいが，これでも実際には多すぎて実用的ではない．

$a^m = 1$ なら $m|m'$ に対しても $a^{m'} = 1$ となるから，$p-1$ にできるだけ近い $p-1$ の約数についてのみ調べれば原始根となるかどうかが判定できることになる．すなわち次の命題が成り立つ．

命題 4.8 (原始根の判定)

$p \in \mathbb{N}$ を素数とし，$p-1 = p_1^{e_1} \cdots p_k^{e_k}$ をその素因数分解とする．このとき，$a \in \mathbb{Z}_p^*$ が原始根であることと
$$a^{(p-1)/p_i} \not\equiv 1 \pmod{p} \quad (i = 1, \cdots, k)$$
となることは同値である．

$\mathbb{Z}_p^*$ の最小原始根を求めるアルゴリズムを書いておこう．

最小原始根を求めるアルゴリズム

入力：素数 p
出力：$\mathbb{Z}_p^*$ の最小原始根
step1 $p-1$ の素因数 $p_1, \cdots, p_k$ を求める．
step2 $a = 2, 3, \cdots, p-1$ について step3 を実行する．
step3 $i = 1, \cdots, k$ について step4 を実行する．
step4 $a^{(p-1)/p_i} \equiv 1 \pmod{p}$ なら a は原始根ではないから，次の a へ．
step5 a を最小原始根として出力する．

このアルゴリズムも $p-1$ の素因数分解が基本になっているが，前にも述べたとおり，素因数分解を効率的に行うアルゴリズムが現在のところない．したがって，p が大きな素数のときには上のアルゴリズムを実行することは実際には難しい．ここで大きい数というときには 100 桁以上の数というような意味であるが，それ以下の数のときにどうやって素因数分解をするかということは，本書の程度を越えるので，ここでは述べることができない．

例11 $p = 101$ について上のアルゴリズムを実行してみよう．
$$p - 1 = 100 = 2^2 \cdot 5^2$$
であるから $p_1 = 2$, $p_2 = 5$ である．

4.7 既約剰余類群と原始根

$2^{100/2} \equiv 100 \pmod{101}$

$2^{100/5} \equiv 95 \pmod{101}$

だから，2 が $\mathbb{Z}_{101}$ の最小原始根である．なお，この計算には Mathematica を用いた．何らかのソフトウェアなどを利用しないと，実際にアルゴリズムを実行することは困難であろう． □

例12 $p = 103$ について上のアルゴリズムを実行してみよう．$p - 1 = 102 = 2 \cdot 3 \cdot 17$ であるから $p_1 = 2, p_2 = 3, p_3 = 17$ である．

$2^{102/2} \equiv 1 \pmod{103}$
$3^{102/2} \equiv 102 \pmod{103}$
$3^{102/3} \equiv 1 \pmod{103}$
$4^{102/2} \equiv 4 \pmod{103}$
$4^{102/3} \equiv 56 \pmod{103}$
$4^{102/17} \equiv 79 \pmod{103}$

だから，4 が $\mathbb{Z}_{103}$ の最小原始根である． □

4章の問題

1 $a = 104\,734\,747$, $b = 214\,247\,371$ に拡張ユークリッドの互除法を行え.

2 $a, b, c \in \mathbb{Z}$ で $b \neq 0$, $c \neq 0$ かつ $(b, c) = 1$ とする. このとき $b|a$, $c|a$ なら $bc|a$ であることを示せ.

3 $a, b \in \mathbb{Z}$ に対して $(a, b) = d$ とし, $a = a'd$, $b = b'd$ とおけば, $(a', b') = 1$ であることを示せ.

4 $a, b \in \mathbb{Z}$ に対して $(a, b) = d$ とすると, $m \in \mathbb{Z}$ に対して $(a + mb, b) = d$ であることを示せ.

5 素数 p に対して $(p-1)! \equiv -1 \pmod{p}$ が成り立つことを示せ.

6 素数 p と $e \in \mathbb{N}^*$ に対して,
$$\varphi(p) = p - 1, \quad \varphi(p^e) = p^e - p^{e-1} = (p-1)p^{e-1} = p^e\left(1 - \frac{1}{p}\right)$$
が成り立つことを示せ.

7 $m \in \mathbb{N}$ の素因数分解を $m = p_1^{e_1} \cdots p_k^{e_k}$ とすると,
$$\varphi(m) = m\left(1 - \frac{1}{p_1}\right) \cdots \left(1 - \frac{1}{p_k}\right)$$
が成り立つことを示せ.

8 既約剰余類群 $\mathbb{Z}_5^* = \{1, 2, 3, 4\}$ が巡回群かどうかを直接判定せよ.

5 公開鍵暗号

　暗号理論は戦争における情報の交換，外交における在外公館との文書のやりとりなどで古くから使用されている技術である．現在ではインターネット上のデータの送信，特に個人情報や電子商取引に関する情報のやりとりのために広汎に使用されており，日常生活に深く関わっている技術である．暗号技術がこのように広く普及した理由の1つに公開鍵暗号の発明がある．本章では，公開鍵暗号でも基本的かつ実際によく使用されている RSA 暗号について解説を行う．また，RSA 暗号では，大きな素数が必要であるので，与えられた数が素数かどうかを判定する理論について紹介することにする．代数学の応用における大きな分野なのでよく理解してほしい．

---

5 章で学ぶ概念・キーワード
- 暗号，暗号化，復号，解読
- 非対称鍵暗号，公開鍵暗号，公開鍵，秘密鍵
- フェルマーテスト，擬素数，カーマイケル数
- 余因数，ラビン・ミラーテスト

5.1 暗　　号

暗号あるいは**暗号化**とは，第三者に通信内容を知られないように行う特殊な通信方法のうち，通信文を見ても特別な知識なしでは読めないように変換する表記法 (変換アルゴリズム) のことであるということにしよう．

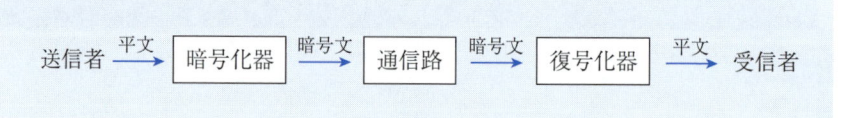

送信者 →平文→ 暗号化器 →暗号文→ 通信路 →暗号文→ 復号化器 →平文→ 受信者

図 5.1

　普段私たちが使っている文を平文ということにし，送信者はそれを暗号化器を使って暗号化する．このときに暗号化鍵といわれるものを使って暗号化する．できあがった暗号文を通信に使うのであるが，第三者が通信文を盗み見ても意味がわからないようにする必要がある．受信者は受信した暗号文を復号化器にかけて**復号**するが，このときは復号鍵を使って平文に復号する．復号鍵を知らされていない第三者が暗号文の中身を理解することを，**解読**という．

　暗号化鍵と復号鍵とが一致している暗号を対称鍵暗号あるいは共通鍵暗号といい，現代暗号では DES や AES などがある．暗号化鍵と復号鍵が異なる暗号を非対称鍵暗号という．対称鍵暗号では共通な鍵を秘密 (**秘密鍵**) にしておかなければ第三者に簡単に解読されてしまうが，**非対称鍵暗号**では暗号化鍵を公開しても，復号鍵さえ秘密にしておけば，第三者に簡単に解読されることはない．そこで，非対称鍵暗号のことを**公開鍵暗号**ともいい，広く使われるようになっている．

　RSA 暗号とは，桁数が大きい合成数の素因数分解問題が困難であることを安全性の根拠とした公開鍵暗号の 1 つである．1977 年に発明され，発明者であるリベスト (R)，シャミア (S)，エーデルマン (A) の頭文字をつなげてこのように呼ばれる．この功績によって，3 人は 2002 年にチューリング賞という計算機科学における大きな賞を受賞している．

5.2 RSA 暗号のアルゴリズム

RSA 暗号のアルゴリズムを記述しよう．まず，鍵ペア (**公開鍵**と**秘密鍵**) を作成する．

鍵ペアの作成

step1 相異なる大きな桁数の素数 2 個 p, q を生成し，$n = pq$ とする．
step2 $\varphi(n) = (p-1)(q-1)$ と互いに素となる $c \in \mathbb{N}$ を選ぶ．
step3 $cd \equiv 1 \pmod{\varphi(n)}$ となる d を求める．

$c \in \mathbb{N}$ は通常は小さな数が選ばれる．実際には 65537 がよく使われる．c, n を暗号化鍵として公開するので，この 2 つの数が**公開鍵**である．p, q あるいは d を暗号文の復号に使用する鍵 (秘密鍵) に使用するので，これらの数が復号鍵あるいは**秘密鍵**となる．

通常我々が使用している平文は日本語などの自然言語であるが，計算機の内部では，これは ASCII コードで数字に変換されて保存されているので，以下では簡単のために平文は $x \in \mathbb{N}$ であるものとする．$x \geq n$ の場合には平文 x を適当に分割すればよいので，$x < n$ となっているものとしても一般性を失うことはない．

送信者が平文から暗号文を作成して，送信し，受信者が暗号文を復号して，元の平文を得るアルゴリズムは次のようになる．

送信者による平文の暗号化

step1 平文 x に対して $y \equiv x^c \pmod{n}$, $0 \leq y < n$ となる y を求める．
暗号文の送信
step2 y を送信する．
受信者による暗号文の復号
step3 暗号文 y に対して $z \equiv y^d \pmod{n}$, $0 \leq z < n$ となる z を求める．

ここで，c 乗は c, n があれば容易に計算できるのに対して，「c 乗根を求めるには n の素因数がないと難しい」あるいは「桁数が大きい合成数の素因数分解は難しい」と考えられているので，秘密鍵を用いずに暗号文から平文を得るこ

とは難しい，と信じられている．これが RSA 暗号の安全性の根拠である．

復号によって元の平文が得られるというのが次の定理である．

定理 5.1
> $x \in \mathbb{N}$ を平文，y をその暗号文，z を y の復号とすると，$z = x$ である．

[証明]　$cd \equiv 1 \pmod{\varphi(n)}$ であるから $cd = k\varphi(n) + 1$ となる．オイラーの定理 (命題 4.4) によって

$$z \equiv y^d \equiv x^{cd} = x^{k\varphi(n)+1} = x \pmod{n}$$

となるが，$0 \leq x,\ z < n$ であるから，$z = x$ となる．∎

　RSA 暗号についての初等的な理論はこれで終わりである．暗号の作成法としては極めて単純である．しかし，社会に与えた影響は大きかった．なにより，暗号化鍵を公開してしまえば，不特定多数のだれでも暗号化できるので，現在のインターネット社会に非常に合っている．電子商取引などでの，カード番号などを暗号化して簡単に送れるようになり，しかも安全性が高いわけであるから，瞬く間に普及した．

　以下では RSA 暗号の安全性についての検討をしなければならないが，これは理論的に難しく，用語等の定義を含めて本書の範囲を越えるので省略する．おおまかにいうと，n の素因数を実用的な時間で求めることが難しいということと，ほかの手段を用いて解読するとしても，素因数分解をするのと同程度の手間が必要だろうと信じられている．だから，RSA 暗号によって暗号化された暗号文は安全だろうと考えられているという程度に留めておこう．

5.3 素数の判定

与えられた数 $p \in \mathbb{N}$ が素数であるかについての判定法を簡単に述べておこう．ある数 $n \in \mathbb{N}$ が与えられたとき，n が素数であるのかどうかを判定することが難しい問題なのかを，最初に考えよう．

ここでいう難しい問題というのは，数学者が一所懸命考えても解けないという意味ではない．n が素数であるかどうかを判定するのは原理的には簡単である．2 から始めて順番に $n-1$ までの数でわって，すべての場合にわり切れなければ素数である．もっとも $n = pq$ と分解できたとき，いずれか一方は必ず $\sqrt{n}$ より小さいから，2 から $\lfloor \sqrt{n} \rfloor$ までの数でわってみれば十分である．さらに，素数だけでわってみれば十分なので，結局，2 から始めて $\lfloor \sqrt{n} \rfloor$ までの素数でわってみて，一度もわり切れなければ素数であることがわかる．ここで $\lfloor x \rfloor$ は x を越えない最大の整数を与える関数である．だから原理的には，素数判定問題は非常に簡単である．

これを計算機で行うことを考えてみよう．n が非常に大きくなると，この方式は膨大な計算時間を要することになって，実際には不可能である．なぜだろうか．計算機は 2 進数でデータを記憶するから，n を入力すると，計算機の内部では $L = \log_2 n$ ビットを使って記憶される．このとき，入力サイズは L ビットであるという．n に対して四則演算を行うことは，計算機においてはこの L ビットで表現されている数に対する演算として実現される．したがって，n が素数かどうかを計算機を使って判断する場合には，1 回あたり L ビットで行われる演算をどれくらい繰り返すかということで計算時間が量られる．n は計算の基準にはならないのである．

n が大きいとき，n 以下の素数がどのくらいあるかどうかについては，n 以下の素数の数を $\pi(n)$ とおくと

$$\pi(n) \sim \frac{n}{\log n}$$

という，有名な素数定理がある．ここで $\log n$ は $\log_e n$ のことであり，$\sim$ は両者の比が n を大きくすると 1 に近づくという意味である．素数定理はガウスが 15 歳のときに予想したそうであるが，1896 年にアダマールとド・ラ・ヴァレ・

プーサンによって独立に証明された．この証明は複素関数論を使う難しいものだったので，1949年にセルバーグとエルデシュは独立に初等的な証明を与えた．といってもこの本で証明を与えられるという意味の初等的というわけではない．例えば

$$\pi(100000000) = 5761455, \quad \frac{100000000}{\log 100000000} = 5428681.02\cdots$$

である．

$\pi(n)$ の評価式を使って $\sqrt{n}$ までの素数の数を $L = \log_2 n$ で表してみよう．これが計算機による計算の手間を与えることになる．

$$\pi(\sqrt{n}) \sim \frac{\sqrt{x}}{\log \sqrt{n}} = \frac{2^{\frac{1}{2}\log_2 x}}{\frac{1}{2\log_2 e}\log_2 n} = 2\log_2 e \cdot \frac{2^{\frac{1}{2}L}}{L}$$

となる．これは係数を無視すると $2^{\frac{1}{2}L}/L$ となって，L を大きくすると，ほぼ指数関数的に増加する．計算の手間が指数関数的に増加すると，計算機の計算時間も指数関数的に増加して，すぐに実用的な計算時間では答えが返ってこないことになる．これが，計算機科学での問題が難しいという意味である．

では問題がやさしいというということはどういうことかというと，計算の手間が $L = \log_2 n$ の多項式関数で表される場合をいう．この場合には L が大きくなったときに計算時間が爆発的に増大することはない．このときは，多項式時間アルゴリズムが存在するという．

n が素数かどうかを仮定なしに判定する多項式時間アルゴリズムが存在するのかということは長い間未解決問題であったが，2002年にアグラワル (A)，カヤル (K)，サクセナ (S) によって肯定的に解決され，AKS素数判定法と名づけられた．しかし L に関する多項式の次数が高いので，RSA暗号で使用する程度の桁数の数では実用には適さない．これはあくまでも理論的な話である．

APR (Adleman-Pomerance-Rumely) 判定法などの高速なアルゴリズムを使うと100桁程度の数でも短時間で素数判定ができてしまうが，理論的に難しいので，ここでは解説できない．そこで，いままでに述べたことを利用してできる判定法について述べることにしよう．

5.4 フェルマーテスト

フェルマーの小定理 4.6 を思い出そう. p が素数で $(a, p) = 1$ なら $a^{p-1} \equiv 1 \pmod{p}$ が成り立つ, というのであった. この対偶をとると, 次の命題となる.

命題 5.1
$a^{n-1} \not\equiv 1 \pmod{n}$ かつ $(a, n) = 1$ である $a \in \mathbb{N}$ があると, n は合成数である.

例1 $n = 481, a = 2$ として, n が合成数であることを示してみよう.

命題 5.1 を使うと $2^{n-1} = 2^{480} \equiv 248 \pmod{n = 481}$ であるから $n = 481$ は合成数である. 実際 $n = 13 \cdot 37$ である. このとき, 2 を 481 が合成数であることの**証拠**という. □

n が素数なら $(a, n) = 1$ というのは $1 \leq a < n$ に対して必ず成り立つから, $(a, n) = 1$ という条件をはずして

$a \in \mathbb{N}$ に対して $a^n \equiv a \pmod{n}$ が成り立つとき, n は底 a に関する**フェルマーテスト**を通ったという.

素数の判定は大きい n に対して行うので, n は奇数としてよい. すると $n-1$ は必ず偶数となるから

$$(n-1)^{n-1} \equiv (-1)^{n-1} = 1 \pmod{n}$$

となり, $n-1$ はフェルマーテストに使えない. 同様に 1 も使えないから, フェルマーテストに使えるのは $1 < a < n-1$ かつ $(a, n) = 1$ を満たす a である.

例題 5.1
2 を底として $n = 341$ についてフェルマーテストを行え.

【解答】 $2^{340} \equiv 1 \pmod{341}$ となるが, これだけでは 341 が素数とはいえない. 事実 $341 = 11 \cdot 31$ である. 一般に

$$(a, n) = 1 \quad \text{かつ} \quad a^{n-1} \equiv 1 \pmod{n}$$

を満たす合成数 n を底 a に関する**擬素数**あるいは**概素数**という. したがって,

341 は底 2 に関する擬素数である.

擬素数と素数とどちらが多いかを 1 から 10^9 までで調べてみると，底 2 に関する擬素数は 5597 個であるのに対して，素数は 50 847 534 個もあるから，フェルマーテストで $a^{n-1} \equiv 1 \pmod{n}$ となる場合には，素数である確率のほうが高い．フェルマーテストを複数個の底に関して行えば，フェルマーテストで合成数を正しく判断する率はさらに高くなる．実際，$3^{340} \equiv 50 \pmod{341}$ であるから，3 は 341 が合成数であることに証拠になる．1 から 10^9 の間で，底 2, 3 に関する擬素数は 1272 個である．さらに底 2, 3, 5 に関する擬素数となると 685 個となる．

ところで，$(a, n) = 1$ であるすべての底 a に関してフェルマーテストを通過する擬素数 n はあるのだろうか．答えはイエスである．$(a, n) = 1$ であるすべての a に対して $a^{n-1} \equiv 1 \pmod{n}$ を満たす数がある．このとき $a^n \equiv a \pmod{n}$ が成り立つから，もう少し条件を強めて，すべての $a \in \mathbb{N}$ に対して

$$a^n \equiv a \pmod{n}$$

が成り立つときに，n を**カーマイケル数**という．n をカーマイケル数とすると，$(a, n) = 1$ のとき，命題 4.3 によって $a^{n-1} \equiv 1 \pmod{n}$ がいえることに注意しておこう．10000 以下のカーマイケル数は 561, 1105, 1729, 2465, 2821, 6601, 8911 であるが，カーマイケル数を特徴づける次の命題が成り立つ．

> **命題 5.2 (コーセルトの定理)**
>
> $n \in \mathbb{N}$ について，n が平方因子を持たないとき，次が成り立つ．
> (1) n の任意の素因数 p について $n \equiv 1 \pmod{p-1}$ が成り立つと n はカーマイケル数である．
> (2) $n \equiv 1 \pmod{\varphi(n)}$ が成り立つなら n はカーマイケル数である．
>   逆に，n がカーマイケル数なら n は平方因子を持たず，(1), (2) が成り立つ．

[証明] (1) 命題 4.7 (1) によって，n の任意の素因数 p について $n \equiv 1 \pmod{p-1}$ が成り立つと，任意の $a \in \mathbb{N}$ に対して $a^n \equiv a \pmod{n}$ が成り立つ．したがって，n はカーマイケル数である．

(2) 命題 4.7 (2) によって $n \equiv 1 \pmod{\varphi(n)}$ が成り立つと，任意の $a \in \mathbb{N}$ に対して $a^n \equiv a \pmod{n}$ が成り立つ．したがって，n はカーマイケル数である．

逆を証明しよう．

1° p を n の素因数として，$p^2 | n$ とすると矛盾が生じることを示す．$p^n - p = p(p^{n-1} - 1)$ の右辺において $p \nmid p^{n-1} - 1$ であるから $p^2 \nmid p^n - p$ である．これと $p^2 | n$ から $n \nmid p^n - p$ がいえる．すなわち $p^n \not\equiv p \pmod{n}$ となって，n がカーマイケル数であることに矛盾する．したがって，n は平方因子を持たない．

2° p を n の素因数とする．定理 4.13 によって既約剰余類群 $\mathbb{Z}_p^*$ は巡回群であるから，原始根 a が存在して $\mathbb{Z}_p^* = \langle a \rangle$ となる．n はカーマイケル数であるから，$a^n \equiv a \pmod{n}$ すなわち $n | a^n - a$ である．また $p | n$ であるから，$p | a^n - a$ となって，$a^n \equiv a \pmod{p}$ がいえる．一方，$a \in \mathbb{Z}_p^*$ すなわち $(a, p) = 1$ であるから，命題 4.3 (1) によって $a^{n-1} \equiv 1 \pmod{p}$ となる．したがって，$n - 1$ は a の位数の倍数となるが，a 既約剰余類群 $\mathbb{Z}_p^*$ の原始根であるから a の位数は $p - 1$ である．したがって，$p - 1 | n - 1$ となって (1) がいえた．

3° n の素因数分解を $n = p_1 \cdots p_k$ とする．n は平方因子を持たないから $p_i \neq p_j$ $(i \neq j)$ である．(1) が成り立つから

$$p - 1 | n - 1 \quad (i = 1, \cdots, k)$$

である．したがって，定理 4.1 によって，

$$(p_1 - 1) \cdots (p_k - 1) | n - 1$$

である．これより

$$n \equiv 1 \pmod{(p_1 - 1) \cdots (p_k - 1)}$$

となるが，n は平方因子を持たないので $\varphi(n) = (p_1 - 1) \cdots (p_k - 1)$ であるから，(2) が成り立つ． ∎

例題 5.2

561 がカーマイケル数であることを確かめよ．

【解答】 $561 = 3 \cdot 11 \cdot 17$ である．すると，

$$561 = 280 \cdot 2 + 1, \quad 561 = 56 \cdot 10 + 1, \quad 561 = 35 \cdot 16 + 1$$

となり，上の命題 5.2 (1) から 561 はカーマイケル数である． ∎

命題 5.2 を用いて n がカーマイケル数であることを確かめるのは簡単だろうか．例えば

$$n = 349\,407\,515\,342\,287\,435\,050\,603\,204\,719\,587\,201$$

がカーマイケル数であることを示せといわれたらどうであろうか．この数の素因数分解をすることにうんざりするであろう．幸いなことに，例えば Mathematica を使えば，小さい素因数を持った数なら，ただちに

$$n = 11 \cdot 13 \cdot 17 \cdot 19 \cdot 29 \cdot 31 \cdot 37 \cdot 41 \cdot 43 \cdot 61 \cdot 71 \cdot 73 \cdot 97 \cdot 101 \cdot 109$$
$$\cdot\, 113 \cdot 151 \cdot 181 \cdot 193 \cdot 641$$

と素因数分解してくれる．あとは，容易であろう．カーマイケル数が無限個あるということが証明されたのは 1994 年のことである．

5.5 ラビン・ミラーテスト

フェルマーテストは素数判定において失敗することがあることを前節で述べた．本節では，フェルマーテストを改良したラビン・ミラーテストについて述べよう．

n を奇数とする．$1 < b < n-1$ を選び，前節と同じく**底**ということにする．まず，$n-1 = 2^k q$ と分解する．ただし，2^k は n をわり切る最大べきであり，q は奇数である．このとき q を 2^k に対する**余因数**という．これに対して

$$b^q, b^{2q}, \cdots, b^{2^{k-1}q}, b^{2^k q} = b^{n-1}$$

という b のべきからなる系列を生成する．まず，n が素数とすると，フェルマーの小定理4.6によって

$$b^{2^k q} = b^{n-1} \equiv 1 \pmod{n}$$

である．上の系列で n でわって余りが最初に1になるものを $b^{2^j q}$ とおこう．すなわち，

$$b^{2^j q} \equiv 1 \pmod{n}, \quad b^{2^i q} \not\equiv 1 \pmod{n} \quad (0 \le i < j)$$

である．この j を $b^{2^j q} \equiv 1 \pmod{n}$ となる**最小指数**ということにする．ここで $j \ge 1$ なら

$$b^{2^j q} - 1 = (b^{2^{j-1} q} - 1)(b^{2^{j-1} q} + 1)$$

となる．$n | b^{2^j q} - 1$ かつ n は素数と仮定しているから，$n | b^{2^{j-1}q} - 1$ か $n | b^{2^{j-1}q} + 1$ のいずれか一方のみが成り立つ．ところが j は最小指数であったから $n \nmid b^{2^{j-1}q} - 1$ であるから $n | b^{2^{j-1}q} + 1$，すなわち

$$b^{2^{j-1}q} \equiv -1 \pmod{n}$$

が成り立つ．

$j = 0$ の場合には $n | b^q - 1$ となるから，n が素数のときには次のいずれか1つが必ず起きることがわかる．

> (1) $b^q \equiv 1 \pmod{n}$ である
> (2) $b^{2^j q} \equiv -1 \pmod{n}$ となる $0 \le j < k$ が存在する

この対偶をとると，

(3) $b^q \not\equiv 1 \pmod{n}$ である

(4) $b^{2^j q} \not\equiv -1 \pmod{n}$ $(0 \leq j < k)$ である

の両方が成り立つと，「n は合成数である」がいえる．これによってラビン・ミラーテストのアルゴリズムを記述すると次のようになる．

〈ラビン・ミラーテスト〉

入力：奇数 $n(>2)$ および底 b，ただし $1 < b < n-1$ である．

出力：「n は合成数である」または「判定不能」．

step1 余因数を求めるため，$n-1$ を必要なだけ 2 でわって $n-1 = 2^k q$ とする．

step2 $i = 0$ とし，$b^q \equiv r \pmod{n}$ $(0 \leq r < n)$ とする．

step3 $i = 0$ かつ $r = 1$ であれば「判定不能」と出力して終了．$i \geq 0$ かつ $r = n-1$ なら「判定不能」と出力して終了．そうでなければ step4 へ．

step4 $i \leftarrow i+1$ とし，$i = k$ なら「n は合成数」と出力して終了．$i < k$ なら r^2 の n による剰余を改めて r とする．step3 へ．

カーマイケル数でラビン・ミラーテストを試してみよう．

例2 $n = 561$，$b = 2$ としてラビン・ミラーテストを行ってみよう．

まず，561 の余因数を求めると，

$$n - 1 = 560 = 2 \cdot 280 = 2^2 \cdot 140 = 2^3 \cdot 70 = 2^4 \cdot 35$$

であるから，$k = 4$，$q = 35$ である．

$$i = 0, \quad 2^{35} \equiv 263 \pmod{561}$$
$$i = 1, \quad 2^{2 \cdot 35} \equiv 263^2 \equiv 166 \pmod{561}$$
$$i = 2, \quad 2^{2^2 \cdot 35} \equiv 166^2 \equiv 67 \pmod{561}$$
$$i = 3, \quad 2^{2^3 \cdot 35} \equiv 67^2 \equiv 1 \pmod{561}$$

したがって出力は「561 は合成数」である．このとき，底 2 は 561 が合成数であることの証拠となっている． □

5.5 ラビン・ミラーテスト

例題 5.3

カーマイケル数 $n = 8911$ に対して,底 $b = 100$ でラビン・ミラーテストを行え.

【解答】 まず,8911 の余因数を求めると,$n - 1 = 2^1 \cdot 4455$ であるから,$k = 1$, $q = 4455$ である.

$$i = 0, \quad 100^{4455} \equiv 1 \pmod{8911}$$

となるから,出力は「判定不能」である. ■

フェルマーテストもラビン・ミラーテストも n が合成数であることの証拠は提示してくれるが,n が素数であることの証拠は提示してくれない.しかし,底については次の性質が知られている.ラビン・ミラーテストでは,1 から $n-1$ の間の n とは互いに素な底 b の 75% が合成数であることの証拠になる.したがって,例えば 1 個の底 a でテストしたときに合成数を「判定不能」と判定する確率は 0.25 であるが,2 個の底ではその確率は $0.25^2 = 0.0625$ となる.5 個では約 $0.25^5 \approx 0.000977$,10 個の底を使用した場合には 9.537×10^{-7} となる.20 個の底で「判定不能」とでれば,n が合成数である確率は 9.095×10^{-13} ということになる.こうなればまず,n は素数だと思ってもよいだろう.

実際次の定理が成り立つ.

定理 5.2 (ラビンの定理)

$n > 1$ を奇数とする.ラビン・ミラーテストを n に対して行うとき,$n/4$ 個以上の底 $1 < b < n-1$ に対して出力が「判定不能」であると,n は素数である.

逆に,次の定理も成り立つ.

定理 5.3 (アルフォード・グランヴィル・ポメランスの定理)

$k \in \mathbb{N}$ に対して 1 より大きい底 $b_1, \cdots, b_k$ を適当に選ぶ.すると,これらすべての底に対してラビン・ミラーテスト行うとき,すべてに「判定不能」を出力するカーマイケル数が無限に多く存在する.

5章の問題

☐ **1** 2つの素数 $p = 101, q = 113, c = 65537$ に対して, $n = pq = 11413$ とする. このとき $cd \equiv 1 \pmod{\varphi(n)}$ を d について解け.

☐ **2** cipher (暗号) の ASCII 符号は 16 進数で 63 69 70 68 65 72 である. これを 10 進数だとみなすことにして, 6369, 7068, 6572 という 4 桁の 3 つの数として, 暗号文を作成せよ.

☐ **3** 問題 2 で求めた暗号文を問題 1 で求めた秘密鍵 d を用いて復号し, 元の平文が得られることを確認せよ.

☐ **4** $2^{\frac{1}{2}L}/L$ という評価式を用いて, 200 桁の数が素数かどうかを判定する計算時間を推定せよ. ただし, 100 桁までの素数はわかっているものとし, 素数のわり算は計算機の 1 回の演算でできるものとする. また, 計算機の演算速度は 1 秒間に $1000\,\mathrm{T}$ (テラ) $= 1\,\mathrm{P}$ (ペタ) $= 10^{15}$ 回の演算が可能であるものとする.

☐ **5** $1105 = 5 \cdot 13 \cdot 17,$
$1729 = 7 \cdot 13 \cdot 19,$
$2465 = 5 \cdot 17 \cdot 29,$
$6601 = 7 \cdot 23 \cdot 41,$
$8911 = 7 \cdot 19 \cdot 67$
であることを利用して, 1105, 1729, 2465, 6601, 8911 がカーマイケル数であることを確かめよ.

☐ **6** カーマイケル数 $n = 8911$ に対して, 底 $b = 2$ でラビン・ミラーテストを行え.

6 多項式環

環 R が与えられると R の元を係数に持つ多項式
$$a_n X^n + a_{n-1} X^{n-1} + \cdots + a_1 X + a_0 \quad (a_n, \cdots, a_0 \in R)$$
が考えられる．この多項式全体 $R[X]$ がまた環になるが，これは応用上よく使われる環であるから，しっかり理解してほしい．幸いなことに，多項式環 $R[X]$ は整数環 $\mathbb{Z}$ とよく似た性質を持っているので，初等整数論をすでに理解している読者にはそれほど難しくないであろう．

> **6 章で学ぶ概念・キーワード**
> - 不定元，次数，多項式環，単項式
> - 有理関数体，モニック多項式，四元数体
> - 既約多項式，原始多項式

6.1 多項式環

いままでは，環といっても実際には整数環 $\mathbb{Z}$ と剰余環 $\mathbb{Z}_m$ しか例が出てこなかったが，これでは，わざわざ何のために環などという抽象的な概念を述べるのかがよくわからないであろう．本章で，この本の後半で重要な役割をはたすもう1つの重要な環である多項式環を紹介することにする．

高校までは，多項式 x^2+1 というと x は実数あるいは複素数をとるものと暗黙のうちに仮定していたが，代数学ではそのような仮定はおかない．だから，x は単なる記号である．それを明示するために x という小文字を使わずに，大文字 X を使うことにして，**不定元**ということにしよう．また，係数は可換環 R の元からとることにする．このとき，多項式 f は一般的な記述として

$$f(X) = a_n X^n + a_{n-1} X^{n-1} + \cdots + a_1 X + a_0 \quad (a_i \in R)$$

なる形の式として表され，R 上の多項式という．R 上のすべての多項式からなる集合を $R[X]$ で表す．

$a_n = \cdots = a_{k+1} = 0, a_k \neq 0$ であるとき，$f(X)$ の**次数**は k であるといい $\deg f(X) = k$ と表す．このとき，

$$f(X) = a_k X^k + a_{k-1} X^{k-1} + \cdots + a_1 X + a_0 \quad (a_i \in R)$$

と表してもよいことにし，$a_k X^k$ を $f(X)$ の**最高次の項**という．$a_n = \cdots = a_0 = 0$ なる場合には $f(X) = 0$ と表すことにし，$f(X)$ の次数は定めない．

$a_n = \cdots = a_1 = 0$ のときは $f(X) = a_0$ と書くことにして，$a_0 \in R$ と同一視する．こうすると，$\varphi : R \to R[x], a \mapsto a$ は単射準同型写像となるから，R は $R[x]$ に埋め込まれていると考えてよい．

$f(X)$ を n 次多項式とし，もう1つ m 次多項式

$$g(X) = b_m X^m + b_{m-1} X^{m-1} + \cdots + b_1 X + b_0 \quad (b_i \in R)$$

を考える．このとき，$f(X) = g(X)$ とは $n = m, a_n = b_n, \cdots, a_1 = b_1, a_0 = b_0$ が成り立つときをいう．

$$f(X) = \sum_i a_i X^i$$

と書く場合には，有限個の i を除いて $a_i = 0$ である．すなわち，上式の和は有限和である．$R[X]$ における和と積を

$$f(X) + g(X) = \sum_i (a_i + b_i) X^i$$

$$f(X) \cdot g(X) = \sum_k \left(\sum_{i+j=k} a_i b_j \right) X^k$$

によって定義する．このとき，たし算とかけ算の結合則が成り立つことは簡単に確かめることができる (章末問題 1)．

また，$g(X) = b \in R$ のとき，

$$b \cdot f(x) = b \left(\sum_i a_i X^i \right) = \sum_i (b a_i) X^i$$

となることに注意しよう．$f(X) = 0$ が加法の単位元 (零元) であり，$f(X)$ に対して $(-1)f(X) = \sum_i (-a_i) X^i$ が反元となることは明らかであるから，$(-1) \cdot f(X) = -f(X)$ と書くことにする．かけ算における単位元は $f(X) = 1$ であることも明らかであろう．また，分配則，交換則が成り立つことも，結合則の場合と同様にして証明できるので，$R[X]$ は可換環となる．$R[X]$ を R 上の **1 変数多項式環**という．

命題 6.1

R を整域とすると，$\deg f(X)g(X) = \deg f(X) + \deg g(X)$ である．

[証明]　$f(X), g(X)$ をそれぞれ

$$f(X) = a_n X^n + a_{n-1} X^{n-1} + \cdots + a_1 X + a_0 \quad (a_n \neq 0)$$

$$g(X) = b_m X^m + b_{m-1} X^{m-1} + \cdots + b_1 X + b_0 \quad (b_m \neq 0)$$

とする．このとき $\deg f(X) = n$, $\deg g(X) = m$ である．また，

$$f(X)g(X) = \sum_{k=0}^{m+n} \left(\sum_{i+j=k} a_i b_j \right) X^k$$

であるが，X^{m+n} の係数は $a_n b_m \neq 0$ であるから，

$$\deg f(X)g(X) = n + m = \deg f(X) + \deg g(X)$$

である． ∎

R が整域でない場合を考えよう．$R = \mathbb{Z}_6$ として，$f(X) = 2X^3$, $g(X) = 3X^4$ とすると $\deg f(X) = 3$, $\deg g(X) = 4$ であるが，$2 \cdot 3 = 0 \in \mathbb{Z}_6$ であるから
$$f(X)g(X) = 0$$
となる．このことは，$\deg f(X)g(X) = \deg f(X) + \deg g(X)$ が成り立たないばかりか，$\mathbb{Z}_6[X]$ には零因子が存在すること，すなわち $\mathbb{Z}_6[X]$ は整域ではないことを意味している．一般に R が整域ではないとすると，R は $R[X]$ に埋め込まれているから，$R[X]$ も整域ではない．R が整域の場合には命題 6.1 の証明によって，$f(X) \neq 0$, $g(X) \neq 0$ のときには $f(X)g(X) \neq 0$ となるから $R[X]$ は零因子を持たない．したがって，次の系が成り立つ．

系 6.1

R が整域なら $R[X]$ は整域である．

$R[X]$ が環であるから，$R[X]$ 上の不定元 Y に関する 1 変数多項式環 $R[X][Y]$ を考えることができる．これを R 上の 2 変数多項式環といい，$R[X, Y]$ と書く．同様にして (帰納的に) n 変数**多項式環** $R[X_1, \cdots, X_n]$ を考えることができる．

系 6.2

R が整域なら $R[X_1, \cdots, X_n]$ は整域である．

[証明] 帰納法で証明する．$n = 1$ の場合は系 6.1 である．$n = k$ のときを仮定すると，$R[X_1, \cdots, X_k]$ は整域である．すると，
$$R[X_1, \cdots, X_k, X_{k+1}] = R[X_1, \cdots, X_k][X_{k+1}]$$
は系 6.1 によって整域となる．∎

$f(X_1, \cdots, X_n) \in R[X_1, \cdots, X_n]$ は
$$f(X_1, \cdots, X_n) = \sum_{e_1, \cdots, e_n} a_{e_1, \cdots, e_n} X_1^{e_1} \cdots X_n^{e_n}$$
と表すことができるが，ここで，$e_i \ (i = 1, \cdots, n)$ は 0 以上の整数を動き，有限個以外の係数 $a_{e_1, \cdots, e_n} \in R$ は 0 である．各 $a_{e_1, \cdots, e_n} X_1^{e_1} \cdots X_n^{e_n}$ を**単項式**といい，$(e_1, \cdots, e_n)$ を単項式 $a_{e_1, \cdots, e_n} X_1^{e_1} \cdots X_n^{e_n}$ の**次数**という．

R が整域のとき，R の商体を構成できるからこれを K とおく．同様に n 変数多項式環 $R[X_1, \cdots, X_n]$ も整域であるから，$R[X_1, \cdots, X_n]$ の商体が

6.1 多項式環

存在するので，これを $K(X_1,\cdots,X_n)$ で表し，K 上の**有理関数体**という．$K(X_1,\cdots,X_n)$ の元を**有理関数**あるいは**有理式**という．K 上の有理関数は $f(X_1,\cdots,X_n)/g(X_1,\cdots,X_n)$ と書かれる．ただし，

$$f(X_1,\cdots,X_n), \; g(X_1,\cdots,X_n) \in K[X_1,\cdots,X_n]$$

である．

$f(X) \in R[X]$ において，不定元 X を $b \in R$ に形式的に置き換えた

$$a_n b^n + a_{n-1} b^{n-1} + \cdots + a_1 b + a_0 \in R$$

を X に $b \in R$ を代入して得られる R の元といい，$f(b)$ で表す．また，$f(b)=0$ となる b を多項式 $f(X)$ の**根**あるいは**解**という．代数学では根というのが普通であるが，応用数学では解ということも多い．$f(X_1,\cdots,X_n) \in R[X_1,\cdots,X_n]$ に対しては，$(b_1,\cdots,b_n) \in R^n$ によって $(X_1,\cdots,X_n)$ を形式的に置き換えた，

$$\sum_{e_1,\cdots,e_n} a_{e_1,\cdots,e_n} b_1^{e_1} \cdots b_n^{e_n}$$

を $(X_1,\cdots,X_n)$ に $(b_1,\cdots,b_n)$ を代入して得られる R の元といい，$f(b_1,\cdots,b_n)$ で表す．

同様に，有理関数

$$f(X_1,\cdots,X_n)/g(X_1,\cdots,X_n) \in K(X_1,\cdots,X_n)$$

のときも同様にして $(b_1,\cdots,b_n) \in K^n$ を代入することができる．ただし，この場合には分母が 0 にならないようにしなければいけないので，$g(b_1,\cdots,b_n) \neq 0$ を満たすときに有理関数は $(b_1,\cdots,b_n)$ で定義されているという．

6.2　1変数多項式のわり算

整数環 $a, b \in \mathbb{Z}$ においてのわり算とは

$$a = qb + r \quad (0 \leq r < |b|)$$

なる $q, r \in \mathbb{Z}$ を求めることであったが，$\mathbb{Z}[X]$ においても同様のわり算を定義することができるだろうか．X^2 を $2X$ でわることを考えると $X^2 = (1/2)X \cdot 2X$ となるわけであるが，$1/2 \notin \mathbb{Z}$ であるから $(1/2)X \notin \mathbb{Z}[x]$ である．したがって，$\mathbb{Z}[X]$ で自由にわり算が定義できるわけではないことがわかる．

最高次の項の係数が 1 である多項式

$$X^n + a_{n-1}X^{n-1} + \cdots + a_1 X + a_0$$

を**モニック多項式**という．

定理 6.1

$f(X), g(X) \in \mathbb{Z}[X]$ で $g(X)$ をモニック多項式とすると，

$$f(X) = q(X)g(X) + r(X)$$

$$(\deg r(X) < \deg g(X) \text{ または } r(X) = 0)$$

となる商 $q(X)$ と剰余 $r(X)$ が $\mathbb{Z}[X]$ 上で一意的に存在する．

[証明]　多項式 $f(X)$ と $g(X)$ を

$$f(X) = a_n X^n + a_{n-1}X^{n-1} + \cdots + a_1 X + a_0 \quad (a_n \neq 0)$$

$$g(X) = X^m + b_{m-1}X^{m-1} + \cdots + b_1 X + b_0$$

とする．

1°　$g(X)$ が定数すなわち $g(X) = b_0 = 1$ のときには，

$$f(X) = f(X) \cdot 1$$

であるから，$q(X) = f(X),\ r(X) = 0$ とすればよい．

したがって，$\deg g(X) > 0$ としてよい．

2°　$q(X),\ r(X)$ の存在を帰納法によって示すことにする．

$n < m$ のときは

$$f(X) = 0 \cdot g(X) + f(X) \quad (\deg f(X) < \deg g(X))$$

6.2 1変数多項式のわり算

であるから, $q(X) = 0$, $r(X) = f(X)$ とすればよい.

$n \geq m$ として, $n-1$ までは正しいものとする. このとき
$$h(X) = f(X) - a_n X^{n-m} g(X)$$
とする. $h(X) = 0$ であれば
$$f(X) = a_n X^{n-m} g(X) + 0$$
であるから $q(X) = a_n X^{n-m}$, $r(X) = 0$ となる.

$h(X) \neq 0$ とすると, $\deg h(X) \leq n-1$ であるから, 帰納法の仮定によって
$$h(X) = q'(X)g(X) + r'(X) \quad (\deg r'(X) < m \text{ または } 0)$$
となる $q'(X), r'(X) \in \mathbb{Z}[X]$ が存在する. すると
$$\begin{aligned}f(X) &= a_n X^{n-m} g(X) + h(X) \\ &= a_n X^{n-m} g(X) + (q'(X)g(X) + r'(X)) \\ &= (a_n X^{n-m} + q'(X))g(X) + r'(X)\end{aligned}$$
となるので, $q(X) = a_n X^{n-m} + q'(X)$, $r(X) = r'(X) \in \mathbb{Z}[X]$ とおけば,
$$f(X) = q(X)g(X) + r(X)$$
$$(\deg r(X) < \deg g(X) \text{ または } r(X) = 0)$$
となる.

3° 一意性を示す.
$$f(X) = q(X)g(X) + r(X)$$
$$(\deg r(X) < \deg g(X) \text{ または } r(X) = 0)$$
$$= q'(X)g(X) + r'(X)$$
$$(\deg r'(X) < \deg g(X) \text{ または } r'(X) = 0)$$
とすると
$$(q(X) - q'(X))g(X) = r'(X) - r(X)$$
である. ここで, $q(X) \neq q'(X)$ とすると,
$$\begin{aligned}\deg g(X) &\leq \deg (q(X) - q'(X)) + \deg g(X) \\ &= \deg (q(X) - q'(X))g(X) \\ &= \deg (r'(X) - r(X)) < m = \deg g(X)\end{aligned}$$

となって，矛盾が生じる．したがって，$q(X) = q'(X)$ である．これより $r(X) = r'(X)$ も得られる． ∎

わり算を実際に行うためのアルゴリズムを記述しておこう．

$\mathbb{Z}[X]$ 上の多項式のわり算

入力：$f(X)$ とモニック多項式 $g(X)$
出力：商 $q(X)$，余り $r(x)$
step1 $\boldsymbol{a} = [a_n, a_{n-1}, \cdots, a_0]$, $\boldsymbol{b} = [1, b_{m-1}, \cdots, b_0, 0, \cdots, 0] \in \mathbb{Z}^{n+1}$ とする．
step2 $\boldsymbol{r} = [r_n, r_{n-1}, \cdots, r_0] \in \mathbb{Z}^{n+1}$, $\boldsymbol{q} = [q_{n-m}, q_{n-m-1}, \cdots, q_0] = \boldsymbol{0} \in \mathbb{Z}^{n-m+1}$ とし，$\boldsymbol{r} := \boldsymbol{a}$ とする．
step3 $i = 0, \cdots, n-m$ に対して以下のことを行う．
$\boldsymbol{b}$ を右へ i 桁シフトしたベクトルを $\boldsymbol{b}'$ とする．
$q_i := r_i$ とする．
$\boldsymbol{r} := \boldsymbol{r} - q_i \boldsymbol{b}'$ とする．
step4 $q(X) := q_{n-m} X^{n-m} + q_{n-m-1} X^{n-m-1} + \cdots + q_0$,
$r(X) := r_{m-1} X^{m-1} + r_{m-2} X^{m-2} + \cdots + r_0$
とする．

例題 6.1

$f(X) = 3X^4 + 2X^3$, $g(X) = X^2 - 2X + 1$ として，上のアルゴリズムを実行せよ．

【解答】**step1** $\boldsymbol{a} = [3, 2, 0, 0, 0]$, $\boldsymbol{b} = [1, -2, 1, 0, 0] \in \mathbb{Z}^5$ とする．
step2 $\boldsymbol{r} = [r_4, r_3, \cdots, r_0] \in \mathbb{Z}^5$, $\boldsymbol{q} = [q_2, q_1, q_0] = [0, 0, 0] \in \mathbb{Z}^3$ とし，$\boldsymbol{r} := [3, 2, 0, 0, 0]$ とする．
step3

$i = 0$ $\boldsymbol{b}' = [1, -2, 1, 0, 0]$ $\boldsymbol{q} = [3, 0, 0]$ $\boldsymbol{r} = [0, 8, -3, 0, 0]$
$i = 1$ $\boldsymbol{b}' = [0, 1, -2, 1, 0]$ $\boldsymbol{q} = [3, 8, 0]$ $\boldsymbol{r} = [0, 0, 14, -8, 0]$
$i = 2$ $\boldsymbol{b}' = [0, 0, 1, -2, 1]$ $\boldsymbol{q} = [3, 8, 14]$ $\boldsymbol{r} = [0, 0, 0, 20, -14]$

step3 を多項式で考えると上の実行結果は

$i = 0$ $f(X) = 3X^2 g(X) + (8X^3 - 3X^2)$

$i = 1 \quad f(X) = (3X^2 + 8X)g(X) + (14X^2 - 8X)$

$i = 2 \quad f(X) = (3X^2 + 8X + 14)g(X) + (20X - 14)$

に対応している．したがって，出力は

$$q(X) = 3X^2 + 8X + 14, \quad r(X) = 20X - 14$$

となる． ∎

$\mathbb{Z}[X]$ でのわり算がモニック多項式でなく

$$g(X) = -X^m + b_{m-1}X^{m-1} + \cdots + b_0$$

でもわり算ができて，定理 6.1 が成り立つのはほぼ明らかであろう．つまり，わり算がうまくいくのは，最高次の項の係数が 1 だからではなく，単元 (単数) だからである．したがって，R を整域とするとき，$g(X) = b_m X^m + \cdots + b_0$ において b_m が単元ならわり算はやはり可能で，定理 6.1 が成り立つ．体 K 上の多項式環 $K[X]$ に対しては，すべての多項式 $g(X) = b_m X^m + \cdots + b_0 \neq 0$ において b_m は単元となるから，わり算ができることになる．したがって次の系が成り立つ．

系 6.3 (ユークリッドの除法)

$f(X), g(X) \in K[X]$ で $g(X) \neq 0$ とすると，

$$f(X) = q(X)g(X) + r(X)$$

$$(\deg r(X) < \deg g(X) \text{ または } r(X) = 0)$$

となる商 $q(X)$ と剰余 $r(X)$ が $K[X]$ 上で一意的に存在する．

$K[X]$ におけるわり算のアルゴリズムを開発することは容易であろうから，ここでは省略する．

ここで $A = \mathbb{N} \cup \{-\infty\}$ とし，また $\deg 0 = -\infty$ とおくと A は整列集合である．このとき $\mu = \deg : K[X] \to \mathbb{N} \cup \{-\infty\}$ とおくと，上の系から $K[X]$ はユークリッド整域である．すると次の系が成り立つ．

系 6.4

K を体とするとき，$K[X]$ は単項イデアル整域である．

[証明] $K[X]$ はユークリッド整域であるから，定理 3.6 によって単項イデアル整域である． ∎

系 6.5 (因数定理)

$f(X) \in K[X]$ $(a \in K)$ とする．このとき $f(a) = 0$ であるための必要十分条件は $g(X) \in K[X]$ が存在して
$$f(X) = (X - a)g(X)$$
となることである．

証明は章末問題 2 を参照．

因数定理を述べたので，次の方程式の根の個数についても述べておこう．

定理 6.2

$0 \neq f(X) \in K[X]$, $\deg f(X) = n$ とする．このとき $f(a) = 0$ となる $a \in K$ は高々 n 個である．

[証明] $f(X)$ の次数 n に関する帰納法によって証明する．

1° $n = 0$ のとき．このとき，$f(X) = c \neq 0$ である．したがって，$f(a) = 0$ となる $a \in K$ は存在しないから，根の個数は 0 個である．

2° $n = 1$ のとき．このときは $c, d \in K$ が存在して $f(X) = cX + d \in K[X]$ $(c \neq 0)$ となる．ここで $a \in K$ で $f(a) = ca + d = 0$ が成り立つものとすると $a = -d/c \in K$ となるから，$f(a) = 0$ を満たす K の元はただ 1 つである．

3° $n > 1$ として $n - 1$ までは定理は正しいものとする．$a \in K$ で $f(X) = 0$ を満たすものとすると，系 6.5 によって，$g(X) \in K[X]$ が存在して
$$f(X) = (X - a)g(X)$$
となる．$\deg f(X) = n$, $\deg (X - a) = 1$ であるから，命題 6.1 によって $\deg g(X) = n - 1$ である．いま，$b (\neq a) \in K$ が $f(X) = 0$ を満たすものとすると $0 = f(b) = (b - a)g(b)$ となるが，$K \ni b - a \neq 0$ であるから，この式の両辺に $(b - a)^{-1}$ をかけると $g(b) = 0$ となる．すなわち，b は $g(X)$ の根である．帰納法の仮定より $g(X)$ の根は高々 $n - 1$ 個しかないので，$f(a) = 0$ を満たす $a \in K$ は高々 n 個である． ∎

上の系は K が可換体である場合であるが，斜体 (非可換体) であるときにはどうなるかを考えてみよう．

例1 非可換体の例としてハミルトンの**四元数体**

$$H = \{a + bi + cj + dk \mid a, b, c, d \in \mathbb{R}\}$$

を考えることにしよう. 複素数体 $\mathbb{C}$ は, $\mathbb{R}$ 上のベクトル空間と考えるときには, $\{1, i\}$ と 2 つの基底がある 2 次元ベクトル空間であるが, 四元数体の H は, $\mathbb{R}$ 上のベクトル空間と考えるとき, $\{1, i, j, k\}$ を基底とする 4 次元ベクトル空間となる. また, 積は結合則を満たし, 和に対して分配法則を満たすものとする. さらに i, j, k は, それぞれ 2 乗すると -1 になる. すなわち,

$$i^2 = j^2 = k^2 = -1$$

である. また,

$$ij = -ji = k, \quad jk = -kj = i, \quad ki = -ik = j, \quad ijk = jki = kij = -1$$

とする. この条件から, 乗法についての交換法則が成立しないことがわかる. いま, $0 \neq x + yi + zj + wk \in H$ とすると, $(x, y, z, w) \neq 0$ すなわち $x^2 + y^2 + z^2 + w^2 \neq 0$ である. このとき,

$$(x + yi + zj + wk)(x - yi - zj - wk)$$
$$= (x^2 + y^2 + z^2 + w^2) - yz(ij + ji) - yw(ik + ki) - zw(jk + kj)$$
$$= x^2 + y^2 + z^2 + w^2$$

となるので,

$$(x + yi + zj + wk) \cdot \frac{x - yi - zj - wk}{x^2 + y^2 + z^2 + w^2} = 1$$

となる. すなわち, 0 以外の元は乗法についての逆元を持つ. したがって四元数全体の成す集合 H は非可換体 (または斜体) である. H を (ハミルトンの) 四元数体と呼ぶ. □

複素数が平面上での回転を表現できるのと同じように, 四元数は 3 次元空間上の回転を表現することができる. そのため, 四元数はコンピュータグラフィックスや人工衛星の姿勢制御などに応用されているが, ここでは詳しく述べることは省略する. また, ハミルトン (1805–1865) はアイルランド生まれのイギリスの数学者で, 力学系やグラフ理論にも貢献している.

例題 6.2

$f(X) = X^2 + 1 \in H[X]$ は 3 個以上の解を持つことを示せ.

【解答】 $\deg f(X) = 2$ であるが,$f(X) = 0$ の根は少なくとも i, j, k の 3 つあるので,この場合には定理 6.2 が成り立たないことがわかる. ∎

系 6.6

$f(X), g(X) \in K[X]$ をそれぞれ高々 n 次の多項式とする.このとき $m\ (>n)$ 個の相異なる K の元 $a_1, \cdots, a_m$ に対して $f(a_i) = g(a_i)$ が成り立つと $f(X) = g(X)$ である.

[証明] $h(X) = f(X) - g(X)$ とすると $h(X)$ の次数は n 以下である.ここで $h(X) \neq 0$ とすると,定理 6.2 によって,$h(X)$ の根は n 以下である.ところが,

$$h(a_i) = f(a_i) - g(a_i) = 0 \quad (i = 1, \cdots, m)$$

であるから,$a_i\ (i = 1, \cdots, m)\ (>n)$ は $h(X)$ の根となって矛盾が生じる.したがって,$h(X) = 0$ すなわち $f(X) = g(X)$ である. ∎

6.3 1変数多項式とユークリッドの互除法

$K[X]$ を体 K 上の 1 変数多項式環とし，$f(X), g(X), h(X), p(X) \in K[X]$ とする．$f(X) = p(X)g(X)$ となるとき $f(X)$ は $g(X)$ でわり切れる，あるいは $g(X)$ は $f(X)$ をわり切るといい，$g(X)|f(X)$ と書く．さらにこのとき，$f(X)$ は $g(X)$ の**倍数**，$g(X)$ は $f(X)$ の**約数**という．$f(X), h(X)$ の共通の約数を**公約数**あるいは**公約式**という．$f(X), h(X)$ の公約数のうちで次数が一番高いモニックな多項式を**最大公約数**あるいは**最大公約式**という．最大公約式が 1 のとき $f(X)$ と $h(X)$ は**互いに素**であるといい，$(f(X), h(X)) = 1$ あるいは $\gcd(f(X), h(X)) = 1$ と書く．

定理 6.3

K を体として $f(X),\ g(X) \in K[X]$ とする．このとき
$$d(X) = \gcd(f(X), g(X))$$
とすると，
$$d(X) = \alpha(X)f(X) + \beta(X)g(X)$$
となるような $\alpha(X), \beta(X) \in K[X]$ が存在する．

[証明]　これはイデアルの言葉でいえば
$$(d(X)) = (f(X)) + (g(X))$$
というわけであるから，系 6.4 によって明らかである．　■

$\alpha(X), \beta(X)$ を求めるには，整数環 $\mathbb{Z}$ のときと同じく拡張ユークリッドの互除法を使えばいいことは明らかであろう．$K[X]$ における拡張ユークリッドの互除法を書いてみよう．

── 拡張ユークリッドの互除法 ──

入力：$f(X), g(X) \in K[X]$

出力：$d(X) = \gcd(f(X), g(X))$

step1 $s_0(X) = 1$, $t_0(X) = 0$ とおく．

step2 $s_1(X) = 0$, $t_1(X) = 1$ とおく．

step3 $n = 2$ とし，$r_0(X) = f(X)$, $r_1(X) = g(X)$ とおく．

step4 $n \geq 2$ に対して，$\deg r_{n-1}(X) \geq 0$ である間は $r_{n-2}(X)$ を $r_{n-1}(X)$ でわって，
$$r_{n-2}(X) = q_{n-1}(X) r_{n-1}(X) + r_n(X)$$
$$(\deg r_n(X) < \deg r_{n-1}(X) \quad \text{または} \quad r_b(X) = 0)$$
$$s_n(X) = s_{n-2}(X) - q_{n-1}(X) s_{n-1}(X)$$
$$t_n(X) = t_{n-2}(X) - q_{n-1}(X) t_{n-1}(X)$$
とおく．

step5 $r_n(X) = 0$ となったら繰り返しを終了する．

step6 $r_{n-1}(X)$ の最高次の項の係数を $c \in K$ とし，
$$d(X) = (1/c) r_{n-1}(X)$$
とおく．また，
$$d(X) = (1/c) s_{n-1}(X) f(X) + (1/c) t_{n-1}(X) g(X)$$
とする．

── 例題 6.3 ──

体 $\mathbb{Z}_3$ 上の多項式環 $\mathbb{Z}_3[X]$ を考え，その上の多項式
$$f(X) = X^4 + X^3 + X^2 + X, \quad g(X) = X^4 + 2$$
に対して拡張ユークリッドの互除法を実行せよ．

【解答】 拡張ユークリッドの互除法を実行すると，表 6.1 のようになる．これより，$r_3(X) = 2X^3 + 2X^2 + 2X + 2$ に $2^{-1} = 2 (\in \mathbb{Z}_3)$ をかけて
$$d(X) = \gcd(f(X), g(X)) = X^3 + X^2 + X + 1$$
かつ $\alpha(X) = X$, $\beta(X) = 2X + 2$ となって，

6.3 1変数多項式とユークリッドの互除法

表 6.1

n	$q_{n-1}(X)$	$r_n(X)$	$s_n(X)$	$t_n(X)$
0		$X^4+X^3+X^2+X$	1	0
1		X^4+2	0	1
2	1	X^3+X^2+X+1	1	2
3	X	$2X^3+2X^2+2X+2$	$2X$	$X+1$
4	2	0		

$$X(X^4+X^3+X^2+X)+(2X+2)(X^4+2)=X^3+X^2+X+1$$

となる. また,

$$\begin{aligned}f(X)&=X^4+X^3+X^2+X\\&=X(X^3+X^2+X+1)\\&=X(X+1)(X^2+1),\\g(X)&=X^4+2\\&=(X+2)(X^3+X^2+X+1)\\&=(X+2)(X+1)(X^2+1)\end{aligned}$$

である. ∎

6.4 既約多項式

$f(X) \in K[X]$ を定数でない多項式とする．$f(X)$ が $f(X)$ より次数が小さいどんな多項式とも互いに素，すなわち，$f(X)$ が次数がともに 1 以上の多項式の積に分解されないとき，$f(X)$ は **既約** であるといい，そうでないときは **可約** であるという．既約な多項式を **既約多項式** という．これは，環論の一般論において R を整域とするときに，既約元を定義したことを $K[X]$ でいってみたことに過ぎないことに注意しよう．また，1 次多項式はすべて既約多項式である．

例2 $f(X) = X^2 - 3 \in \mathbb{Q}[X]$ は既約であるが，$f(X) = X^2 - 3 \in \mathbb{R}[X]$ は可約であることを示してみよう．

1° $f(X)$ が可約とすると，2 つの多項式の積に分解できる．
$$f(X) = (X - \alpha)(X - \beta)$$
とすると，系 6.5 の因数定理によって $f(\alpha) = \alpha^2 - 3$ となるが，$\alpha \notin \mathbb{Q}$ は周知の事実なので，これはあり得ない．

2° $f(X) = X^2 - 3 \in \mathbb{R}[X]$ とすると
$$f(X) = (X + \sqrt{3})(X - \sqrt{3})$$
であるから，$f(X)$ は可約である． □

例3 $f(X) = X^2 + 1 \in \mathbb{R}[X]$ は既約であるが，$f(X) = X^2 + 1 \in \mathbb{C}[X]$ は $f(X) = (X + i)(X - i)$ と分解されるから可約である． □

定理 6.4

K を体とし，$f(X) \in K[X]$ とする．このとき $f(X)$ は既約多項式の積として，因子の順序と K の積を除いて一意的に分解される．すなわち，$K[X]$ は一意分解環である．

[証明] 系 6.4 によって，$K[X]$ は単項イデアル整域である．すると，定理 3.5 によって $K[X]$ は一意分解環となる． ■

6.4 既約多項式

定理 6.5

$K[X]$ 体 K 上の多項式環とし，$f(X) \in K[X]$ とする．このとき，次の (1)–(5) は同値である．

(1) $f(X)$ は既約多項式である．
(2) $(f(X)) = f(X)K[X]$ は素イデアルである．
(3) $(f(X)) = f(X)K[X]$ は極大イデアルである．
(4) $K[X]/(f(X))$ は整域である．
(5) $K[X]/(f(X))$ は体である．

[証明] (1) ⇔ (2) ⇔ (3) は定理 3.4 を多項式環について言い換えたものである．(4) は $(f(X))$ が素イデアルであることの定義にほかならない．(3) ⇔ (5) は定理 3.3 にほかならない． ∎

上の定理によって $f(X) \in K[X]$ が既約多項式なら，以下の定理 6.6 によって，$g(X), h(x) \in K[X]$ で $f(X)|g(X)h(X)$ が成り立つと $f(X)|g(X)$ または $f(X)|h(X)$ が成り立つ．

定理 6.6

K を体とし，$f(X), g(X), h(X) \in K[X]$ とする．このとき，

$\gcd(f(X), g(X)) = 1$

かつ

$f(X)|g(X)h(X)$

とすると，$f(X)|h(X)$ である．

[証明] これは補題 3.18 を多項式環 $K[X]$ に言い換えただけである． ∎

6.5 原始多項式

R を一意分解環とする．$R[X]$ の多項式 $f(X) = a_n X^n + \cdots + a_1 X + a_0$ において $\gcd(a_n, \cdots, a_0) = 1$ であるとき，$f(X)$ を**原始多項式**という．R を一意分解環とし，K をその商体とする．このとき，$K[X]$ は，定理 6.4 によって，一意分解環となる．

補題 6.1

R を一意分解環とし，K をその商体とする．
(1) $f(X) \in K[X]$ は $c \in K$ と原始多項式 $g(X) \in R[X]$ によって $f(X) = cg(X)$ と書ける．しかも，c は R の単元の違いを除いて，$f(X)$ によって一意的に定まる．
(2) 特に $f(X) \in R[X]$ なら $c \in R$ である．

[証明] (1) $1°$ $f(X) = c_n X^n + \cdots + c_1 X + c_0 \ (c_i \in K)$ とする．K は R の商体なので，$c_i = a_i/b_i \ (a_i, b_i \in R)$ と書ける．$b = b_0 \cdots b_n$ とおくと，$bc_i \in R$ である．ここで $d = \gcd(bc_n, \cdots, bc_0) \in R$ とおき，

$$c = d/b, \quad bc_i = dc_i' \ (c_i' \in R), \quad g(X) = c_n' X^n + \cdots + c_1' X + c_0'$$

とおくと，$c_i = (d/b)c_i'$ であるから，$f(X) = (d/b)g(X) = cg(X)$ となって，$g(X)$ は原始多項式である．

$2°$ $f(X) = cg(X) = c'g'(X)$ を補題を満たす 2 つの表現とする．K は一意分解環 R の商体だから，$c = a/b,\ c' = a'/b'\ (a, b, a', b' \in R,\ (a, b) = 1,\ (a', b') = 1)$ と書ける．このとき，

$$ab'g(X) = a'bg'(X) \in R[X]$$

となるが，$g(X), g'(X) \in R[X]$ は原始多項式なので，上式の左辺の係数の最大公約数は ab'，右辺の係数の最大公約数は $a'b$ となる．したがって，$u \in R$ を単元として，$ab' = ua'b$ (同伴元) となる．すなわち $ab' \approx a'b$ である．ここで $(a, b) = 1$ であるから補題 3.17 によって $a|ua'$ となるが，u は単元であるから $a|a'$ となる．同様に $(a', b') = 1$ であるから $a'|a$ となる．したがって $a \approx a'$ となる．同様にして $b \approx b'$ となる．つまり c と c' は単元の差しかない．

(2) $f(X) \in R[X]$ の場合には c を $f(X)$ の係数の最大公約数とし，各係数を c でわった多項式を $g(X)$ とおくと，$g(X)$ は原始多項式であり，$f(X) = cg(X)$ である． ∎

> **定理 6.7 (ガウスの補題)**
>
> R を一意分解環とし，$f(X), g(X) \in R[X]$ を原始多項式とする．このとき，$f(X)g(X)$ も原始多項式である．

証明は章末問題 4 を参照．

> **定理 6.8**
>
> R を一意分解環とし，K をその商体とする．$f(X) \in R[X]$ とする．$f(X)$ が $K[X]$ で多項式の積に分解すると，$R[X]$ においても同じ次数の多項式の積に分解する．

[証明] $f(X) \in R[X]$ とする．$f(X)$ が $K[X]$ で可約であるとすると，$g(X), h(X) \in K[X]$ が存在して $f(X) = g(X)h(X)$ となる．このとき，補題 6.1 によって，

$$g(X) = cg'(X) \quad (c \in K,\ g'(X) \in R[X] \text{ は原始多項式})$$

$$h(X) = dh'(X) \quad (d \in K,\ h'(X) \in R[X] \text{ は原始多項式})$$

となる．したがって，$f(X) = g(X)h(X) = cdg'(X)h'(X)$ となる．このとき，定理 6.7 のガウスの補題によって，$g'(X)h'(X)$ は原始多項式である．

一方 $f(X)$ は $R[X]$ の多項式であるから，$a \in R$ と原始多項式 $p(X) \in R[X]$ によって $f(X) = ap(X)$ と表される．ここで補題 6.1 を再度使うと，$f(X)$ の原始多項式は単元の違いを除いて一意的に定まるから，単元 $u \in R$ が存在して $p(X) = ug'(X)h'(X)$ となる．これより結局

$$f(X) = aug'(X)h'(X)$$

となるので，$f(X)$ は $R[X]$ で可約となる． ∎

> **定理 6.9**
>
> R を一意分解環とすると，多項式環 $R[X_1, \cdots, X_n]$ も一意分解環である．

[証明] $R[X_1]$ が一意分解環であるとすると，$R[X_1, X_2] = R[X_1][X_2]$ であ

るから $R[X_1, X_2]$ も一意分解環になる．同様に，$R[X_1,\cdots,X_{n-1}]$ が一意分解環であれば $R[X_1,\cdots,X_n] = R[X_1,\cdots,X_{n-1}][X_n]$ も一意分解環となる．したがって，帰納法において，$n=1$ のときを証明すればよい．

1° $g(X) \in R[X]$, $a\ (\neq 0) \in R$ が $g(X)|a$ とすると $h[X] \in R[X]$ で $a = g(X)h(X)$ となるものが存在する．このとき，

$$0 = \deg a = \deg g(X)h(X) = \deg g(X) + \deg h(X)$$

であるから，$\deg g(X) = 0$ すなわち $g(X) \in R$ となって，$g(X)$ は定数である．これより $g(X)|1$ なら $g(X) \in R$ であるから $U(R[X]) = U(R)$ となる．すなわち，$R[X]$ の単元は R の単元しかない．また，$c \in R$ を既約元とし，$c = f(X)g(X)$ とすると，$f(X), g(X) \in R$ となるから，$f(X) \in U(R) = U(R[X])$ か $g(X) \in U(R) = U(R[X])$ となるので，c は $R[X]$ の既約元である．

2° $f(X) \in R[X]$ を $\deg f(X) \geq 1$ である既約元とする．$f(X)$ が既約多項式でなければ，$f(X) = g(X)h(X)$, $\deg g(X), \deg h(X) \geq 1$ と $R[X]$ の積に分解されるが，$g(X), h(X) \notin U(R[X]) = U(R)$ であるから，$f(X)$ は $R[X]$ の既約元ではない．したがって，$f(X)$ は既約多項式である．

$f(X)$ が原始多項式ではないとすると，$f(X)$ の係数の最大公約数 d は R の単元ではない．このとき，$f(X) = d \cdot (f(X)/d)$ とすると，$d, f(X)/d \in R[X]$ であるが，いずれも $R[X]$ の単元ではない．したがって，$f(X)$ は既約多項式かつ原始多項式である．

逆に $f(X)$ を既約多項式かつ原始多項式とする．いま，$f(X) = g(X)h(X)$ と分解したとすると，$f(X)$ は既約多項式であるから，$g(X), h(X)$ のいずれか一方は定数となる．一般性を失うことなく $g(X) = c \in R$ としてよい．このとき $f(X) = ch(X)$ となるが，c は $f(X)$ の項の公約元となっているから，$f(X)$ が原始多項式であることを考えると，R の単元である．したがって，$f(X)$ は $R[X]$ の既約元である．

以上から，$f(X)$ が $R[X]$ の既約元であることと，$f(X)$ が $R[X]$ の既約多項式かつ原始多項式であることが同値であることがわかる．

3° $f(X) \in R[X]$ を 0 でない元とする．d を $f(X)$ の係数の最大公約数とすると $f(X) = dg(X)$ と書き表せる．このとき $g(X) \in R[X]$ は原始多項式で

ある.

定理 6.4 によって,$K[X]$ は一意分解環だから,$g(X) = q_1(X) \cdots q_s(X)$ と既約多項式の積に分解できる.そこで,$q_i(X)$ を補題 6.1 のように $q_i(X) = c_i q_i'(X)$ $(q_i'(X) \in R[X]$ は原始多項式$)$ と分解する.このとき $q_i'(X) \in R[X]$ は既約多項式である.そうでなければ $q_i'(X) = r_i(X) s_i(X)$ と分解できる.すると,$q_i(X) = c_i r_i(X) s_i(X)$ となって,$q_i(X)$ が $K[X]$ の既約多項式であることに反するからである.

$q_i(X)$ に $c_i q_i'(X)$ を代入すると

$$g(X) = c_1 \cdots c_s q_1'(X) \cdots q_s'(X)$$

となる.このとき,$q_1'(X) \cdots q_s'(X)$ は定理 6.7 のガウスの補題によって原始多項式であるから,補題 6.1 によって,$u = c_1 \cdots c_s \in R$ である.

R は一意分解環であるから $du = p_1 \cdots p_r$ と R の既約元の積に表せるので,

$$f(X) = p_1 \cdots p_r q_1'(X) \cdots q_s'(X)$$

は $f(X)$ の既約分解である.

4° 分解の一意性を証明する.

$f(X)$ が

$$f(X) = p_1 \cdots p_r f_1(X) \cdots f_n(X)$$
$$= p_1' \cdots p_s' f_1'(X) \cdots f_m'(X)$$

と既約分解されたとする.このとき,定理 6.7 のガウスの補題によって,

$$f_1(X) \cdots f_n(X), \quad f_1'(X) \cdots f_m'(X)$$

はそれぞれ原始多項式である.したがって,補題 6.1 によって $p_1 \cdots p_r$ と $p_1' \cdots p_s'$ は同伴である.これより,u を R の単元として

$$p_1 \cdots p_r = u p_1' \cdots p_s'$$

となるが,R が一意分解環であるから,$r = s$ で適当に番号を付け換えると p_i と p_i' は同伴になる.このとき,$v \in R$ を単元として,

$$v f_1(X) \cdots f_n(X) = f_1'(X) \cdots f_m'(X)$$

となる.ここで $f_i(X), f_j'(X)$ で既約元であるから,$K[X]$ が一意分解環であることから,$n = m$ で適当に番号を付け加えると $f_i(X)$ と $f_i'(X)$ は $K[X]$

で同伴となる．したがって，$u_i \in K$ によって

$$f_i(X) = u_i f_i'(X)$$

となる．ところが $f_i(X), f_i'(X)$ は原始多項式であるから，補題 6.1 によって u_i は R の単元となる．したがって，$f_i(X), f_i'(X)$ は $R[X]$ において互いに同伴である．

以上によって既約分解の一意性が示された． ∎

定理 6.10 (アイゼンシュタインの既約判定法)

R を一意分解環，K をその商体とする．このとき，$R[X]$ の元 $f(X) = a_n X^n + a_{n-1} X^{n-1} + \cdots + a_0$ に対して

$$p \nmid a_n,\ p | a_{n-1},\ \cdots,\ p | a_0,\ p^2 \nmid a_0$$

を満たす R の素元 p が存在すると，$f(X)$ は $K[X]$ における既約多項式である．

[証明] $f(X)$ を可約とする．すると $g(X), h(X) \in K[X]$ が存在して $f(X) = g(X)h(X)$ となる．多項式をそれぞれ

$$g(X) = b_r X^r + b_{r-1} X^{r-1} + \cdots + b_0$$
$$h(X) = c_s X^s + c_{s-1} X^{s-1} + \cdots + c_0$$

とする．$g(X), h(X)$ を補題 6.1 のように

$$g(X) = b'(b_r' X^r + b_{r-1}' X^{r-1} + \cdots + b_0') = b' g'(X)$$
$$h(X) = c'(c_s' X^s + c_{s-1}' X^{s-1} + \cdots + c_0') = c' h'(X)$$

と分解する．このとき，$g'(X), h'(X) \in R[X]$ は原始多項式である．これより $f(X) = b'c' g'(X) h'(X)$ となるが，$g'(X) h'(X)$ はガウスの補題 6.7 によって原始多項式であるから，補題 6.1 によって，$u = b'c' \in R$ である．このとき，$p \nmid f(X)$ であるから，$p \nmid u$ である．

ここで $f(X) = u g'(X) h'(X)$ の定数項を較べると $a_0 = u b_0' c_0'$ であるが，$p | a_0$，$p \nmid u$ かつ p は素元であるから $p | b_0$ または $p | c_0$ である．一般性を失うことなく $p | b_0$ とすると，

$$p^2 \nmid a_0 \;\Rightarrow\; p^2 \nmid u b_0' c_0' \;\Rightarrow\; p \nmid c_0'$$

である.また,$p|b'_i$ $(i=0,\cdots,r)$ とすると,$f(X) = ug'(X)h'(X)$ のすべての係数が p でわり切れることになり,$p \nmid a_n$ に反する.したがって,$g(X)$ のいずれかの係数は p でわり切れない.$b'_0, \cdots, b'_r$ の中で最初に p でわり切れないものを b'_i $(1 \leq i \leq r < n)$ とする.このとき,

$$a_i = u(b'_i c'_0 + b'_{i-1} c'_1 + \cdots + b'_0 c'_i)$$

であり,$p|b'_0, \cdots, p|b'_{i-1}$ かつ $p|a_i$ であるから $p|ub'_i c'_0$ とすると $p|b'_i c'_0$ となるが,$p \nmid c'_0$ であるから $p|b'_i$ となって矛盾が生じる.したがって,$f(X)$ は既約である. ∎

例題 6.4

$f(X) = X^n - p \in \mathbb{Z}[X]$ の既約性をアイゼンシュタインの既約判定法によって判定せよ.ただし $p \in \mathbb{N}$ は素数である.

【解答】 $a_n = 1$,$a_0 = -p$ より,

$$p \nmid a_n, \quad p|a_0, \quad p^2 \nmid a_0$$

だから $f(X) = X^n - p$ は $\mathbb{Q}[X]$ で既約である. ∎

アイゼンシュタインの既約判定法で,既約式であると判定するのには,それなりに工夫がいるということを最後に付け加えておこう.

6章の問題

☐ **1** $R[X]$ においてたし算とかけ算の結合則が成り立つことを示せ．

☐ **2** $f(X) \in K[X]$, $a \in K$ とする．このとき，$f(a) = 0$ であるための必要十分条件は，$g(X) \in K[X]$ が存在して $f(X) = (X-a)g(X)$ であることを示せ．

☐ **3** $f(X) = X^3 + 2X + 1 \in Z_3[X]$ が既約多項式であることを示せ．

☐ **4** R を一意分解環とし，$f(X), g(X) \in R[X]$ を原始多項式とするとき，$f(X)g(X)$ も原始多項式となることを示せ．

7 体　　論

　体論までたどり着くとようやく四則演算が自由にできるようになる．第 1 章で，実数体 $\mathbb{R}$ は有理数体 $\mathbb{Q}$ の拡大体，複素数体 $\mathbb{C}$ は実数体の拡大であるということをやったが，本章では体の拡大についての基本をきちんと述べることにする．$\sqrt{2}$ を有理数体 $\mathbb{Q}$ に付加して得られる拡大体 $\mathbb{Q}(\sqrt{2})$ などについての正確な知識をまず与えることにする．これらは方程式の因数分解と密接に関連しており，ひいては方程式が可解であるかどうかについてを述べるガロア理論に続く道である．体論を応用するときは，標数 p の有限体が重要であるので，ここでやや詳しく述べておく．まず，有限体の存在定理から始めて，モニック多項式の周期などについて学ぶことにする．符号理論を理解するときの基礎となる章なので，しっかりと学習してほしい．

> **7 章で学ぶ概念・キーワード**
> - 拡大体，中間体，部分体，標数
> - 素体，拡大次数，有限次拡大，無限次拡大，鎖公式
> - 代数的，超越的，最小多項式，代数拡大
> - 超越拡大，代数的閉体，代数的閉包，K–同型
> - 分解体，最小分解体，有限体，原始根，多項式の周期

7.1 ベクトル空間

線形代数の簡単な復習をしておこう．V が体 K 上の**線形空間**あるいは**ベクトル空間**であるとは，V 上に**和** $+: V \times V \to V$ と，**スカラー倍** $\cdot: K \times V \to V$ が定義されており，以下の公理系 (1)–(8) を満たすときをいう．ここで，$a, b \in V$ の和は $a + b$，$\alpha \in K$ によるベクトル $a \in V$ のスカラー倍は αa と簡略化して書く．

線形空間の公理系

和に関する公理系

(1) (結合則) $\forall a, b, c \in V, \ (a + b) + c = a + (b + c)$
(2) (零ベクトルの存在) $\exists 0 \in V, \forall a \in V, \ 0 + a = a + 0 = 0$
(3) (逆ベクトルの存在) $\forall a \in V, \exists b \in V, \ a + b = b + a = 0$
(4) (交換則) $\forall a, b \in V, \ a + b = b + a$

スカラー倍に関する公理系

(5) (分配則) $\forall \alpha, \beta \in K, \forall a \in V, \ (\alpha + \beta)a = \alpha a + \beta a$
(6) (分配則) $\forall \alpha \in K, \forall a, b \in V, \ \alpha(a + b) = \alpha a + \alpha b$
(7) (結合則) $\forall \alpha, \beta \in K, \forall a \in V, \ (\alpha \beta) a = \alpha(\beta a)$
(8) (1倍) $\forall a \in V, \ 1a = a$

$W \subseteq V$ が V における和とスカラー倍で K 上のベクトル空間となるとき，W を V の**線形部分空間** あるいは単に**部分空間**という．また，$\{a_\lambda\}_{\lambda \in \Lambda}$ $(\forall a_\lambda \in V)$ の任意の有限集合 $\{a_{\lambda_1}, \cdots, a_{\lambda_n}\}$ と $\alpha_1, \cdots, \alpha_n \in K$ に対して

$$\alpha_1 a_{\lambda_1} + \cdots + \alpha_n a_{\lambda_n} = 0 \Rightarrow \alpha_1 = \cdots = \alpha_n = 0$$

が成り立つとき，$\{a_\lambda\}_{\lambda \in \Lambda}$ は K 上**線形独立**であるといい，線形独立でないとき**線形従属**という．

$a_1, \cdots, a_n \in V$ が V の**基底**であるとは，

(9) $\{a_\lambda\}_{\lambda \in \Lambda}$ は K 上線形独立．
(10) 任意の $b \in V$ に対して $n \in \mathbb{N}$ と $\{a_{\lambda_1}, \cdots, a_{\lambda_n}\}$ および $\alpha_1, \cdots, \alpha_n \in K$ が存在して $b = \alpha_1 a_{\lambda_1} + \cdots + \alpha_n a_{\lambda_n}$ となる．

が成り立つときをいう．(9), (10) の条件は

(11) 任意の $b \in V$ は $b = \alpha_1 a_{\lambda_1} + \cdots + \alpha_n a_{\lambda_n}$ と一意的に表すことができる．

と同値である．有限個からなる基底を持つとき，V を**有限次元ベクトル空間**という．線形代数学でよく知られているとおり，有限次元ベクトル空間においては，任意の基底に含まれるベクトルの数は一定であるから，それを V の**次元**といい，$\dim V$ で表す．K 上のベクトル空間であることを明示したい場合には $\dim_K V$ と書く．

7.2 体の拡大

L を体とし，$K\ (\subseteq L)$ が L の和と積に関して体となるとき，L を K の**拡大体**といい，K を L の**部分体**という．このとき，記号で拡大 L/K と表す．また，$K \subseteq M \subseteq L$ を満たす L の部分体 M を L/K の**中間体**という．

素体についてはすでに述べているが，ここで再確認しておこう．K を体とし 1_K をその単位元とする．このとき

$$f : \mathbb{Z} \to K, \quad \mathbb{Z} \ni n \mapsto n 1_K \in K$$

とすると，f は可換環の準同型写像となる．単項イデアル環 $\mathbb{Z}$ のイデアル $\operatorname{Ker} f = \{n \in \mathbb{Z} \mid n 1_K = 0\}$ の生成元 $p\ (\geq 0)$ を体 K の**標数**という．標数 p は 0 でなければ $p 1_K = 0$ となる最小の正整数である．このとき p は素数である．

環準同型定理 3.2 によって，$\mathbb{Z}/\operatorname{Ker} f \cong \operatorname{Im} f$ であるから，$\mathbb{Z}/\operatorname{Ker} f$ と $\operatorname{Im} f$ を同一視して，K には $\mathbb{Z}/\operatorname{Im} f$ が埋め込まれているといってよい．$p > 0$ のときには $\mathbb{Z}/p\mathbb{Z} \cong \mathbb{Z}_p$ は体である．体論では $\mathbb{Z}_p$ のことをよく $\mathbb{F}_p$ と書く．さらに符号理論では $\operatorname{GF}(p)$ と表す．$p = 0$ のときには K は $\mathbb{Z} = \mathbb{Z}/\{0\}$ を含んでいるので，その商体 $\mathbb{Q}$ も含んでいる．K に含まれている最小の体 ($\mathbb{Q}$ または $\mathbb{F}_p$) を**素体**という．

体の拡大 L/K において，L をアーベル群とみなし，$a \in K,\ x \in L$ に対して $ax \in L$ をスカラー倍と考えれば，L は K 上のベクトル空間になる．このとき，K 上のベクトル空間としての L の次元 $\dim_K L$ を考えることができるが，これを $[L:K] = \dim_K L$ と書いて，L/K の**拡大次数**という．$[L:K] < +\infty$ のときは**有限次拡大**，$[L:K] = +\infty$ のときには**無限次拡大**という．

例1 $\mathbb{Q}(\sqrt{2}) = \{a + \sqrt{2}b \mid a, b \in \mathbb{Q}\}$ においては $\mathbb{Q}(\sqrt{2})$ を $\mathbb{Q}$ のベクトル空間として考えるとき，基底は $\{1, \sqrt{2}\}$ となるので，$[\mathbb{Q}(\sqrt{2}) : \mathbb{Q}] = 2$ となるから，有限次拡大である． □

例2 $\mathbb{Q}(\pi) = \{a_0 + a_1 \pi + \cdots + a_n \pi^n \mid n \in \mathbb{N},\ a_0, \cdots, a_n \in \mathbb{Q}\}$ を考えると，$\mathbb{Q}(\pi)$ の基底は $\{1, \pi, \pi^2, \cdots\}$ のように無限個となるから，$[\mathbb{Q}(\pi) : \mathbb{Q}] = +\infty$ となって，無限次拡大である． □

7.2 体の拡大

命題 7.1

K を標数 $p > 0$ の有限体とし，$n = [K : \mathbb{F}_p]$ とすると，K の位数は $|K| = p^n$ となる．

[証明] K を $\mathbb{F}_p$ 上のベクトル空間とし，その基底を $\{e_1, \cdots, e_n\}$ とおくと，K の任意の要素は

$$a_1 e_1 + a_2 e_2 + \cdots + a_n e_n, \quad \forall a_i \in \mathbb{F}_p$$

と表される．このとき，$\mathbb{F}_p = \{0, 1, \cdots, p-1\}$ であるから，各 a_i の選び方は p 通りである．したがって，$|K| = p^n$ である． ∎

命題 7.2

M を拡大 L/K の中間体，すなわち $K \subseteq M \subseteq L$ とすると，$[L:K] = [L:M][M:K]$ が成り立つ．ただし，いずれかの拡大次数が無限大のときは $\infty \cdot n = \infty$ とする．$[L:K] = [L:M][M:K]$ を**鎖公式**という．

[証明] $\{e_i\}_{i \in I}$ を K 上のベクトル空間としての M の基底とし，$\{f_j\}_{j \in J}$ を M 上のベクトル空間としての L の基底とする．このとき，$\{e_i f_j\}_{i \in I, j \in J}$ が K 上のベクトル空間としての L の基底となることを示せば，$|I| = [M:K]$, $|J| = [L:M]$, $[L:K] = |I||J|$ となる．

$x \in L$ を任意の元とするとき，$a_j \in M \ (j \in J)$ が存在して

$$x = \sum_{j \in J} a_j f_j$$

と一意的に表される．また，各 $a_j \in M$ に対して $a'_{ij} \in K \ (i \in I)$ が存在して

$$a_j = \sum_{i \in I} a'_{ij} e_i$$

と一意的に表されるから，

$$x = \sum_{j \in J} \left(\sum_{i \in I} a'_{ij} e_i \right) f_j = \sum_{i \in I} \sum_{j \in J} a'_{ij} (e_i f_j)$$

と一意的に表される．したがって，$\{a_i b_j\}_{i \in I, j \in J}$ は K 上のベクトル空間としての基底である． ∎

体の拡大 L/K において，$\alpha \in L$ が 0 でない K 係数の多項式 $f(X) \in K[X]$

の根 ($f(\alpha) = 0$) になるとき, α を K 上**代数的**な元といい, 代数的な元でない元を**超越的**という.

例3 拡大 $\mathbb{R}/\mathbb{Q}$ において, $\sqrt{2} \in \mathbb{R}$ は $f(X) = X^2 - 2$ の根であるから $\mathbb{Q}$ 上代数的である. □

例4 $\pi, e, e^{\sqrt{2}} \in \mathbb{R}$ は $\mathbb{Q}$ 上代数的な元ではないから, $\mathbb{Q}$ 上超越的である. $e + \pi \in \mathbb{R}$ は $\mathbb{Q}$ 上代数的か超越的か不明である. □

$\alpha \in L$ を K 上代数的とするとき, $f(\alpha) = 0$ を満たす $f(X) \in K[X]$ で次数が最小な多項式で**モニック**なもの (最高次の係数が 1) を**最小多項式**という.

例5 $\sqrt{2} \in \mathbb{R}$ の $\mathbb{Q}$ における最小多項式は $X^2 - 2$ であり, $\mathbb{R}$ での最小多項式は $X - \sqrt{2}$ である. □

例題 7.1

$\alpha \in L$ の最小多項式を $f(X) \in K[X]$ とし $\deg f(X) = n$ とする. このとき, $[K(\alpha) : K] = n$ となることを示せ. このとき, $K(\alpha)$ を K の **n 次の代数拡大**という.

[証明] $\alpha \in L$ の最小多項式 $f(X)$ は $K[X]$ における既約多項式であることに注意しておこう (章末問題 1). 環準同型写像 $\varphi : K[X] \to L$ を $\varphi(g(X)) = g(\alpha)$ によって定義すると, 系 6.4 によって, $K[X]$ は単項イデアルであるから, $\mathrm{Ker}\, \varphi = (f(X))$ となる. また, 環準同型定理 3.2 によれば

$$K[X]/(f(X)) \cong \mathrm{Im}\, \varphi = K[\alpha]$$

となる. ここで $K[\alpha]$ は K 上 α で生成する部分環である. 定理 6.5 を思い出すと, $f(X)$ が既約多項式であるから, $K[X]/(f(X))$ は体なので, $K[\alpha]$ も体である. すなわち, $K[\alpha]$ は K 上 α が生成する体 $K(\alpha)$ に一致することがわかる. また, 剰余体 $K[X]/\mathrm{Ker}\, \varphi = K[X]/(f(X))$ の, K 上のベクトル空間としての基底は $\{1, X, \cdots, X^{n-1}\}$ である. なぜなら, $g(X) \in K[X]$ を $\deg g \geq n$ とすると,

$$g(X) = q(X)f(X) + r(X), \quad \deg r(X) \leq n - 1 \text{ または } r(X) = 0$$

となる $q(X), r(X) \in K[X]$ が存在するが, これを

$$g(X) \equiv r(X) \pmod{f(X)}$$

と書く．このとき，$K[X]/(f(X))$ では $g(X) = r(X)$ であるから，$K[X]/(f(X))$ の基底が $\{1, X, \cdots, X^{n-1}\}$ であることがわかる．したがって，$[K(\alpha) : K] = n$ がいえた． ■

$\alpha \in L$ が K 上超越的な場合には，$\varphi : K[X] \to L$ において，$f(\alpha) = 0$ となる多項式は $f(X) = 0$ しかないので $\operatorname{Ker}\varphi = 0$ となるから，定理 2.8 によって φ は単射である．したがって，$K[X] \cong K[\alpha] \subsetneq K(\alpha)$ となり，$[K(\alpha) : K] = \infty$ となる．

$K(\alpha)$ を K の α による**単拡大**という．また，L の元すべてが代数的なとき L を K の**代数拡大**といい，そうでないとき，すなわち $\alpha \in L$ で K 上超越的なものがあるとき，**超越的拡大**という．

例6 $\mathbb{R}$ は $\mathbb{Q}$ の超越的拡大である．$z = a + bi \in \mathbb{C}$ $(a, b \in \mathbb{R})$ とすると，z は $f(X) = (X - (a+bi))(X - (a-bi)) = X - 2aX + (a^2 + b^2)$ の根であるから，z は $\mathbb{R}$ 上代数的である．したがって，$\mathbb{C}$ は $\mathbb{R}$ の代数拡大である．そもそも $\mathbb{C} = \mathbb{R}(i)$ であって，i の最小多項式は $f(X) = X^2 + 1$ であるから，$\mathbb{C}$ は $\mathbb{R}$ の 2 次の拡大体である． □

以上のことをまとめておこう．

命題 7.3

拡大 L/K において $\alpha \in L$ とすると，次の (1)–(4) は同値である．
(1) α は K 上代数的である．
(2) $[K(\alpha) : K] < \infty$，すなわち $K(\alpha)/K$ は有限次拡大である．
(3) L の部分環 $K[\alpha]$ は体 $K(\alpha)$ に一致する．
(4) $K(\alpha)/K$ は代数拡大である．

[**証明**] (4)⇒(1)⇒(2)⇒(3) はすでに上で述べたので，(3)⇒(1) を示す．

上と同様に環準同型写像 $\varphi : K[X] \to L$，$g(X) \mapsto \varphi(g(X)) = g(\alpha)$ を考えると，$K[X]/\operatorname{Ker}\varphi \cong K[\alpha] = K(\alpha)$ であるから，定理 3.3 によって $\operatorname{Ker}\varphi$ は極大イデアルである．$K[X]$ は単項イデアル環であるから $f(X) \in K[X]$ が存在して $\operatorname{Ker}\varphi = (f(X))$ となる．このとき，$\varphi(f(X)) = f(\alpha) = 0$ となるから，α は K 上代数的である．

(2)⇒(4) を示す．$b \in K(\alpha)$ を任意にとる．$n = [K(\alpha) : K]$ とすると，K 上ベクトル空間としての $K(\alpha)$ の次元は n であるから，$\{1, b, \cdots, b^n\}$ は K 上線形従属となる．したがって，$a_0, a_1, \cdots, a_n \in K$ が存在して $a_0 + a_1 b + \cdots + a_n b^n = 0$ となる．このとき

$$g(X) = a_0 + a_1 X + \cdots + a_n X^n \in K[X]$$

とおくと，$g(b) = 0$ となるから，b は K 上代数的である． ■

7.3 代数拡大

> **命題 7.4**
> 有限次拡大 L/K は代数拡大である.

[証明]　$[L:K]<\infty$ とし, $\alpha\in L$ を任意にとる. このとき, $K(\alpha)\subseteq L$ だから, $K(\alpha)$ は K 上のベクトル空間として L の部分空間である. したがって, $\dim_K K(\alpha)\leq \dim_K L<\infty$ となるから, 命題 7.3 によって α は K 上代数的である. したがって L は K 上代数的である. ∎

> **命題 7.5**
> 拡大 L/K において $\alpha_1,\cdots,\alpha_n\in L$ とする. このとき, 次の (1)–(3) は同値である.
> (1)　$\alpha_1,\cdots,\alpha_n$ は K 上代数的である.
> (2)　$K[\alpha_1,\cdots,\alpha_n]=K(\alpha_1,\cdots,\alpha_n)$ である.
> (3)　$[K(\alpha_1,\cdots,\alpha_n):K]<\infty$ である.
> ただし, $K[\alpha_1,\cdots,\alpha_n]$ は $\alpha_1,\cdots,\alpha_n$ が K 上生成する環. $K(\alpha_1,\cdots,\alpha_n)$ は $\alpha_1,\cdots,\alpha_n$ が K 上生成する体である.

[証明]　n に関する帰納法によって証明する. $n=1$ のときは命題 7.3 で証明ずみである. $n-1$ 以下では成り立つとして, $M=K[\alpha_1,\cdots,\alpha_{n-1}]=K(\alpha_1,\cdots,\alpha_{n-1})$ とする.

(1)⇒(2)：α_n は K 上代数的であり, $K\subseteq M$ であるから, M 上代数的である. このとき,
$$K[\alpha_1,\cdots,\alpha_n]=K[\alpha_1,\cdots,\alpha_{n-1}][\alpha_n]=M[\alpha_n]$$
となる. すると, $n=1$ の場合となるから,
$$M[\alpha_n]=M(\alpha_n)=K(\alpha_1,\cdots,\alpha_{n-1})(\alpha_n)=K(\alpha_1,\cdots,\alpha_n)$$
である.

(2)⇒(3)：$K\subseteq M=K(\alpha_1,\cdots,\alpha_{n-1})\subseteq M(\alpha_n)=K(\alpha_1,\cdots,\alpha_n)$ であるから, 命題 7.2 によって,
$$[K(\alpha_1,\cdots,\alpha_n):K]=[M(\alpha_n):M][M:K]$$

が成り立つ．ここで帰納法の仮定を使うと $[M:K]<\infty$ である．また，$n=1$ の場合を使うと $[M(\alpha_n):M]<\infty$ である．したがって，$[M(\alpha_n):M][M:K]<\infty$ がいえた．

(3)⇒(1)：$K \subseteq K(\alpha_n) \subseteq K(\alpha_1,\cdots,\alpha_n)$ であるから，命題 7.2 によって，
$$[K(\alpha_1,\cdots,\alpha_n):K] = [K(\alpha_1,\cdots,\alpha_n):K(\alpha_n)][K(\alpha_n):K] < \infty$$
が成り立つ．したがって，$[K(\alpha_n):K]<\infty$ である．すると命題 7.3 によって α_n は K 上代数的である． ∎

系 7.1

K 上代数的な元で生成された体は代数拡大である．また，有限生成な代数拡大は有限次拡大である．

[証明] 命題 7.5 より明らかである． ∎

系 7.2

α, β が K 上代数的であれば，$\alpha \pm \beta$, $\alpha\beta$, α/β $(\beta \neq 0)$ も K 上代数的である．すなわち，K 上代数的な元は体となる．

証明は章末問題 2 を参照．

系 7.3

$K \subseteq M \subseteq L$ において，L/K が代数拡大であることと，L/M, M/K がともに代数拡大であることは同値である．

[証明] ⇒：L/K が代数拡大であるから，任意の $\alpha \in L$ は K 上代数的である．すると $K \subseteq M$ であるから，α が M 上代数的になる．また，$\beta \in M$ であれば $\beta \in L$ であるから，K 上代数的である．

⇐：$\alpha \in L$ は M 上代数的であるから，M 上の最小多項式
$$f_M(X) = X^n + a_{n-1}X^{n-1} + \cdots + a_0 \quad (a_i \in M)$$
が存在する．このとき，α は $M' = K(a_0,\cdots,a_{n-1})$ 上代数的である．$a_i \in M$ は K 上代数的であるから，命題 7.5 によって $M' = K(a_0,\cdots,a_{n-1})$ は K の有限次拡大である．したがって，
$$[M'(\alpha):K] = [M'(\alpha):M'][M':K] < \infty$$

7.3 代 数 拡 大

となるから，命題 7.3 によって $M'(\alpha)$ は K 上代数的である．したがって，α は K 上代数的である． ■

例題 7.2

代数拡大体であるが，有限次拡大体にはならない例を示せ．

【解答】 有理数体 $\mathbb{Q}$ において，$\sqrt[n]{2}$ の最小多項式は $f_n(X) = X^n - 2$ であるから，$\mathbb{Q}(\sqrt[n]{2})$ は $\mathbb{Q}$ の n 次代数拡大である．ここで，

$$L_1 = \mathbb{Q}, \quad L_n = \mathbb{Q}(\sqrt{2}, \sqrt[3]{2}, \cdots, \sqrt[n]{2}), \quad L = \bigcup_{n=1}^{\infty} L_n$$

を考えよう．$\alpha, \beta \in L$ を考えると，$1 \leq m, n \in \mathbb{N}$ が存在して，$\alpha \in L_m, \beta \in L_n$ となるから，α, β は $\mathbb{Q}$ 上代数的である．また，m, n の大きいほうをあらためて n とおくと，$\alpha, \beta \in L_n$ となるから，$\alpha \pm \beta, \alpha\beta, \alpha/\beta \ (\beta \neq 0) \in L_n \subseteq L$ であり，L は体である．したがって，L は $\mathbb{Q}$ の代数拡大であり，無限次拡大である．すなわち，代数拡大体は必ずしも有限次拡大体にはならない． ■

例えば $\mathbb{Q}$ 上代数的な元をすべて付け加えて代数拡大体 K をつくる．次に K 上代数的な元をすべて付け加えて代数拡大体 L をつくる．さらに L 上代数的な元を … と続けると，無限にこの手続きは続くのか，あるいはどこかで停止して，自分自身の元以外には代数的な元がない，言い換えると，真に大きな代数拡大体を持たない体に到達するのかという問題が考えられる．以下では，このことを考えてみよう．

体 K が，α が K 上代数的なら $\alpha \in K$ を満たすとき，K を**代数的閉体**という．

命題 7.6

体 K において次の (1)–(5) は同値である.
(1) K は代数的閉体である.すなわち L/K が代数拡大であると $L = K$ である.
(2) K 上の定数でない既約式は 1 次式である.
(3) K 上の定数ではない任意の多項式は 1 次式の積に分解できる.
(4) K 上の定数ではない任意の多項式は K の中に少なくとも 1 つの根を持つ.
(5) 任意の拡大 L/K において,$\alpha \in L$ が K 上代数的なら $\alpha \in K$ である.

証明は章末問題 3 を参照.

命題 7.7

L を代数的閉体とし,K を L の部分体とする.このとき,
$$\bar{K}_L = \{\alpha \in L \mid \alpha \text{ は } K \text{ 上代数的}\}$$
とすると,$\bar{K}_L/K$ は代数拡大であり,$\bar{K}_L$ は代数的閉体である.この $\bar{K}_L$ を L における K の**代数的閉包**という.

[証明] 系 7.2 によって $\bar{K}_L$ は体である.また,$\bar{K}_L$ は定義によって K の代数拡大である.α を $\bar{K}_L$ 上代数的とすると,$\bar{K}_L \subseteq L$ であるから,α は L 上代数的であるが,L は代数的閉体であるから $\alpha \in L$ となる.一方,$\bar{K}_L(\alpha)/\bar{K}_L$ は代数的であり,$\bar{K}_L/K$ も代数的であるから,系 7.3 によって $\bar{K}_L(\alpha)/K$ は代数拡大である.したがって $\alpha \in \bar{K}_L$ となるから,$\bar{K}_L$ は代数的閉体である. ∎

「複素数を係数とする代数方程式は複素数解を持つ」という,ガウスによる「代数学の基本定理」を聞いたことがあるだろうか.これは $f(X) \in \mathbb{C}[X]$ は $\mathbb{C}$ 上に少なくとも 1 つ解を持つということだから,命題 7.6 によれば,$\mathbb{C}$ は代数的閉体であるということである.この定理の証明は,通常は複素関数論を用いて行われるので,本書では取り扱わない.

$\mathbb{C}$ が代数的閉体であることを認めると,$\bar{\mathbb{Q}} = \bar{\mathbb{Q}}_\mathbb{C} = \{\alpha \in \mathbb{C} \mid \alpha \text{ は } \mathbb{Q} \text{ 上代数的}\}$ ($= \{\alpha \in \mathbb{C} \mid \alpha \text{ は代数的数}\}$) を考えることができるが,代数的数の性質を

研究するのが，初等的でない「整数論」である．$\mathbb{C}$ は $\mathbb{R}$ の 2 次の代数拡大体であるから，$\mathbb{C}$ は $\mathbb{C}$ における $\mathbb{R}$ の代数的閉包ということになるが，これはさすがに用語が重複しているから，$\mathbb{C}$ は $\mathbb{R}$ の代数的閉包という．

一般に，拡大 $\bar{K}/K$ が代数的であり，かつ $\bar{K}$ が代数的閉体であるとき，$\bar{K}$ を K の**代数的閉包**という．もう少しだけ，用語の準備をしておこう．K を体とするとき，K の 0 以外の元はすべて単元であるから，K のイデアルは $\{0\}$ か K の 2 つしかない．

$$f; K \to K'$$

を環準同型とすると $f(1_K) = 1_{K'}$ であるから，K のイデアル $\operatorname{Ker} f$ は 0 に一致する．したがって，f は定理 2.8 によって単射準同型である．このとき，f を体 K から K' の**中への同型**あるいは K **埋め込み**という．f がさらに全射でもあるとき，f は**上への同型**という．L, L' を体 K の拡大体とする．このとき，$f : L \to L'$ なる中への (上への) 同型で，$f|_K = \operatorname{id}_K$ すなわち $f(\alpha) = \alpha \ (\forall \alpha \in K)$ となるとき，f を L から L' の**中への** (**上への**) K**-同型**という．

体 K が与えられたとき，K の代数的閉包の存在を保証するシュタイニッツの定理の定理をあげておこう．ただし証明は本書の程度を越えるので，ここでは述べないことにする．

定理 7.1 (シュタイニッツの定理)

体 K に対して，その代数的閉包が K-同型を除いてただ 1 つ存在する．

7.4 最小分解体

$f(X) \in K[X]$ を定数とは異なる多項式とする．また，L/K を拡大とする．$L[X]$ において $f(X) = a(X - \alpha_1) \cdots (X - \alpha_n)$ $(\alpha_i \in L)$ と分解され，かつ $L = K(\alpha_1, \cdots, \alpha_n)$ となるとき L は多項式 $f(X)$ の**最小分解体**であるという．L の拡大体 M では $f(X)$ は当然 1 次式の積に分解されるが，このとき，M を $f(X)$ の**分解体**であるという．

命題 7.8

$f(X) \in K[X]$ を定数とは異なる多項式とすると，$f(X)$ の最小分解体が存在する．

証明は章末問題 4 を参照．

定理 7.2

$f(X) \in K[X]$ を定数とは異なる多項式とし，L, L' をともに $f(X)$ の最小分解体とする．$L[X]$ における $f(X)$ の分解を $a(X - \alpha_1) \cdots (X - \alpha_n)$，$L'[X]$ における $f(X)$ の分解を $a'(X - \alpha'_1) \cdots (X - \alpha'_n)$ とする．このとき L から L' の上への K–同型 φ で集合として $\{\varphi(\alpha_1), \cdots, \varphi(\alpha_n)\} = \{\alpha'_1, \cdots, \alpha'_n\}$ となるものが存在する．

[証明] $\bar{L}, \bar{L}'$ をそれぞれ L, L' の代数的閉包とすると，$\bar{L}, \bar{L}'$ はそれぞれ F の代数的閉包である．したがって，シュタイニッツの定理 7.1 によって K–同型 $\omega : \bar{L} \to \bar{L}'$ が存在する．ここで

$$\alpha''_i = \omega(\alpha_i) \quad (i = 1, \cdots, n), \quad L'' = \omega(L) = K(\alpha''_1, \cdots, \alpha''_n)$$

とすると，$L''[X]$ において $f(X) = a''(X - \alpha''_1) \cdots (X - \alpha''_n)$ と分解される．したがって，

$$f(X) = a'(X - \alpha'_1) \cdots (X - \alpha'_n) = a''(X - \alpha''_1) \cdots (X - \alpha''_n)$$

は $\bar{L}'[X]$ における $f(X)$ の 2 通りの分解である．ところが $\bar{L}'[X]$ は一意分解環であるから，集合として，$\{\omega(\alpha_1), \cdots, \omega(\alpha_n)\} = \{\alpha'_1, \cdots, \alpha'_n\}$ となることがわかる．したがって，$L'' = L'$ となるから $\varphi = \omega|L$ とすればよい． ∎

7.5 有限体

q 個の元からなる有限体を $\mathbb{F}_q$ と表すのであった.ここで,$\mathbb{F}_q$ の標数を $p>1$ とすると命題 7.1 によって $q=p^e$ となる $e\in\mathbb{N}$ がある.

$K=\mathbb{F}_q$ の 0 以外の元のつくる乗法群 K^* の位数は $q-1$ であり,定理 2.12 によって K^* の元 $\alpha\in K^*$ はすべて $\alpha^{q-1}=1$ を満たすから $f(X)=X^{q-1}-1\in K[X]$ の根である.一方,定理 6.2 によって $f(X)=X^{q-1}-1$ の K における根の数は高々 $q-1$ 個である.したがって,

$$X^{q-1}-1=\prod_{\alpha\in K^*}(X-\alpha)$$

という分解ができる.この式からわかるように,$K=\mathbb{F}_q$ は素体 $\mathbb{F}_p$ 上の多項式 $X^{q-1}-1$ の最小分解体である.また,上の分解式からわかるように,

$$X^q-X=\prod_{\alpha\in K}(X-\alpha)$$

となるから,$\mathbb{F}_q$ は X^q-X の $\mathbb{F}_p$ 上の最小分解体でもある.以上のことから次の定理が成り立つ.

定理 7.3

$K=\mathbb{F}_q$ を q 個の元からなる有限体とすると,
(1) $\mathbb{F}_q$ の標数はある素数 $p>1$ であり $q=p^e$ となる.ここで,$e=[\mathbb{F}_q:\mathbb{F}_p]$ は $\mathbb{F}_q$ の素体 $\mathbb{F}_p$ 上の拡大次数である.
(2) $X^q-X=\prod_{\alpha\in K}(X-\alpha)$, $X^{q-1}-1=\prod_{\alpha\in K^*}(X-\alpha)$ である.ただし,K^* は $K=\mathbb{F}_q$ の乗法群である.
(3) $\mathbb{F}_q$ は多項式 X^q-X または $X^{q-1}-1$ の素体 $\mathbb{F}_p$ 上の最小分解体である.

が成り立つ.

系 7.4

有限体 $\mathbb{F}_q,\mathbb{F}_{q'}$ において,$\mathbb{F}_q\cong\mathbb{F}_{q'}$ と $q=q'$ は同値である.

[証明] $\Rightarrow$:$\mathbb{F}_q\cong\mathbb{F}_{q'}$ であるから,$\mathbb{F}_q$ と $\mathbb{F}_{q'}$ に含まれる元の数は同じである. $\Leftarrow$:$\mathbb{F}_q$, $\mathbb{F}_{q'}$ の標数をそれぞれ p,p' とすると,$q=p^e$, $e=[\mathbb{F}_q:\mathbb{F}_p]$, $q'=$

$(p')^{e'}$, $e' = [\mathbb{F}_{q'} : \mathbb{F}_{p'}]$ と表すことができる．したがって，
$$q = q' \Rightarrow p^e = (p')^{e'} \Rightarrow p = p', e = e'$$
となる．これより，$\mathbb{F}_q$, $\mathbb{F}_{q'}$ の標数はともに p である．すると定理 7.3 によって，$\mathbb{F}_q$, $\mathbb{F}_{q'}$ はともに $f(X) = X^q - X$ の素体 $\mathbb{F}_p$ 上の最小分解体であるから，定理 7.2 によって $\mathbb{F}_q \cong \mathbb{F}_{q'}$ である． ■

系 7.5

標数 p の体 K に含まれる 2 つの有限体 $\mathbb{F}_q$ $(q = p^e)$ と $\mathbb{F}_{q'}$ $(q' = p^{e'})$ について $\mathbb{F}_q \subseteq \mathbb{F}_{q'}$ と $e|e'$ は同値である．

[証明] $\Rightarrow$: $q = p^e$, $q' = p^{e'}$ であるから，$e = [\mathbb{F}_q : \mathbb{F}_p]$, $e' = [\mathbb{F}_{q'} : \mathbb{F}_p]$ である．また $m = [\mathbb{F}_{q'} : \mathbb{F}_q]$ とすると，$e' = em$ となる．よって $e|e'$ である．
$\Leftarrow$: $q = p^e$, $q' = p^{e'}$, $e|e'$ とする．$\mathbb{F}_q$ は K の部分体であり，$X^p - X$ の $\mathbb{F}_p$ 上の最小分解体であるから，$(K \supseteq) \mathbb{F}_q = \{\alpha \in K \mid \alpha^q - \alpha = 0\}$ である．同様に $(K \supseteq) \mathbb{F}_{q'} = \{\beta \in K \mid \beta^{q'} - \beta = 0\}$ となる．したがって，$e' = em$ とすると
$$q' - 1 = p^{e'} - 1 = (p^e - 1)(p^{e(m-1)} + \cdots + 1)$$
$$= (q - 1)(p^{e(m-1)} + \cdots + 1)$$
であるから，
$$\mathbb{F}_q^* \ni \alpha \Rightarrow \alpha^{q-1} = 1 \quad (q = p^e)$$
$$\Rightarrow \alpha^{q'-1} = (\alpha^{q-1})^{(p^{e(m-1)} + \cdots + 1)} = 1 \Rightarrow \alpha \in \mathbb{F}_{q'}^*$$
である．これより $\mathbb{F}_q^* \subseteq \mathbb{F}_{q'}^*$ となるから，$\mathbb{F}_q \subseteq \mathbb{F}_{q'}$ である． ■

7.6 有限体の存在

前節では $\mathbb{F}_q$ が存在するとしてその性質を調べたが，本節で $\mathbb{F}_q$ が存在することを証明する．

命題 7.9

$f(X)$ を有限体 K 上の既約多項式とする．そのとき，$L = K[X]/(f(X))$ は K の拡大体であるが，X の剰余類 $\bar{X}$ は $f(X)$ の L における根である．

[証明] K, L は体であるから，準同型写像

$$\sigma : K \longrightarrow L, \quad a \mapsto \bar{a} = a + (f(X))$$

は単射である (章末問題 5)．したがって，K をその像と同一視することができる．このとき，$\bar{X}$ を $f(X)$ に代入すると $f(\bar{X}) = \overline{f(X)} = \bar{0}$ となるから，L の元 $\bar{X}$ は方程式 $f(X)$ の根である． ∎

例題 7.3

既約多項式 $f(X) = X^3 + X^2 + 1 \in \mathbb{F}_2[X]$ とするとき，$\bar{X}$ が $L = K[X]/(f(X))$ 上で $f(X)$ の根となっていることを確認せよ．

【解答】 $f(\bar{X}) = \bar{X}^3 + \bar{X}^2 + 1 = \overline{X^3 + X^2 + 1}$ であるが，$X^3 + X^2 + 1 \in (X^3 + X^2 + 1)$ であるから，$\overline{X^3 + X^2 + 1} = \bar{0}$ となる． ∎

定理 7.4

$f(X)$ を有限体 K 上のモニックな多項式で $\deg f(X) \geq 1$ とする．このとき $f(X)$ の分解体 L が存在する．

命題 7.8 で最小分解体の存在定理を与えているが，このときは証明にシュタイニッツの定理を使っているので，有限体の場合に，K の代数的閉包の存在を仮定せずに，分解体の存在を証明しようというわけである．

[証明] $f(X)$ の次数 n に関する帰納法で証明する．
1° $n = 1$ のときには $f(X) = X - a$ $(a \in K)$ であるから，K が $f(X)$ の分解体となっている．
2° 次数が $n - 1$ 以下の多項式については正しいと仮定する．

(1) $f(X)$ が K 上既約であれば命題 7.9 によって，$f(X)$ の根 α を含む K の拡大体 L' が存在する．すると系 6.5 によって

$$f(X) = (X - \alpha)g(X), \quad \exists g(X) \in L'[X]$$

となる．$\deg g(X) = n - 1$ であるから，帰納法の仮定によって L' の拡大体 L で，$g(X)$ の分解体となるものが存在する．したがって，$L[X]$ で $f(X)$ は 1 次式の積に分解するので，L は K の分解体である．

(2) $f(X)$ が可約であるとすると，$f(X) = g(X)h(X)$, $1 \leq \deg g(X)$, $\deg h(X) \leq n-1$ となる．すると，帰納法の仮定によって $g(X)$ の分解体 L' が存在する．このとき，L'/K であるから $h(X) \in L'[X]$ である．したがって，再度帰納法の仮定によって，L' の拡大体で $h(X)$ の分解体となっているものが存在する．それを L とすると，L は $f(X)$ の分解体である． ■

> **補題 7.1**
>
> 拡大 L/K において $\alpha \in L$ を既約多項式 $f(X) \in K[X]$ の根とする．このとき $g(X) \in K[X]$ が $g(\alpha) = 0$ を満たせば $f(X) | g(X)$ である．

証明は章末問題 6 を参照．

体 K 上の多項式環 $K[X]$ の元

$$f(X) = a_n X^n + a_{n-1} X^{n-1} + \cdots + a_2 X^2 + a_1 X + a_0$$

を形式的に微分した多項式を

$$f'(X) = na_n X^{n-1} + (n-1)a_{n-1} X^{n-2} + \cdots + 2a_2 X + a_1$$

で表し，$f(X)$ の **導関数** という．当然，解析的な意味はない．

$$g(X) = b_m X^m + b_{m-1} X^{m-1} + \cdots + b_2 X^2 + b_1 X + b_0$$

に対する導関数は

$$g'(X) = mb_m X^{m-1} + (m-1)b_{m-1} X^{m-2} + \cdots + 2b_2 X + b_1$$

である．このとき $(f(X)g(X))' = f'(X)g(X) + f(X)g'(X)$ となる（章末問題 7）．

7.6 有限体の存在

> **補題 7.2**
>
> L/K かつ $f(X) \in K[X]$ とし，$\alpha \in L$ を $f(\alpha) = 0$ を満たすものとする．このとき，次の (1), (2) が成り立つ．
> (1) α が $f(X)$ の重根であることと，α が $f(X)$ と $f'(X)$ の共通根であることが同値である．
> (2) $f(X)$ が既約であるとすると，α が $f(X)$ の重根であることと，$f'(X) = 0$ であることが同値である．

[証明]　(1) $\Rightarrow$：$f(X) = (X - \alpha)^2 g(X)$ とおく．このとき，
$$f'(X) = 2(X - \alpha)g(X) + (X - \alpha)^2 g'(X)$$
となるから，$f'(\alpha) = 0$ である．

$\Leftarrow$：対偶を証明する．α を $f(X)$ の単根とすると，$f(X) = (X - \alpha)h(X)$, $h(\alpha) \neq 0$ ($h(X) \in L[X]$) となる．このとき，$f'(X) = h(X) + (X - \alpha)h'(X)$ となるから，$f'(\alpha) = h(\alpha) \neq 0$ である．したがって，α は $f(X)$ と $f'(X)$ の共通根ではない．

(2) $\Rightarrow$：α を $f(X)$ の重根とすると，(1) によって $f'(\alpha) = 0$ である．$f(X)$ は既約多項式であるから，補題 7.1 によって $f(X) | f'(X)$ となるが，$f'(X) \neq 0$ のときは $\deg f'(X) < \deg f(X)$ となって $f(X) | f'(X)$ との間で矛盾が生じるから，$f'(X) = 0$ である．

$\Leftarrow$：$f'(X) = 0$ であると，$f'(\alpha) = 0$ であるから，(1) によって α は $f(X)$ の重根である．　■

$f(X) \in \mathbb{F}_q[X]$ とするとき，$f(X)$ が定数でなくても $f'(X) = 0$ となることがある．例えば $f(X) = X^2 + 1 \in \mathbb{F}_2(X)$ のとき，$f'(X) = 0$ となる．

一般的には，$\mathbb{F}_q$ の標数を p とするとき，$f'(X) = 0$ となる $f(X) \in \mathbb{F}_q[X]$ は
$$f(X) = a_0 + a_1 X^p + a_2 X^{2p} + \cdots$$
の形をしており，かつそのときに限る．

--- 補題 7.3 ---
K を標数 p の体とする．$a, b \in K$ $(q = p^r, r \geq 1)$ とすると，
$$(a \pm b)^q = a^q \pm b^q$$
が成り立つ．

証明は章末問題 8 を参照．

--- 系 7.6 ---
K を標数 p の体とする．$a, b \in K$ $(q = p^r, r \geq 1)$ とすると，
$$(a_1 \pm a_2 \pm \cdots \pm a_n)^q = a_1^q \pm a_2^q \pm \cdots \pm a_n^q$$
が成り立つ．

[証明] n に関する帰納法で証明する．
1° $n = 1$ のときは証明することは何もない．
2° $n-1$ 以下では正しいとして，n のときを考える．このとき，補題 7.3 と仮定から
$$\begin{aligned}(a_1 \pm a_2 \pm \cdots \pm a_n)^q &= \{a_1 \pm (a_2 \pm \cdots \pm a_n)\}^q \\ &= a_1^q \pm (a_2 \pm \cdots \pm a_n)^q \\ &= a_1^q \pm a_2^q \pm \cdots \pm a_n^q\end{aligned}$$
である．ただし，複号は場合によって適宜選ぶこととする．　■

$\mathbb{F}_q$ の標数を p とするとき，$f'(X) = 0$ となる $f(X) \in \mathbb{F}_q[X]$ は
$$f(X) = a_0 + a_1 X^p + a_2 X^{2p} + \cdots$$
の形をしているものに限るわけであるが，$a \in \mathbb{F}_p$ のときには，フェルマーの小定理 4.6 によって $a^p = a$ であるから，上の系によって
$$f(X) = a_0 + a_1 X^p + a_2 X^{2p} + \cdots = (a_0 + a_1 X + a_2 X^2 + \cdots)^p$$
となる．

--- 定理 7.5 ---
$q = p^k$ $(k \geq 1)$ とすると，$\mathbb{F}_q$ が存在する．

[証明] 1° $k = 1$ のときは，$\mathbb{Z}_p$ が体であるから確かに存在する．

$2°$ $k>1$ のときを考えよう．$f(X)=X^q-X\in\mathbb{F}_p[X]$ を考える．定理 7.3 は $\mathbb{F}_q$ の存在を仮定しているので，ここでは使えないことに注意しよう．そのかわりに定理 7.4 を使うと $L/\mathbb{F}_p$ で $f(X)$ の分解体となっているものが存在する．ここで $p|q$ $(=p^k)$ であるから，$f'(X)=-1$ となって $f'(X)$ の根はない．したがって，補題 7.2 によって $f(X)$ に重根はない．そこで，K を L における $f(X)$ のすべての根からなる集合とする．当然 $|K|=q$ である．

$3°$ $\alpha,\beta\in K$ とすると，$\alpha^q=\alpha$, $\beta^q=\beta$ であるから

$$(\alpha\beta)^q=\alpha^q\beta^q=\alpha\beta$$

となるので，$\alpha\beta$ も $f(X)=X^q-X$ の根である．したがって $\alpha\beta\in K$ である．また，

$$(\alpha^{-1})^q=(\alpha^q)^{-1}=\alpha^{-1}\quad(\alpha\neq 0)$$

であるから，α^{-1} も $f(X)=X^q-X$ の根となって，$\alpha^{-1}\in K$ がいえる．

同様に，補題 7.3 によって

$$(\alpha\pm\beta)^q=\alpha^q\pm\beta^q=\alpha\pm\beta$$

であるから，$\alpha\pm\beta\in K$ となる．したがって，K が体となるので，$K=\mathbb{F}_q$ である． ∎

7.7 有限体の構造

可換群の元の位数についての命題をいくつか追加しておこう．

命題 7.10

有限な可換群 G において，$a, b \in G$ の位数をそれぞれ m, n とする．このとき，$(m, n) = 1$ なら，元 ab の位数は mn である．

[証明]　$1°$　$(ab)^{mn} = e$ であることを示す．ただし，e は G の単位元である．
$$(ab)^{mn} = (a^m)^n (b^n)^m = e^n e^m = e \cdot e = e$$
である．

$2°$　$(ab)^l = e \ (1 \leq l \in \mathbb{N})$ とすると，$e = (ab)^l = a^l b^l$ であるから，$a^l = (b^{-1})^l$ である．これより
$$(b^{-1})^{lm} = (a^l)^m = (a^m)^l = e^l = e$$
となるから，両辺に b^{lm} をかけることによって $b^{lm} = e$ となる．したがって，系 2.1 によって，$n | lm$ となる．また，$(n, m) = 1$ であるから，定理 4.3 によって $n | l$ である．同様にして $m | l$ も得られるので，系 4.1 によって $mn | l$ である．したがって $mn \leq l$ となる．

$1°$, $2°$ によって $(ab)^l = e$ を満たす最小の $1 \leq l \in \mathbb{N}$ は mn であることがわかったので，ab の位数は mn である．　■

系 7.7

有限な可換群 G において，$a, b \in G$ の位数をそれぞれ m, n とし，m, n の最小公倍数を l とすると，G には位数 l の元が存在する．

[証明]　$d = (m, n)$ とし，$k = m/d$ とすると，$(k, n) = 1$ である．ここで $c = a^d$ とおくと，系 2.2 によって c の位数は k である．すると，命題 7.10 より cb の位数は kn であるが，$kn = mn/d$ であるから $l = kn$ である．　■

定理 7.6

有限体 $\mathbb{F}_q$ の乗法群 $\mathbb{F}_q^*$ は巡回群である．

[証明]　$\mathbb{F}_q^*$ に位数 $q - 1$ の元が存在することを示せばよい．このため，$a \in \mathbb{F}_q^*$

の位数 m が $m < q-1$ であるとする．このとき $\mathbb{F}_q^*$ の中に位数が m より大きい元が存在することを示せば $\mathbb{F}_q^*$ に位数 $q-1$ の元が存在することになる．

$f(X) = X^m - 1$ を考えると，定理 6.2 によって，$\mathbb{F}_q$ の元のうち高々 m 個の元が根になる．$m < q-1$ であるから $b \in \mathbb{F}_q^*$ で $b^m - 1 \neq 0$ となるものがある．この b の位数を n とすると $n \nmid m$ である．ここで $d = (m, n)$ とすると，$d < n$ であるから，m と n の最小公倍数を l とすると，$l = m \cdot (n/d) > m$ となる．また，系 7.7 によって $\mathbb{F}_q^*$ には位数 l の元が存在する． ■

上の定理を使えば，位数 q の有限体は互いに同型であるということの別証明が得られる．$\mathbb{F}_q, \mathbb{F}_q'$ をそれぞれ位数が q の有限体とすると，$\mathbb{F}_q^*, (\mathbb{F}_q')^*$ はそれぞれ巡回群であるから，生成元が存在する．それをそれぞれ a, b とすると，$\varphi(a) = b$ を $\mathbb{F}_q \to \mathbb{F}_q'$ 上に $\varphi(a^n) = b^n$，$\varphi(0) = 0$ によって拡張した写像が $\mathbb{F}_q \cong \mathbb{F}_q'$ を与える同型写像になる．これによれば，シュタイニッツの定理を使わずに，位数 q の有限体はすべて同型であることがいえたことになる．$\mathbb{F}_q^*$ の生成元を有限体 $\mathbb{F}_q$ の**原始根**という．

━━ 例題 7.4 ━━

$\mathbb{F}_2[x]$ の 3 次以下の既約式をすべて求めよ．

【解答】既約式を簡単に求めるには，エラトステネスのふるいを適用するのが簡単である．まず，$X \in \mathbb{F}_2[X]$ は既約だから，その倍数を消去する，次に $X+1$ が既約だからその倍数をすべて消去する．次に，$X^2 + X + 1$ が既約であるが，これの倍数で $X, X+1$ で消去されていないものは 4 次以上の多項式であるから，3 次以下の既約多項式だと，ここまですべて求まったことになる．

X	$X+1$		
$X^2 \times$	$X^2 + 1 \times$	$X^2 + X \times$	$X^2 + X + 1$
$X^3 \times$	$X^3 + 1 \times$	$X^3 + X \times$	$X^3 + X + 1$
$X^3 + X^2 \times$	$X^3 + X^2 + 1$	$X^3 + X^2 + X \times$	$X^3 + X^2 + X + 1 \times$

結局 $\mathbb{F}_2[X]$ で，次数が 3 以下の既約多項式は

X, $X+1$, $X^2 + X + 1$, $X^3 + X + 1$, $X^3 + X^2 + 1$

となる． ■

例題 7.5

$\mathbb{F}_2$ 上の既約多項式 $f(X) = X^3+X+1 \in \mathbb{F}_2[X]$ に対して, $\mathbb{F}_2[X]/(X^3+X+1)$ は $\mathbb{F}_2$ の 3 次の代数拡大であるから, $\mathbb{F}_{2^3} = \mathbb{F}_8$ である. 実際に, この場合の元を求めよ.

[証明] $f(X) = X^3+X+1$ の根の 1 つを α とするとき, $\mathbb{F}_2[X]/(X^3+X+1) \cong \mathbb{F}_2(\alpha)$ となることを利用する. このとき, $\alpha^3 = \alpha+1$ であることに注意すると, $\mathbb{F}_8$ は次のようになる. ただし, (a,b,c) はそれぞれ $a\alpha^2+b\alpha+c$ に対応している.

$$
\begin{aligned}
0 &= 0 & (0,0,0) \\
\alpha^0 &= 1 & (0,0,1) \\
\alpha^1 &= \alpha & (0,1,0) \\
\alpha^2 &= \alpha^2 & (1,0,0) \\
\alpha^3 &= \alpha + 1 & (0,1,1) \\
\alpha^4 &= \alpha^2 + \alpha & (1,1,0) \\
\alpha^5 &= \alpha^2 + \alpha + 1 & (1,1,1) \\
\alpha^6 &= \alpha^2 + 1 & (1,0,1)
\end{aligned}
$$

このことから α が $\mathbb{F}_8$ の原始根となっていることがわかる. ■

例題 7.6

既約多項式 $f(X) = X^3 + X^2 + 1 \in \mathbb{F}_2[X]$ に対して, $\mathbb{F}_2[X]/(X^3+X^2+1) \cong \mathbb{F}_8'$ となることを確認せよ.

[証明] $f(X) = X^3+X^2+1$ の根の 1 つを β とする.

$$
\begin{aligned}
0 &= 0 & (0,0,0) \\
\beta^0 &= 1 & (0,0,1) \\
\beta^1 &= \beta & (0,1,0) \\
\beta^2 &= \beta^2 & (1,0,0) \\
\beta^3 &= \beta^2 + 1 & (1,0,1) \\
\beta^4 &= \beta^2 + \beta + 1 & (1,1,1) \\
\beta^5 &= \beta + 1 & (0,1,1) \\
\beta^6 &= \beta^2 + \beta & (1,1,0)
\end{aligned}
$$

となって, β が $\mathbb{F}_8'$ の原始根である. ■

7.8 多項式の周期

命題 7.11

$F = \mathbb{F}_q$ $(q = p^e)$ を有限体とすると，次のことが成り立つ．
(1) $f(X) \in F[X]$ を既約多項式とすると，$f(X) | X^{q^n} - X$ と $\deg f(X) | n$ は同値である．
(2) $X^{q^n} - X = \prod_i f_i(X)$. ここで積は，次数が n の約数である $(F[X]$ の) 相異なる既約多項式 $f_i(X)$ すべての上にわたる．

[証明] (1) $F = \mathbb{F}_q$ の代数的閉包を $\bar{F}$ とし，$f(X)$ の $\bar{F}$ における根の 1 つを α とする．

$\Rightarrow$：$f(\alpha) = 0$ かつ $f(X) | X^{q^n} - X$ であるから，$X = \alpha$ は $X^{q^n} - X$ の根である．すなわち，$\alpha^{q^n} - \alpha = 0$ である．定理 7.3 より $\mathbb{F}_{q^n}$ は $X^{q^n} - X$ の最小分解体であるから，$\alpha \in \mathbb{F}_{q^n} \subseteq \bar{F}$ となる．よって，$\mathbb{F}_q(\alpha) \subseteq \mathbb{F}_{q^n}$ となる．命題 7.2 によって $[\mathbb{F}_{q^n} : \mathbb{F}_q(\alpha)][\mathbb{F}_q(\alpha) : \mathbb{F}_q] = [\mathbb{F}_{q^n} : \mathbb{F}_q] = n$ となるから，

$$\deg f(X) = [\mathbb{F}_q(\alpha) : \mathbb{F}_q] | n$$

である．

$\Leftarrow$：$[\mathbb{F}_q(\alpha) : \mathbb{F}_q] = \deg f(X) | n = [\mathbb{F}_{q^n} : \mathbb{F}_q]$ であるから，$\mathbb{F}_q(\alpha) \subseteq \mathbb{F}_{q^n}$ である．これより $\alpha \in \mathbb{F}_{q^n}$ となるから，$\alpha^{q^n} - \alpha = 0$ である．すなわち α は $X^{q^n} - X$ の根である．したがって，補題 7.1 によって $f(X) | X^{q^n} - X$ である．
(2) 定理 7.3 によって $X^{q^n} - X$ は $\bar{F}$ において重根を持たない．したがって，$X^{q^n} - X$ の既約因子 $f(X)$ について $f(X)^2 \nmid X^{q^n} - X$ である．すると (1) より

$$X^{q^n} - X = \prod_i f_i(X)$$

となる．ここで積は，次数が n の約数である $(F[X]$ の) 相異なる既約多項式 $f_i(X)$ すべての上にわたる．∎

系 7.8

$F = \mathbb{F}_q$ $(q = p^e)$ を有限体とし，$f(X) \in \mathbb{F}_q[X]$ を $f(0) \neq 0$ を満たすものとする．すると，$n \in \mathbb{N}$ が存在して $f(X) | X^n - 1$ となる．

[証明]　一般性を失うことなく，$f(X)$ をモニック多項式であるものとする．$f(X)$ は $f(0) \neq 0$ であるから，$f(X)$ は X を既約因子に持たない．$f(X)$ を

$$f(X) = f_1(X)^{e_1} \cdots f_k(X)^{e_k} \quad (e_1, \cdots, e_k \geq 1)$$

と既約分解する．$n_i = \deg f_i(X)$ $(i = 1, \cdots, k)$ とおき，l を $n_1, \cdots, n_k$ の最小公倍数とする．すると，命題 7.11 (2) によって，

$$f_1(X) \cdots f_k(X) | X^{q^l} - X$$

となる．ここで，$f_i(X) \neq X$ $(i = 1, \cdots, k)$ であるから

$$f_1(X) \cdots f_k(X) | X^{q^l - 1} - 1$$

である．また，$m \in \mathbb{N}$ を $p^m \geq \max\{e_i \,|\, i = 1, \cdots, k\}$ となる最小の数とすると，

$$f(X) = f_1(X)^{e_1} \cdots f_k(X)^{e_k} | (X^{q^l - 1} - 1)^{p^m}$$

となる．このとき，系 7.6 より

$$(X^{q^l - 1} - 1)^{p^m} = (X^{q^l - 1})^{p^m} - 1^{p^m} = X^{(q^l - 1)p^m} - 1$$

であるから，$n = (q^l - 1)p^m$ とおくと $f(X) | X^n - 1$ である．■

$f(0) \neq 0$ を満たす多項式で $f(X) | X^n - X$ を満たす n が存在することがわかったが，上の証明における n がそのうちの最小なものとなっていることがわかる．これを $f(X)$ の**周期**という．

例題 7.7

$f(X) = X^3 + X + 1 \in \mathbb{F}_2[X]$ の周期を求めよ．

【解答】 $X^4 - 1$ から始めて，$f(X)$ でわり切れるもの求めてみよう．

$$X^4 - 1 = X(X^3 + X + 1) + (X^2 + X + 1)$$

$$X^5 - 1 = (X^2 + 1)(X^3 + X + 1) + (X^2 + X)$$

$$X^6 - 1 = (X^2 + X + 1)(X^3 + X + 1) + X^2$$

$$X^7 - 1 = (X^4 + X^2 + X + 1)(X^3 + X + 1)$$

であるから, $f(X) = X^3 + X + 1$ の周期は 7 である. 上の系の証明で与えられた n を計算すると $n = (2^3 - 1) \cdot 2^0 = 7$ となる. ∎

系 7.9

$F = \mathbb{F}_q$ $(q = p^n)$ を有限体とし, $f(X) \in \mathbb{F}_q[X]$ を $f(0) \neq 0$ を満たすものとする. このとき, m を $f(X)$ の周期とすると, $f(X)|X^n - 1$ と $m|n$ が同値である.

[証明] $\Leftarrow$: $n = mk$ とおくと,

$$X^n - 1 = (X^m)^k - 1$$
$$= (X^m - 1)\{(X^m)^{k-1} + (X^m)^{k-2} + \cdots + X^m + 1\}$$

であるから, $f(X)|X^n - 1$ である.

$\Rightarrow$: $f(X)|X^n - 1$ かつ $m \nmid n$ とする. m が $f(X)$ の周期であるから, $n > m$ としてよい. このとき, $n = km + r$ $(0 < r < m)$ とすると, $f(X)|X^{km} - 1$ であるから

$$f(X)|(X^n - 1) - (X^{mk} - 1) \Rightarrow f(X)|X^{mk}(X^r - 1)$$

である. ここで $f(0) \neq 0$ であるから, $f(X)|X^r - 1$ が得られるが, これは m が $f(X)$ の周期であることに反する. ∎

7章の問題

☐ **1** L/K を拡大とするとき, $\alpha \in L$ の最小多項式 $f(X)$ は $K[X]$ における既約多項式であることを示せ.

☐ **2** α, β が K 上代数的であれば, $\alpha \pm \beta$, $\alpha\beta$, α/β ($\beta \neq 0$) も K 上代数的である. すなわち, K 上代数的な元は体となることを示せ.

☐ **3** 体 K において次の (1)–(5) は同値であることを示せ.
  (1) K は代数的閉体である. すなわち L/K が代数拡大であると $L = K$ である.
  (2) K 上の定数でない既約式は 1 次式である.
  (3) K 上の定数ではない任意の多項式は 1 次式の積に分解できる.
  (4) K 上の定数ではない任意の多項式は K の中に少なくとも 1 つの根を持つ.
  (5) 任意の拡大 L/K において, $\alpha \in L$ が K 上代数的なら $\alpha \in K$ である.

☐ **4** $f(X) \in K[X]$ を定数とは異なる多項式とすると, $f(X)$ の最小分解体が存在することを示せ.

☐ **5** $f(X)$ を有限体 K 上の既約多項式とし, $L = K[X]/(f(X))$ とする. このとき, 準同型写像
$$\sigma : K \longrightarrow L, \quad a \mapsto \bar{a} = a + (f(X))$$
は単射であることを示せ.

☐ **6** 拡大 L/K において $\alpha \in L$ を既約多項式 $f(X) \in K[X]$ の根とする. このとき $g(X) \in K[X]$ が $g(\alpha) = 0$ なら $f(X)|g(X)$ であることを示せ.

☐ **7** $(f(X)g(X))' = f'(X)g(X) + f(X)g'(X)$ となることを示せ.

☐ **8** K を標数 p の体とする. $a, b \in K$ ($q = p^r$, $r \geq 1$) とすると, $(a \pm b)^q = a^q \pm b^q$ が成り立つことを示せ.

☐ **9** $\mathbb{F}_3[X]$ で, 次数が 2 以下のモニックな既約多項式をすべて求めよ.

8 符号理論

　有限体論を応用する分野の1つに符号理論がある．情報化社会の基本として避けて通れない分野である．ここでは符号理論の初歩的な部分の解説を行う．符号理論は通信工学の分野で発展してきたので，固有の用語を使うのであるが，ここではできるだけ代数学の用語との対応をとって解説するので，それほど違和感は感じないはずである．ここで取り扱う符号理論は，有限体を係数に持つベクトル空間の部分空間の性質を調べるということである．有限体は有限個の元からなるので，部分空間のベクトルを自然に多項式に対応させることによって，多項式環と体論で得られた結果を応用することが可能になる．必要なら第6章と第7章を参照しながら読み進めてほしい．この章を読むことによって，代数学が工学に深く役立っていることがよくわかるであろう．

8章で学ぶ概念・キーワード

- ガロア体，線形符号，符号長，符号語
- 誤り語，パリティ検査方程式系，単一パリティ検査符号
- パリティ検査行列，情報記号，検査記号，情報ビット，検査ビット
- 距離，ハミング距離，最小ハミング距離，ハミング符号
- 符号多項式，巡回符号，生成多項式，巡回ハミング符号，多項式の周期

8.1 線形符号

本章においては，ディジタル通信による情報伝達について考えよう．情報の送信者は，ある有限集合の元を**ディジタル通信路**を介して送信し，受信者は出力として有限集合の列を受け取ることになる．

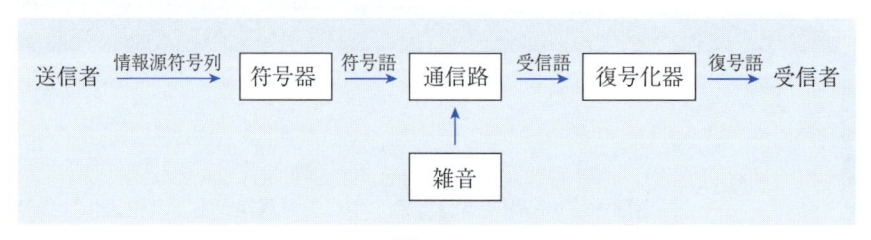

図 8.1

例えばオーディオ機器では，録音媒体から情報を読み出す場合に，読み取りエラーが生じることがあるし，ネットワーク通信を利用する場合にはネットワーク回線を通じて情報が送信されている際に雑音が混入することがある．また，惑星探査機が測定したデータを宇宙空間を通じて，データを送信しているときには，宇宙空間には宇宙背景輻射を始め雑音であふれている．こういった通信を行う場合，受信語は送信語 (符号語) と同じとは限らないことになるが，送信者に再確認するわけにいかない場合が多い．途中で雑音が混入して符号に誤りが生じても，受信側で誤りを訂正して，もとの符号語が復元できることが望ましい．そのための理論を本章で述べる．

符号化理論の慣習にしたがうと有限体 $\mathbb{F}_q$ を**ガロア体** $\mathrm{GF}(q)$ と書くことになる．いくつもの記号を使うと読者は混乱するかもしれないが，各分野の伝統的な記号法に慣れるという意味もあって，あえていろいろな記号を使うことにする．

ガロア体 $\mathrm{GF}(q)$ 上の n 次元ベクトル空間を V とし，$W \subseteq V$ を V の部分空間とする．このとき n を**符号長**といい，W を $\mathrm{GF}(q)$ 上の**線形符号**という．また，$w \in W$ を**符号語**という．

例1 $\mathrm{GF}(2)$ 上の 3 次元ベクトル空間 V の部分空間 $W = \{w \in \mathrm{GF}(2)^3 \mid w_1 + w_2 + w_3 = 0\} = \{[0,0,0], [0,1,1], [1,0,1], [1,1,0]\}$ は線形符号である．W は 1 つの線形方程式の解空間であるから $\dim W = \dim V - 1 = 2$ である．W の

8.1 線形符号

基底としては,

$$\{[0,1,1],[1,0,1]\},\ \{[0,1,1],[1,1,0]\},\ \{[1,0,1],[1,1,0]\}$$

の3通りがある. □

$\dim W = k$ であると, 線形符号 W に含まれる符号語の数は q^k である. このとき, W を (n,k) **線形符号**という. 体 $\mathrm{GF}(q)$ 上の n 次元空間 V の2つのベクトル $\boldsymbol{u}=[u_1,\cdots,u_n]$, $\boldsymbol{v}=[v_1,\cdots,v_n]$ の**内積**を

$$(\boldsymbol{u},\boldsymbol{v})=\boldsymbol{u}\boldsymbol{v}^{\mathrm{T}}=u_1v_1+\cdots+u_nv_n\in \mathrm{GF}(q)$$

によって定義する. ただし, T は行列の**転置**を表す記号である. $\boldsymbol{u},\boldsymbol{v} \in V$ が $(\boldsymbol{u},\boldsymbol{v})=0$ を満たすとき $\boldsymbol{u}$ と $\boldsymbol{v}$ は**直交**するといい, $\boldsymbol{u}\perp \boldsymbol{v}$ と書く. $\mathrm{GF}(q)$ 上の線形符号 W の V に関する**直交補空間**

$$W^{\perp}=\{\boldsymbol{v}\in V \mid (\boldsymbol{v},\boldsymbol{w})=0,\ \forall \boldsymbol{w}\in W\}$$

を**双対符号**という.

例2 $\mathrm{GF}(2)$ 上の3次元ベクトル空間 V の2次元線形符号 $W=\{\boldsymbol{w}\in \mathrm{GF}(2)^3 \mid w_1+w_2+w_3=0\}=\{[0,0,0],[0,1,1],[1,0,1],[1,1,0]\}$ の双対符号 $W^{\perp}$ を考えよう. $\boldsymbol{v}\in V$ が双対符号語すなわち $\boldsymbol{v}\in W^{\perp}$ かどうかは, W の基底に含まれるすべての符号語に直交することであるから, W の基底として $\{\boldsymbol{w}_1,\boldsymbol{w}_2\}=\{[0,1,1],[1,0,1]\}$ をとると,

$$\begin{aligned}W^{\perp}&=\{\boldsymbol{v}\in V \mid (\boldsymbol{v},\boldsymbol{w}_1)=0,\ (\boldsymbol{v},\boldsymbol{w}_2)=0\}\\&=\{\boldsymbol{v}\in V \mid v_2+v_3=0,\ v_1+v_3=0\}\\&=\{[0,0,0],[1,1,1]\}\end{aligned}$$

となり, $\dim W^{\perp}=\dim V - \dim W = 3-2=1$ が成り立つ. □

このことは一般的にも $\dim W + \dim W^{\perp}=n$ が成り立つ. また, $W^{\perp\perp}=W$ が成り立つこともいえる. そこで, 双対符号 $W^{\perp}$ の基底を $\{\boldsymbol{v}_1,\cdots,\boldsymbol{v}_{n-k}\}$ とすると, $\boldsymbol{u}\in W$ であるための必要十分条件は

$$(\boldsymbol{u},\boldsymbol{v}_i)=0\ (i=1,\cdots,n-k)$$

となる. この方程式系を**パリティ検査方程式系**という.

例3 GF(2) 上の n 次元ベクトル空間 V の $(n, n-1)$ 線形符号を
$$W = \{\boldsymbol{w} \in V \mid w_1 + \cdots + w_n = 0\}$$
とすると，双対符号 $W^\perp$ は $\{\boldsymbol{0}, \boldsymbol{1} = [1, \cdots, 1]\}$ となる．このとき，送信者が符号語 $[1, 1, 0, 0]$ を送信したとき，**誤り語** $[0, 0, 1, 0]$ が加わって受信語が
$$\boldsymbol{v} = [1, 1, 0, 0] + [0, 0, 1, 0] = [1, 1, 1, 0]$$
となったときに，$(\boldsymbol{1}, \boldsymbol{v}) = 1$ となってパリティ検査方程式を満たさない．したがって，受信者は受信語に誤りがあると検出できることになる．この場合，1箇所の誤りが確実に検出できるので，この符号を**単一パリティ検査符号**という．

□

W の双対符号 (直交補空間) $W^\perp$ の基底ベクトル $\{\boldsymbol{v}_1, \cdots, \boldsymbol{v}_{n-k}\}$ を行ベクトルして並べた行列を
$$H = \begin{bmatrix} \boldsymbol{v}_1 \\ \vdots \\ \boldsymbol{v}_{n-k} \end{bmatrix}$$
とおくと，パリティ検査方程式系は
$$\boldsymbol{w} H^\mathrm{T} = \boldsymbol{0}$$
と表すことができる．H を**パリティ検査行列**あるいは**検査行列**という．

--- 命題 8.1 ---
$\boldsymbol{w} \in W$ であることと，$\boldsymbol{w} H^\mathrm{T} = \boldsymbol{0}$ となることは同値である．

[**証明**] H の定義から明らかである． ∎

H は $W^\perp$ の基底を並べたものであるから，$\mathrm{rank}\, H = n-k$ である．ここで $H = [A, B]$ と分割する．ただし，A は $(n-k) \times k$ 行列，B は $(n-k) \times (n-k)$ 行列である．$\mathrm{rank}\, H = n-k$ であるから，以降の議論を簡単にするために B は正則行列であるとしても一般性を失うことはない．すると，B の逆行列 B^{-1} が存在する．また，$\boldsymbol{w} = [\boldsymbol{w}_1, \boldsymbol{w}_2]$ と分割する．ただし，$\boldsymbol{w}_1 \in \mathrm{GF}(q)^k$, $\boldsymbol{w}_2 \in \mathrm{GF}(q)^{n-k}$ である．このときパリティ検査方程式系は

8.1 線形符号

$$\bm{w}H^{\mathrm{T}} = [\bm{w}_1, \bm{w}_2]\begin{bmatrix} A^{\mathrm{T}} \\ B^{\mathrm{T}} \end{bmatrix} = \bm{w}_1 A^{\mathrm{T}} + \bm{w}_2 B^{\mathrm{T}} = \bm{0}$$

となる．この式の両辺に右から $(B^{\mathrm{T}})^{-1} = (B^{-1})^{\mathrm{T}}$ をかけると

$$\bm{w}_1 A^{\mathrm{T}}(B^{-1})^{\mathrm{T}} + \bm{w}_2 B^{\mathrm{T}}(B^{-1})^{\mathrm{T}} = \bm{w}_1 (B^{-1}A)^{\mathrm{T}} + \bm{w}_2 = \bm{0}$$

となる．したがって，

$$\bm{w}_2 = -\bm{w}_1 (B^{-1}A)^{\mathrm{T}}$$

が得られる．このことは線形符号において，$\bm{w}_1 \in \mathrm{GF}(q)^k$ を定めると $\bm{w}_2 \in \mathrm{GF}(q)^{n-k}$ が自動的に定まるということを意味しているので，$\bm{w}_1$ を**情報記号**といい，$\bm{w}_2$ を**検査記号**という．$q = 2$ のときにはそれぞれを**情報ビット**，**検査ビット**という．

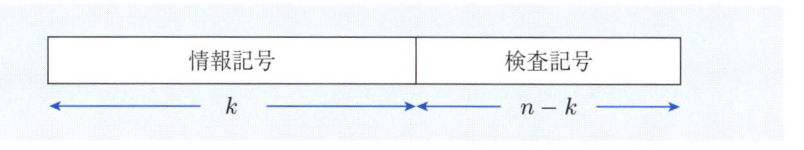

情報記号	検査記号
←――― k ―――→	←― $n-k$ ―→

図 8.2

例4 例として $\mathrm{GF}(2)$ 上の $(6, 4)$ 線形符号

$$W = \{\bm{w} \in \mathrm{GF}(2)^6 \mid w_1 + w_2 + w_5 = 0,\ w_3 + w_4 + w_6 = 0\}$$

を考えよう．パリティ検査方程式系は W の定義にあるとおり

$$w_1 + w_2 + w_5 = 0$$
$$w_3 + w_4 + w_6 = 0$$

であり，双対符号 $W^{\perp}$ の基底は $\{\bm{v}_1 = [1, 1, 0, 0, 1, 0],\ \bm{v}_2 = [0, 0, 1, 1, 0, 1]\}$ である．したがって，

$$H = \begin{bmatrix} 1 & 1 & 0 & 0 & 1 & 0 \\ 0 & 0 & 1 & 1 & 0 & 1 \end{bmatrix} = [A, B]$$

である．また，$\bm{w} = [\bm{w}_1, \bm{w}_2]$, $\bm{w}_1 = [w_1, w_2, w_3, w_4]$, $\bm{w}_2 = [w_5, w_6]$ となる．このとき，

$$[w_5, w_6] = [w_1, w_2, w_3, w_4] \begin{bmatrix} 1 & 0 \\ 1 & 0 \\ 0 & 1 \\ 0 & 1 \end{bmatrix}$$

となるので,結局

$$w_5 = w_1 + w_2$$
$$w_6 = w_3 + w_4$$

が得られて,情報ビットは (w_1, w_2, w_3, w_4) であり,検査ビットは (w_5, w_6) である.w_5 は $w_1 + w_2$ のパリティを検査するためのビット,w_6 は $w_3 + w_4$ のパリティを検査するためのビットになっている. □

$H = [A, B]$ であるとき,G を

$$G = \begin{bmatrix} I_k & -A^\mathrm{T}(B^{-1})^\mathrm{T} \end{bmatrix}$$

なる $k \times n$ 行列とすると rank $G = k$ である.ただし,I_k は k 次単位行列である.このとき,

$$GH^\mathrm{T} = \begin{bmatrix} I_k & -A^\mathrm{T}(B^{-1})^\mathrm{T} \end{bmatrix} \begin{bmatrix} A^\mathrm{T} \\ B^\mathrm{T} \end{bmatrix} = A^\mathrm{T} - A^\mathrm{T}(B^{-1})^\mathrm{T} B^\mathrm{T} = O$$

となるから,G の行ベクトルが W の基底となる.G を線形符号 W の**生成行列**という.

8.2 ハミング距離

W 上に**ハミング距離**を定義したいのだが，まず距離の定義から始めることにしよう．S を任意の集合とし，$d: S \times S \to \mathbb{R}$ が S 上の**距離**であるとは，

(1) (**非負性**) $d(x,y) \geq 0 \quad \forall x, y \in S$ かつ $d(x,y) = 0$ となるのは $x = y$ のとき，かつそのときに限る．
(2) (**対称性**) $d(x,y) = d(y,x), \quad \forall x, y \in S$
(3) (**三角不等式**) $d(x,z) \leq d(x,y) + d(y,z), \quad \forall x, y, z \in S$

が成り立つときをいう．このとき (S, d) を**距離空間**という．

S を任意の集合とするとき，$d: S \times S \to \mathbb{R}$ を

$$d(x,y) = \begin{cases} 0 & (x = y) \\ 1 & (x \neq y) \end{cases}$$

とおくと，(S, d) は距離空間になる．この距離空間を**離散距離空間**，距離を**離散距離**というが，符号理論では**ハミング距離**という．体 K 上のハミング距離を d_H とするとき，K 上のベクトル空間 K^n におけるハミング距離を

$$d_H(\boldsymbol{x}, \boldsymbol{y}) = \sum_{i=1}^{n} d_H(x_i, y_i), \quad \forall \boldsymbol{x}, \forall \boldsymbol{y} \in K^n$$

によって定義する．これは $\boldsymbol{x}, \boldsymbol{y}$ の異なる成分の数を数えていることになる．また，

$$w_H(\boldsymbol{x}) = d_H(\boldsymbol{x}, \boldsymbol{0})$$

を**ハミング重み**という．ハミング重みは $\boldsymbol{x}$ の 0 ではない成分の数にほかならないから $d_H(\boldsymbol{x}, \boldsymbol{y}) = w_H(\boldsymbol{x} - \boldsymbol{y})$ である．

例5 例えば $d_H([0,1,1], [1,0,1]) = w_H[1,1,0] = 2$, $w_H[0,1,1] = 2$, $w_H(\boldsymbol{0}) = w_H[0,0,0] = 0$ である． □

線形符号 W の**最小ハミング距離**あるいは**最小距離**を

$$\min\{d_H(\boldsymbol{u}, \boldsymbol{v}) \mid \boldsymbol{u}, \boldsymbol{v} \in W, \boldsymbol{u} \neq \boldsymbol{v}\}$$

によって定義する．ここで，$d_H(\boldsymbol{u}, \boldsymbol{v}) = w_H(\boldsymbol{u} - \boldsymbol{v})$ かつ，$W \ni \boldsymbol{u} - \boldsymbol{v} \neq \boldsymbol{0}$ であるから，

$$\min\{d_H(\boldsymbol{u},\boldsymbol{v}) \mid \boldsymbol{u},\boldsymbol{v} \in W, \boldsymbol{u} \neq \boldsymbol{v}\} = \min\{w_H(\boldsymbol{w}) \mid \boldsymbol{w} \in W, \boldsymbol{w} \neq \boldsymbol{0}\}$$

となる．この式の右辺を W の**最小ハミング重み**あるいは**最小重み**という．

命題 8.2

W を $\mathrm{GF}(q)$ 上の (n,k) 線形符号とする．W の検査行列 H の任意の $d-1$ 個の列ベクトルが線形独立で，d 個の列ベクトルには線形従属なものがある場合，W の最小ハミング距離は d である．

[証明] H を列ベクトルで表現して $H = [\boldsymbol{h}_1, \cdots, \boldsymbol{h}_n]$ とおく．このとき，$\boldsymbol{w} \in W$ は $\boldsymbol{w} H^{\mathrm{T}} = \boldsymbol{0}$ と同値であるが，これは

$$w_1 \boldsymbol{h}_1 + \cdots + w_n \boldsymbol{h}_n = \boldsymbol{0}$$

と同値である．$\{\boldsymbol{h}_1, \cdots, \boldsymbol{h}_n\}$ の任意の $d-1$ 個のベクトルが線形独立であるから，非零ベクトル $\boldsymbol{w} \in \mathrm{GF}(q)^n$ がこの式を満たすには，少なくとも d 個以上の非零要素を持っていなければならない．

また，$\{\boldsymbol{h}_{i_1}, \cdots, \boldsymbol{h}_{i_d}\}$ が線形従属であるとすると，

$$w_{i_1} \boldsymbol{h}_{i_1} + \cdots + w_{i_d} \boldsymbol{h}_{i_d} = \boldsymbol{0}$$

となる非零ベクトル $(w_{i_1}, \cdots, w_{i_d}) \in \mathrm{GF}(q)^d$ が存在する．このとき，$w_{i_k} = 0$ となる k $(1 \leq k \leq d)$ が存在したとすると

$$w_{i_1} \boldsymbol{h}_{i_1} + \cdots + w_{i_{k-1}} \boldsymbol{h}_{i_{k-1}} + w_{i_{k+1}} \boldsymbol{h}_{i_{k+1}} + \cdots + w_{i_d} \boldsymbol{h}_{i_d} = \boldsymbol{0}$$

となるが，$\{\boldsymbol{h}_{i_1}, \cdots, \boldsymbol{h}_{i_{k-1}}, \boldsymbol{h}_{i_{k+1}}, \cdots, \boldsymbol{h}_{i_d}\}$ が線形独立であるから，

$$w_{i_1} = \cdots = w_{i_{k-1}} = w_{i_{k+1}} = \cdots = w_{i_d} = 0$$

となる．これより $w_{i_1} = \cdots = w_{i_d} = 0$ となって，$(w_{i_1}, \cdots, w_{i_d})$ が非零ベクトルであることに矛盾する．したがって，$w_{i_j} \neq 0$ $(1 \leq j \leq d)$ である．これより

$$w_i = \begin{cases} w_{i_j} & (i = i_j) \quad (j = 1, \cdots, d) \\ 0 & (\text{その他}) \end{cases}$$

とおくと，$\boldsymbol{w} = [w_i]$ は $\boldsymbol{w} H = \boldsymbol{0}$ を満たすから $\boldsymbol{w} \in W$ であり，しかも $\boldsymbol{w}$ の非零要素はちょうど d 個である．したがって線形符号 W の最小ハミング距離は d である． ∎

8.3 ハミング符号

いま,送信語 $w \in W$ が送信され,誤り語 $e \in \mathrm{GF}(q)^n$ が加わって受信語が $v = w + e$ となったとする.このとき,

$$s = vH^\mathrm{T} = eH^\mathrm{T} + wH^\mathrm{T} = eH^\mathrm{T}$$

を**シンドローム**という.

ここで,単一誤り $e = e_i$ $(i = 1, \cdots, n)$ が確実に訂正できる線形符号を考えよう.まず,$s_i = e_i H^\mathrm{T} = \mathbf{0}$ となると,$v \in W$ となって,受信語 v に誤り語 e_i が加わっているということが検出できない.したがって,

$$e_i H^\mathrm{T} \neq \mathbf{0} \quad (i = 1, \cdots, n)$$

が必要である.これは,H の任意の第 i 列ベクトルも零ベクトルではないということである.H を列ベクトルで表現して $H = [\boldsymbol{h}_1, \cdots, \boldsymbol{h}_n]$ とおいたとき,$s_i = e_i H^\mathrm{T} = \boldsymbol{h}_i^\mathrm{T}$ であるから,

$$s_i \neq s_j \Leftrightarrow \boldsymbol{h}_i \neq \boldsymbol{h}_j \quad (i \neq j)$$

でないと,どの成分に誤りが生じたのかが検出できない.これは H の各列がすべて異なるということである.$\mathrm{GF}(q)$ 上の $m = n - k$ 次元列ベクトルで零ベクトルでないものは $q^m - 1$ あるが,$\boldsymbol{h} \in \mathrm{GF}(q)^m$ が与えられると,そのスカラー倍のベクトルで非零なものが

$$\boldsymbol{a}, 2\boldsymbol{a}, \cdots, (q-1)\boldsymbol{a}$$

の $q-1$ 個あるから,これを取り除くと H の列ベクトルは $n = (q^m - 1)/(q - 1)$ 個の列ベクトルからなることになる.なお,パリティ検査行列を H とする線形符号 W を,$m = n - k$ 次の**ハミング符号**という.

例題 8.1

$q = 3$ として,$m = 2$ 次のハミング符号に対するパリティ検査行列 H をつくり,誤り符号の訂正について調べよ.

[証明] 2次元の非零な列ベクトルをすべて並べた行列をつくってみると

$$\begin{bmatrix} 1 & 2 & 1 & 2 & 1 & 2 & 0 & 0 \\ 2 & 1 & 1 & 2 & 0 & 0 & 1 & 2 \end{bmatrix}$$

の $3^2 - 1 = 8$ つのベクトルがある．このとき，

$$[2,1]^T = 2[1,2]^T, \quad [2,2]^T = 2[1,1]^T,$$
$$[2,0]^T = 2[1,0]^T, \quad [0,2]^T = 2[0,1]^T$$

であるから，他のベクトルのスカラー倍になっているベクトルを除くと

$$H = \begin{bmatrix} 1 & 1 & 1 & 0 \\ 2 & 1 & 0 & 1 \end{bmatrix} = [A, B]$$

となって，$2 \times (3^2 - 1)/(3-1) = 2 \times 4$ 行列となる．

命題 8.2 によって，これに対応するハミング符号の最小ハミング距離は 3 である．また，W の生成行列は

$$G = [I_2, -A^T(B^{-1})^T] = \begin{bmatrix} 1 & 0 & 2 & 1 \\ 0 & 1 & 2 & 2 \end{bmatrix}$$

である．ここで，送信語 $\boldsymbol{w} = [1,1,1,0]$ に単一誤り語 $\boldsymbol{e}_3 = [0,0,1,0]$ が加わって受信語 $\boldsymbol{u} = \boldsymbol{w} + \boldsymbol{e}_3 = [1,1,2,0]$ となったとする．このとき，シンドロームは

$$\boldsymbol{s} = \boldsymbol{v}H^T = [1,0]$$

となって，パリティ検査行列の第 3 列に一致するので，誤り語 $\boldsymbol{e}_3$ が付加されたいうことがわかり，$\boldsymbol{v} - \boldsymbol{e}_3 = [1,1,1,0] = \boldsymbol{w}$ と復号できる．

また，送信語 $\boldsymbol{w} = [1,1,1,0]$ に単一誤り語 $-\boldsymbol{e}_3 = -[0,0,1,0]$ が加わって受信語 $\boldsymbol{u} = \boldsymbol{w} - \boldsymbol{e}_3 = [1,1,0,0]$ となったとする．このとき，シンドロームは

$$\boldsymbol{s} = \boldsymbol{v}H^T = [2,0] = -[1,0]$$

となって，パリティ検査行列の第 3 列に -1 をかけたものと一致するので，誤り語 $-\boldsymbol{e}_3$ が付加されたということがわかり，$\boldsymbol{v} + \boldsymbol{e}_3 = [1,1,1,0] = \boldsymbol{w}$ と復号できる． ∎

8.4 巡回符号

$\mathrm{GF}(q)$ 上の (n,k) 符号 W の任意の符号語を

$$\boldsymbol{w} = [w_{n-1}, w_{n-2}, \cdots, w_1, w_0] \in W$$

とする．この符号語を左に 1 回**巡回置換**した

$$[w_{n-2}, w_{n-3}, \cdots, w_0, w_{n-1}]$$

が常に W の符号語となるなら W を**巡回符号**と呼ぶ．ここで

$$L = \begin{bmatrix} 0 & 0 & \cdots & 0 & 1 \\ 1 & 0 & \cdots & 0 & 0 \\ 0 & 1 & \cdots & 0 & 0 \\ \vdots & \vdots & \ddots & \vdots & \vdots \\ 0 & 0 & \cdots & 1 & 0 \end{bmatrix} \in M(m, \mathrm{GF}(q))$$

とおくと，巡回置換は $[w_{n-2}, w_{n-3}, \cdots, w_0, w_{n-1}] = \boldsymbol{w}L$ と表現できる．

巡回符号語 $\boldsymbol{w} = [w_{n-1}, w_{n-2}, \cdots, w_1, w_0]$ に $\mathrm{GF}(q)$ 上の多項式

$$w(X) = w_{n-1}X^{n-1} + w_{n-2}X^{n-2} + \cdots + w_1 X + w_0$$

を対応させる．この多項式を**符号多項式**という．この多項式表現を使うと，$\boldsymbol{w}$ の巡回置換 $\boldsymbol{w}L$ は

$$Xw(X) \equiv w_{n-2}X^{n-1} + \cdots + w_1 X^2 + w_0 X + w_{n-1} \pmod{X^n - 1}$$

と表すことができる．巡回符号の定義から，任意の巡回符号語 $\boldsymbol{w} \in W$ に対して i 回左に巡回置換したものも巡回符号語である．したがって，$w(X)$ が符号多項式なら

$$X^i w(X) \equiv \overline{X^i w(X)} \pmod{X^n - 1}$$

も符号多項式になる．ただし，$\overline{X^i w(X)}$ は $X^i w(X)$ を $X^n - 1$ でわった剰余を表すものとする．巡回符号は線形符号であるから，このような多項式 $w_i(X)$ の任意の線形結合も符号多項式となる．すなわち，

$$\sum_{i=1}^{m} a_i X^i w_i(X) \equiv \overline{\sum_{i=1}^{m} a_i X^i w_i(X)} \pmod{X^n - 1}$$

も符号多項式である．すなわち，符号多項式の集合は多項式環 $\mathrm{GF}(q)[X]$ の剰余環 $\mathrm{GF}(q)[X]/(X^n-1)$ のイデアルになっている．このイデアルを $\mathcal{I}$ と表す．

例題 8.2

$(4,3)$ 線形符号

$$W = \{\boldsymbol{w} \in \mathrm{GF}(2)^4 \mid w_1 + w_2 + w_3 + w_4 = 0\}$$
$$= \{[0,0,0,0], [0,0,1,1], [0,1,0,1], [0,1,1,0],$$
$$[1,0,0,1], [1,0,1,0], [1,1,0,0], [1,1,1,1]\}$$

が巡回符号であることを示せ．また，符号多項式を求めよ．

【解答】まず W が巡回符号であることを示す．

$$[0,0,0,0] \xrightarrow{L} [0,0,0,0]$$
$$[0,0,1,1] \xrightarrow{L} [0,1,1,0] \xrightarrow{L} [1,1,0,0]$$
$$\xrightarrow{L} [1,0,0,1] \xrightarrow{L} [0,0,1,1]$$
$$[0,1,0,1] \xrightarrow{L} [1,0,1,0] \xrightarrow{L} (0,1,0,1)$$
$$[1,1,1,1] \xrightarrow{L} [1,1,1,1]$$

であるから，W は巡回符号である．このとき，符号多項式は

$$\{0, X+1, X^2+1, X^2+X, X^3+1, X^3+X, X^3+X^2,$$
$$X^3+X^2+X+1\}$$

となる． ■

(n,k) 巡回符号 W に対応する符号多項式で，0 でないものの中で次数が最小かつモニックな多項式を W の**生成多項式**といい，$g(X)$ で表す．すると，$\mathcal{I} = (g(X))$ である．なぜなら，系 3.1 によって $\mathrm{GF}(q)[X]/(X^n-1)$ は単項イデアル環であるから，符号多項式のイデアルに含まれる多項式のうち，次数最小の多項式が生成元になるからである．これより次の定理が成り立つ．

定理 8.1

GF(q) 上の $n-1$ 次以下の多項式 $w(X)$ が, (n, k) 巡回符号 W の符号多項式となるための必要十分条件は $g(X)|w(X)$ である. また, 生成多項式 $g(X)$ は一意的に定まる.

例題 8.3

例題 8.2 における $(4, 3)$ 線形符号の例では, 生成多項式は $g(X) = X + 1$ である. これによって他のすべての符号多項式が生成されることを確認せよ.

【解答】 実際

$$
\begin{aligned}
0 &= 0 \cdot (X+1) \\
X + 1 &= 1 \cdot (X+1) \\
X^2 + 1 &= (X+1) \cdot (X+1) \\
X^2 + X &= X(X+1) \\
X^3 + 1 &= (X^2 + X + 1)(X+1) \\
X^3 + X &= (X^2 + X)(X+1) \\
X^3 + X^2 &= X^2(X+1) \\
X^3 + X^2 + X + 1 &= (X^2 + 1)(X+1)
\end{aligned}
$$

となる. ∎

定理 8.2

(n, k) 巡回符号の生成多項式 $g(X)$ は $X^n - 1$ をわり切る $n - k$ 次の多項式である. また, GF(q) 上の m 次のモニック多項式が $X^n - 1$ をわり切るなら $(n, n - m)$ 巡回符号の生成多項式となる.

[証明] 1° $X^n - 1$ を生成多項式 $g(X)$ でわって

$$X^n - 1 = q(X)g(X) + r(X)$$

$$r(X) = 0 \text{ または } \deg r(X) < \deg g(X)$$

とする. これより $r(X) \equiv -q(X)g(X) \pmod{X^n - 1}$ となるから, $r(X) \in \mathcal{I}$ すなわち $r(X)$ は符号多項式である. すると $g(X)$ が生成多項式なので, $\deg r(X) < \deg g(X)$ はあり得ないので, $r(X) = 0$ である. したがって, $g(X)|X^n - 1$ がいえた.

2° $g(X)$ を $g(X)|X^n - 1$ となる m 次のモニック多項式とする. いま, $\mathcal{I}$ を

$n-1$ 次以下の多項式で $g(X)$ でわり切れるもの全体として,
$$W = \{[w_{n-1}, \cdots, w_0] \mid w_{n-1}X^{n-1} + \cdots + w_1 X + w_0 \in \mathcal{I}\}$$
とおく.

(1) W は $\mathrm{GF}^n(q)$ 上の線形符号である.

なぜなら, $\boldsymbol{u}, \boldsymbol{v} \in W$ とすると $n-m-1$ 次以下の多項式 $u(X), v(X) \in \mathrm{GF}[X]$ が存在して
$$pu_{n-1}X^{n-1} + \cdots + u_1 X + u_0 = u(X)g(X)$$
$$v_{n-1}X^{n-1} + \cdots + v_1 X + v_0 = v(X)g(X)$$
となる. このとき $a, b \in \mathrm{GF}(q)$ とすると,
$$(au(X) + bv(X))g(X)$$
$$= (au_{n-1} + bv_{n-1})X^{n-1} + \cdots + (au_1 + bv_1)X + (au_0 + bv_0)$$
となるから, $a\boldsymbol{u} + b\boldsymbol{v} \in W$ となって, W は線形符号である.

(2) $\dim W = n - m$ である.

なぜなら, $\boldsymbol{u} \in \mathrm{GF}(q)^{n-m}$ とすると,
$$u(X) = u_{n-m-1}X^{n-m-1} + \cdots + u_1 X + u_0$$
が定義される. $g(X) = X^m + g_{m-1}X^{m-1} + \cdots + g_0$ とおくと,
$$u(X)g(X)$$
$$= u_{n-m-1}X^{n-1} + (u_{n-m-1}g_{m-1} + u_{n-m-2})X^{n-2} + \cdots + u_0 g_0$$
となる. これより, $\boldsymbol{u}$ に $u(X)g(X)$ の係数ベクトルを対応させる線形写像を表現する行列は
$$A = \begin{bmatrix} 1 & g_{m-1} & g_{m-2} & \cdots & g_0 & 0 & \cdots & 0 \\ 0 & 1 & g_{m-1} & \cdots & g_1 & * & \cdots & * \\ \vdots & \vdots & \vdots & \cdots & \vdots & \vdots & \vdots & \vdots \\ 0 & 0 & \cdots & \cdots & 1 & * & \cdots & * \end{bmatrix}$$
なる $(n-m) \times n$ 行列となるが, $\mathrm{rank}\, A = n - m$ であるから,
$$\dim W = \dim \mathrm{Im}\, A = \mathrm{rank}\, A = n - m$$
となる.

8.4 巡回符号

(3) W は巡回符号である．

なぜなら，$\boldsymbol{w} = [w_{n-1}, \cdots, w_0] \in W$ とする．すると $n-m-1$ 次以下の多項式 $u(X) \in \mathrm{GF}[X]$ が存在して

$$w_{n-1}X^{n-1} + \cdots + w_1 X + w_0 = u(X)g(X)$$

となる．このとき，$g(X) | X^n - 1$ であることを使って，

$$\begin{aligned}
\mathcal{I} \ni\ & Xw(X)g(X) - w_{n-1}(X^n - 1) \\
=\ & (w_{n-1}X^n + w_{n-2}X^{n-1} + \cdots + w_1 X^2 + w_0 X) \\
& - (w_{n-1}X^n - w_{n-1}) \\
=\ & w_{n-2}X^{n-1} + \cdots + w_1 X^2 + w_0 X + w_{n-1}
\end{aligned}$$

となるから，$\boldsymbol{w}L = [w_{n-2}, \cdots, w_1, w_0, w_{n-m-1}] \in W$ となって，W は巡回符号である．

(4) $\mathcal{I}$ の定義から，$g(X)$ は $\mathcal{I}$ に含まれる最小次数のモニック多項式である．したがって W の定義から，$g(X)$ は巡回符号 W の生成多項式となる． ■

系 8.1

$g(X) \in \mathrm{GF}(q)[X]$ を $g(0) \neq 0$ を満たす m 次のモニック多項式とする．このとき，$n \in \mathbb{N}$ が存在して $g(X)$ は $(n, n-m)$ 巡回符号の生成多項式となる．

[証明] 系 7.8 によって，$n \in \mathbb{N}$ が存在して $g(X) | X^n - 1$ となる．すると，定理 8.2 によって $g(X)$ は $(n, n-m)$ 巡回符号の生成多項式となる． ■

系 8.2

$g(X) \in \mathrm{GF}(q)[X]$ を $g(0) \neq 0$ を満たす生成多項式とし，$g(X)$ の周期を n_0 とする．このとき，符号長 n が $n > n_0$ であると，巡回符号は誤り訂正を行えない．

[証明] $n > n_0$ であるから $X^{n_0} - 1$ は $n-1$ 次以下の多項式で，$g(X) | X^{n_0} - 1$ であるから，$X^{n_0} - 1$ は符号多項式となる．すなわち，ハミング重み 2 の巡回符号語 $\boldsymbol{w}_0$ が巡回符号 W に含まれる．この符号語を送信し，単一誤り語が付加されて，ハミング重み 1 の受信語が受信されたとき，この受信語からは送信

語が $\mathbf{0}$ であったのか, $\boldsymbol{w}_0$ であったのか区別できない. したがって, 誤りを訂正することができない. ■

この系によって, 巡回符号の符号長は生成多項式の周期 n_0 にとることにするのが普通である.

例6 $g(X) = X^3 + X + 1 \in \mathbb{F}_2[X]$ の周期は 7 であった. 実際 $X^7 - 1 = (X^4 + X^2 + X + 1)(X^3 + X + 1)$ である. このときは, $g(X)$ は $(7, 4)$ 巡回符号の生成多項式となる. □

8.5 巡回ハミング符号の復号法

$g(X) \in \mathrm{GF}(2)[X]$ 上の m 次の既約多項式を考えると,系 7.8 によって既約多項式の周期は $2^m - 1$ であるから,巡回符号の符号長としては $n = 2^m - 1$ と考えることになる.すると系 8.1 によって $g(X)$ は (n, k) 巡回符号の生成多項式となる.ただし,情報ビット数は $k = n - m = 2^m - 1 - m$ である.

例題 8.4

$(n, k) = (7, 4)$ 巡回符号の生成多項式を既約多項式 $g(X) = X^3 + X + 1 \in \mathbb{F}_2[X]$ とする.このとき,$m = 3$ である.このとき,情報ビットが単位ベクトル $\boldsymbol{e}_i$ $(i = 1, \cdots, 4)$ のときに符号語がどうなるかを考察せよ.

【解答】 情報ビットに対応する多項式は X^{7-i} であるが,このままでは符号多項式ではないので,$g(X)$ でわった剰余を考えると

$$X^3 \equiv X + 1, \qquad X^4 \equiv X^2 + X \pmod{X^3 + X + 1},$$
$$X^5 \equiv X^2 + X + 1, \quad X^6 \equiv X^2 + 1 \pmod{X^3 + X + 1}$$

であるから,情報ビットが $\boldsymbol{e}_i$ に対応する符号多項式は

$$f_1(X) = X^6 + X^2 + 1, \quad f_2(X) = X^5 + X^2 + X + 1,$$
$$f_3(X) = X^4 + X^2 + X, \quad f_4(X) = X^3 + X + 1$$

となる.これより,

$$G = \begin{bmatrix} 1 & 0 & 0 & 0 & 1 & 0 & 1 \\ 0 & 1 & 0 & 0 & 1 & 1 & 1 \\ 0 & 0 & 1 & 0 & 1 & 1 & 0 \\ 0 & 0 & 0 & 1 & 0 & 1 & 1 \end{bmatrix} = [I_k, B]$$

をつくると,$\mathrm{rank}\, G = 4 = k$ となるから,G は巡回符号 W の生成行列となる.部分行列 B について考えてみよう.$n = 7$ は $g(X)$ の周期なので,符号語のハミング重みは 3 以上となるから,B の行ベクトルには零ベクトルも単位ベクトルも現れない.また B の行ベクトルには同じものは現れない.もし i, j $(i < j)$ 行に同じベクトルが現れたとすると,符号多項式で考えると

$$X^j - X^i = X^i(X^{j-i} - 1) \equiv 0 \pmod{g(X)}$$

となって,$g(X) | X^{j-i} - 1$ となり,$g(X)$ の周期が $n = 7$ であることに反する

からである.ここで,m 次元ベクトルで非零要素が 2 個以上のすべてのベクトルの数は

$$2^m - (m+1) = k$$

であるから,B の行ベクトルには非零要素が 2 個以上のすべての m 次元ベクトルが現れていることになる.実際,上の行列を眺めるとそうなっていることがわかる.このとき,

$$H = [B^T, I_m] = \begin{bmatrix} 1 & 1 & 1 & 0 & 1 & 0 & 0 \\ 0 & 1 & 1 & 1 & 0 & 1 & 0 \\ 1 & 1 & 0 & 1 & 0 & 0 & 1 \end{bmatrix}$$

とおくと,

$$GH^T = [I_k, B]\begin{bmatrix} B \\ I_m \end{bmatrix} = B + B = O$$

となる.したがって,H は W の検査行列になっているが,H の列ベクトルには m 次元の非零ベクトルがすべて現れている.このことから,W はハミング符号であることがわかる.このとき,W を**巡回ハミング符号**という. ■

以上のことは一般的にもいえるから,次の定理が得られる.

定理 8.3

m 次の既約多項式 $g(X) \in \mathrm{GF}(2)[X]$ を生成多項式とする $(n, k) = (2^m, 2^m - m - 1)$ 巡回符号は巡回ハミング符号である.

符号長 $n = 2^m - 1$,情報ビット数 $k = 2^m - 1 - m$ の巡回ハミング符号 W の符号多項式 $w(X)$ を送信したとき,単一誤り $e(X) = X^i \ (0 \le i < n)$ が付加されて,$v(X) = w(X) + e(X)$ が受信されたとしよう.$v(X)$ を $g(X)$ でわって得られる剰余多項式は

$$r(X) \equiv v(X) \equiv e(X) = X^i \pmod{g(X)}$$

であるが,$i < \deg g(X) = m$ の場合を考えると,

$$r(X) = X^i$$

となる.したがって誤りが検査ビットで生じていると,$r(X)$ から誤りの位置がわかって,誤りが訂正できることになる.もし,$e(X) = X^j \ (m \le j \le n-1)$

に対して $r(X) = X^i$ $(0 \leq i < m)$ なる剰余語が得られると，誤り訂正ができなくなるが，この場合には $r(x)$ は必ず2つ以上の項を含むことは本節の前半でみたとおりであるから，このことは生じない．

では，$e(X) = X^i$ が $m \leq i \leq n-1$ すなわち情報ビットのほうで生じている場合にはどうすればよいであろうか．この場合には，W が巡回符号なので，符号語を巡回してからチェックすればよい．符号語を巡回して，単一誤りが検査ビットに入ってきたときに，位置がわかって修正できることになる．

したがって，次のアルゴリズムによって誤りを訂正できる．

誤り訂正アルゴリズム

step1 受信語 $v(X)$ を $g(X)$ でわって剰余 $r(X)$ を求める．$r(X) \neq 0$ なら誤りが付加されている．

step2 $r(X)$ が単項式 X^i $(0 \leq i < m)$ なら検査ビット i に誤りが生じているので訂正する．

step3 $r(X)$ が単項式 X^i $(0 \leq i < m)$ でなければ，情報ビットに誤りが生じているので受信語を左に m 回巡回置換する．

step4 step1, step2, step3 を誤りが検出できるまで繰り返す．

例題 8.5

$(n, k) = (7, 4)$ 巡回ハミング符号で生成多項式が既約多項式 $g(X) = X^3 + X + 1 \in \mathrm{GF}(2)[X]$ の場合を考える．送信語に対応する符号多項式を
$$f(X) = X^6 + X^5 + X^4 + X^2 = (X^3 + X^2)(X^3 + X + 1)$$
とする．これに単一誤り $e(X) = X^3$ が付加されたとして，誤り訂正を行え．

【解答】 受信語は $v(X) = X^6 + X^5 + X^4 + X^3 + X^2$ である．

[1度目]

step1 受信語 $v(X)$ を $g(X)$ でわると
$$v(X) = (X^3 + X^2 + 1)(X^3 + X + 1) + (X + 1)$$
となる．剰余は $r(X) = X + 1 \neq 0$ であるから，受信語に誤りが生じているこ

とがわかる．

step2 $r(X)$ が単項式ではないので，3 ビット左に巡回置換を施すと

$$v(X)' = X^2 + X + 1 + X^6 + X^5$$

が得られる．

[**2 度目**]

step1 受信語 $v(X)'$ を $g(X)$ でわると

$$v(X)' = (X^3 + X^2 + X)(X^3 + X + 1) + (X^2 + 1)$$

より，$r(X) = X^2 + 1 \neq 0$ である $r(X)$ が単項式ではないので，3 ビット左に巡回置換を施すと

$$v(X)'' = X^5 + X^4 + X^3 + X^2 + X$$

が得られる．

[**3 度目**]

step1 受信語 $v(X)''$ を $g(X)$ でわると

$$v(X)'' = (X^2 + X)(X^3 + X + 1) + X^2$$

より $r(X) = X^2$ である．$r(X)$ が単項式なので，X^2 が誤り語だとわかる．したがって，修正すると，

$$v(X)''' = X^5 + X^4 + X^3 + X$$

が得られる．これを 6 回右に巡回置換すると，正しい受信語

$$X^6 + X^5 + X^4 + X^2$$

が得られる．

9 計算代数

　計算代数は主として多項式環を対象として，すべての定理を構成的に構築しようといことを目的の1つとしている．通常の代数学だと，存在定理がたくさん出てくるが，これこれの性質を持っているものが存在するといわれても，実際にそれをどう求めたらよいかわからない場合が多い．計算代数は，存在するものはそれを求めるアルゴリズムまできちんと与えようというものである．そうすれば，従来考えられなかった数多くの応用が生まれてくる．この章では，計算代数の基礎であるグレブナー基底の存在とその求め方を簡単に解説している．これらは符号理論だけでなく，ロボティクス，最適化理論など様々な分野に応用されているので，丁寧に読んで理解してほしい．

9章で学ぶ概念・キーワード
- 項順序，辞書式順序，多重次数，先頭項，先頭項係数
- 基底，単項式イデアル，ディクソンの補題，先頭項イデアル
- グレブナー基底，ネーター環，昇鎖，極小グレブナー基底
- 被約グレブナー基底，2次元巡回多項式

9.1 多項式によるわり算

1変数多項式環 $K[X]$ において，$f(X)$ を $g(X)$ でわるということはどういうことであったかを考えてみよう．ここでは，$K[X]$ はユークリッド整域，したがって単項イデアル環であるということが本質的である．

例えば，$f(X) = X^3 + 3X^2 + X + 2$ を $g(X) = X^3 + X$ でわると

$$f(X) = 1 \cdot g(X) + (3X^2 + 2)$$

となり，$r(X) = 3X^2 + 2$ が余りである．このとき，$\deg r(X) < \deg g(X)$ となっているが，これは $g(X)$ の最高次の項 X^3 が $r(X)$ の最高次の項 $3X^2$ をわらないということと同値である．上のわり算は $I = (g(X))$ すなわち，I を $g(X)$ で生成されるイデアルとするとき，

$$f(X) \equiv 3X^2 + 2 \pmod{I}$$

とも書くのであった．

例題 9.1

$g(X) = X^3 + X$, $h(X) = X^3 + X^2$ として，$\{g(X), h(X)\}$ なる 2 つの多項式で $f(X) = X^3 + 3X^2 + X + 2$ をわり算せよ．

【解答】最初に $g(X)$ でわると余りが $3X^2 + 2$ であるが，これは $h(X)$ ではわれない．よって，余りは $3X^2 + 2$ であると考えると，このわり算は

$$f(X) = 1 \cdot g(X) + 0 \cdot h(X) + (3X^2 + 2)$$

となる．今度は先に $h(X)$ でわると

$$f(X) = 1 \cdot h(X) + (2X^2 + X + 2)$$

となって，このときの余り $2X^2 + X + 2$ は $g(X)$ でわれないから

$$f(X) = 1 \cdot h(X) + 0 \cdot g(X) + (2X^2 + X + 2)$$

となる．これは，$f(X)$ を $g(X), h(X)$ でわるときに，わる多項式の順序によって答えが変わってしまうということを示している．これをイデアルで書いてみると，$I = (g(X), h(X))$ としたとき，

$$f(X) \equiv 3X^2 + 2 \equiv 2X^2 + X + 2 \pmod{I}$$

となっているわけであるが，余りは上の合同式を満たすもののうち，0 かある

いは次数の一番小さい多項式というように考えると，$3X^2+2, 2X^2+X+2$ も実は余りではないことになる．なぜなら，

$$\gcd(g(X), h(X)) = X$$

であるから，$I = (3X^2+2, 2X^2+X+2) = (X)$ となって，

$$f(X) \equiv 2 \pmod{I}$$

となる．この余りを得るためには $\{g(X), h(X)\}$ でわるのではなく，X でわる必要がある．　■

今度は 2 変数の場合を考えよう．$K[X,Y]$ において X,Y で生成されるイデアル $I = (X,Y)$ を考えると，

$$I = \{f(X,Y)X + g(X,Y)Y \mid f(X,Y), g(X,Y) \in K[X,Y]\}$$

である．このとき $\gcd(X,Y) = 1$ であるが，$I = (X,Y) \neq (1)$ である．すなわち I は単項イデアルではない．したがって，$K[X,Y]$ は単項イデアル環ではない．よって，2 変数以上の多項式でわり算を行うときには，上の例題のようにイデアルの生成元となる唯一の多項式を求めて，それでわるというわけにはいかない．イデアルの生成元として何を求めるとよいのかが問題となるのである．

例題 9.2

$f(X,Y) = X^3 + Y^3$ を $g(X) = X^2 + Y^2$ でわり算せよ．

【解答】f, g における項の並べ方は X に関する降べきの順である．このときのわり算は

$$X^3 + Y^3 = X(X^2 + Y^2) + (-XY^2 + Y^3)$$

である．今度は Y に関する降べきの順に並べ直してわり算を行うと

$$Y^3 + X^3 = Y(Y^2 + X^2) + (-YX^2 + X^3)$$

となる．つまり，多変数の多項式では項の並べ方によっても答えはちがってくる．　■

9.2 単項式の順序付け

本章で扱う多項式は多変数の多項式なので，表記を簡単にするために，以下ではしばしば $X = (X_1, \cdots, X_n)$ と省略して表す．また，単項式 $X_1^{\alpha_1} \cdots X_n^{\alpha_n}$ を X^α と略記する．ただし $\alpha = [\alpha_1, \cdots, \alpha_n]$ である．単項式 X^α $(\alpha \in \mathbb{N}^n)$ に全順序を導入することは，指数 α に全順序を導入することにほかならない．すなわち $\alpha > \beta$ のときに $X^\alpha > X^\beta$ と定義する．多項式は単項式の和なので，単項式に全順序が定義されれば，多項式のすべての項をその順序にしたがって，並べることができる．$\mathbb{N}^n$ 上の**項順序** $>$ とは，単項式の集合 $\{X^\alpha \mid \alpha \in \mathbb{N}^n\}$ の順序付けで，次の性質を満たすものである．

(1) $>$ は $\mathbb{N}^n$ 上の全順序である．
(2) $\alpha > \beta$ で $\gamma \in \mathbb{N}^n$ なら $\alpha + \gamma > \beta + \gamma$ である．
(3) $>$ は $\mathbb{N}^n$ 上の**整列順序**である．特に，$\alpha \geq \mathbf{0} = [0, \cdots, 0]$．

補題 9.1

$\mathbb{N}^n$ 上の順序付け $>$ は，すべての $\mathbb{N}^n$ 上の狭義減少列

$$\alpha(1) > \alpha(2) > \alpha(3) > \cdots$$

が必ず有限で終わるとき，またそのときに限って整列順序となる．

証明は章末問題 1 を参照．

$\alpha = [\alpha_1, \ldots, \alpha_n] \in \mathbb{N}^n$ と $\beta = [\beta_1, \ldots, \beta_n] \in \mathbb{N}^n$ に対して，$\alpha >_{\text{lex}} \beta$ を，$\alpha - \beta \in \mathbb{N}^n$ において一番左の 0 でない成分が正であること，ということによって定義する．また，$\alpha >_{\text{lex}} \beta$ であるとき，$K[X_1, \cdots, X_n]$ における単項式 X^α, X^β に対して，$X^\alpha >_{\text{lex}} X^\beta$ と定義する．この順序を**辞書式順序**という．

例題 9.3

辞書式順序において，$X^5 Y^3 Z^4 : X^5 Y^2 Z^8$ の大小を定めよ．また，$X_1, X_2, \cdots, X_n$ の大小を定めよ．

【解答】 $\alpha = [5,3,4]$, $\beta = [5,2,8]$ とすると，$\alpha - \beta = [0,1,-4]$ であるから $\alpha = [5,3,4] >_{\text{lex}} \beta = [5,2,8]$ である．したがって，$X^5 Y^3 Z^4 >_{\text{lex}} X^5 Y^2 Z^8$ である．また，$e_1 = [1, 0, \cdots, 0]$, $\cdots$, $e_n = [0, \cdots, 0, 1]$ とすると，

9.2 単項式の順序付け

$$[1,0,0,\ldots,0] >_{\text{lex}} [0,1,0,\ldots,0] >_{\text{lex}} \cdots >_{\text{lex}} [0,\ldots,0,1]$$

であり，また，$X_1 = X^{e_1}, \cdots, X_n = X^{e_n}$ であるから，

$$X_1 >_{\text{lex}} X_2 >_{\text{lex}} X_3 >_{\text{lex}} \cdots >_{\text{lex}} X_n$$

命題 9.1

$\mathbb{N}^n$ 上の辞書式順序は項順序である．

証明は章末問題 2 を参照．

項順序には，ほかにも**次数付き辞書式順序**，**次数付き逆辞書式順序**などがよく使われるが，ここでは省略する．

ここで，$f(X) = \sum_{\alpha} a_\alpha X^\alpha = \sum_{\alpha} a_\alpha X_1^{\alpha_1} \cdots X_n^{\alpha_n}$ を $K[X_1,\cdots,X_n]$ の 0 でない多項式とし，$>$ を項順序とするとき，$f(X)$ の**多重次数**を

$$\deg f(X) = \max\{\alpha \in \mathbb{N}^n \mid a_\alpha \neq 0\}$$

のことと定義する．ただし，$\max$ は項順序 $>$ に関してとるものとする．ここで，1 変数多項式のときと同じ記号 $\deg$ を使っているが，混同する恐れはないであろう．なお，multideg という記号もよく使われる．また，f の**先頭項係数**を

$$\text{LC}(f) = a_{\deg f} \in K$$

で表す．さらに f に現れる単項式の中で項順序が最大のものを**先頭単項式**といい，$\text{LM}(f)$ で表す．また，$\text{LC}(f)\text{LM}(f)$ を**先頭項**といい，$\text{in}(f)$ で表す．$\text{in}(f)$ を $\text{LT}(f)$ と表すことも多い．

例題 9.4

多項式 $f(X,Y,Z) = 4XY^2Z + 4Z^2 - 5X^3 + 7X^2Z^2 \in K[X,Y,Z]$ の各項を $X > Y > Z$ なる辞書式順序にしたがって並べよ．

【解答】 $X > Y > Z$ であるから，各項を辞書式順序にしたがって並べると

$$f(X,Y,Z) = -5X^3 + 7X^2Z^2 + 4XY^2Z + 4Z^2$$

となる．このとき，

$$\deg f = (3,0,0), \quad \text{LC}(f) = -5, \quad \text{LM}(f) = X^3,$$
$$\text{in}(f) = \text{LT}(f) = -5X^3$$

補題 9.2

$f(X_1, \cdots, X_n), g(X_1, \cdots, X_n) \in K[X_1, \cdots, X_n]$ を 0 でない多項式とする．このとき，次が成り立つ．
(1) $\deg fg = \deg f(X_1, \cdots, X_n) + \deg g(X_1, \cdots, X_n)$
(2) $f + g \neq 0$ なら，$\deg(f + g) \leq \max\{\deg f, \deg g\}$
さらに，$\deg f \neq \deg g$ なら等号が成り立つ．

[**証明**] (1) 1° まず，任意の単項式 $m(X) \in K[X_1, \cdots, X_n]$ に対して，

$\mathrm{in}(m(X)f(X)) = m(X) \cdot \mathrm{in}(f(X))$

であることを示す．なお，ここで用いられている項順序を $>$ で表す．いま，f が項順序 $>$ に関して大きい順に並んでいるものとする．f の i 番目の項を $a_i X^{\alpha_i}$．$m(X)$ を cX^γ とする．このとき，$\mathrm{in}(f) = a_1 X^{\alpha_1}$ である．また，$m(X) \cdot f(X)$ の i 番目の項は $ca_i X^{\alpha_i} X^\gamma = ca_i X^{\alpha_i + \gamma}$ で表される．このとき，1 以外のすべての i に対して $X^{\alpha_1} > X^{\alpha_i}$ がいえるので，$X^{\alpha_1 + \gamma} > X^{\alpha_i + \gamma}$ がいえる．このことは $\deg(m(X)f(X)) = \alpha_1 + \gamma = \deg f(X) + \gamma$ を意味する．よって，$\mathrm{in}(m(X)f(X)) = ca_1 X^{\alpha_1 + \gamma} = m(X)\mathrm{in}(f)$ である．
2° 多項式 g の各項が $>$ に関して大きい順に並んでいるものとし，その項の数を l，i 番目の項を $b_i X^{\beta_i}$ とする．このとき，

$f \cdot g = \sum_i b_i X^{\beta_i} f$

である．$\deg fg$ を考えるとき，各 $b_i X^{\beta_i} f$ の先頭項だけを取り出して，その中で $>$ に関して最も大きいものを求めればよい．つまり，

$\{b_1 X^{\beta_1} \mathrm{in}(f),\ b_2 X^{\beta_2} \mathrm{in}(f),\ \cdots,\ b_l X^{\beta_l} \mathrm{in}(f)\}$

の中から最も大きいものを選べばよい．$\mathrm{in}(f)$ の多重指数は α_1 であるから，1 以外の任意の i に対して $\beta_1 + \alpha_1 > \beta_i + \alpha_1$ が成り立つ．よって，fg の先頭項は $\mathrm{in}(f)\mathrm{in}(g)$ である．これより，$\deg fg = \deg f + \deg g$ であることがわかる．

(2) f, g を (1) のように表す．いま，$\deg(f) \geq \deg(g)$ とすると，$f + g$ の任意の項が f の先頭項 $a_1 X^{\alpha_1}$ よりも大きくなることはないので，明らかである．また，$\deg(f) \neq \deg(g)$ のとき，g の先頭項が $a_1 X^{\alpha_1}$ と一致することはあり得ない．よって，$f + g$ の多重指数は f の多重指数に一致する．■

9.3 多項式環におけるわり算

$K[X_1,\cdots,X_n]$ におけるわり算を考えよう.そのために,$K[X_1,\cdots,X_n]$ のイデアル I についてまず考えよう.イデアル I が有限生成であるとは $f_1,\cdots,f_s \in K[X_1,\cdots,X_n]$ が存在して,

$$I = (f_1,\cdots,f_s) = \{a_1 f_1 + \cdots + a_s f_s \mid a_1,\cdots,a_s \in K\}$$

となることをいうが,このとき,$f_1,\cdots,f_s$ を I の**基底**あるいは**生成系**という.以下では,基底という言葉を主に使うことにする.

$G = [g_1,\ldots,g_s]$ を,$K[X_1,\cdots,X_n]$ の多項式をこの順に並べた集合とし,$\mathbb{N}^n$ 上の項順序 $>$ を 1 つ選んで固定する.このとき,任意の $f \in K[X_1,\cdots,X_n]$ を G でわるということを,

$$f = a_1 g_1 + \cdots + a_s g_s + r, \quad a_i, r \in K[X_1,\cdots,X_n]$$

あるいは

$$f \equiv r \pmod{I = (g_1,\ldots,g_s)}$$

で定義する.ただし,r は 0 であるか,r は $\mathrm{in}(g_1),\cdots,\mathrm{in}(g_s)$ のいずれでもわれない単項式の K–線形結合である.このとき r を,f を G でわったときの**余り**と呼ぶことにしよう.また,$[a_1,\cdots,a_s]$ が**商**である.

このわり算を実行するアルゴリズムをまず記述しておこう.

わり算アルゴリズム

入力:f, $G = [g_1,\cdots,g_s]$
出力:$a_1,\cdots,a_s$, r,すなわち,$f = a_1 g_1 + \cdots + a_s g_s + r$
step1 $a_1 = \cdots = a_s = 0$, $r = 0$ とする.
step2 $f = 0$ なら終了.
step3 $J = \{i \mid \mathrm{in}(g_i) | \mathrm{in}(f)\}$ とおく.
step4 $J = \emptyset$ なら $r \leftarrow r + \mathrm{in}(f)$, $f \leftarrow f - \mathrm{in}(f)$ として step2 へ.
step5 $j = \min J$ とし,
$$f \leftarrow f - \frac{\mathrm{in}(f)}{\mathrm{in}(g_j)} g_j, \quad a_j \leftarrow a_j + \frac{\mathrm{in}(f)}{\mathrm{in}(g_j)}$$
step2 へ.

このわり算アルゴリズムが正しいことを証明しておこう．

定理 9.1
> わり算アルゴリズムは有限回のステップで終了し，わり算が行われる．そのときの余り r は 0 であるか，あるいは r に現れるどの単項式も $\mathrm{in}(g_1), \cdots, \mathrm{in}(g_s)$ のどれでもわり切れない．

[証明] $g_1, \cdots, g_s$ を固定して，わり算アルゴリズムを実行したときに，定理が成り立たない f 全体がなす集合を B とおき，$D = \{\deg f \mid f \in B\}$ を考える．$D = \emptyset$ であることが示されれば，定理が証明されたことになる．

$D \neq \emptyset$ とすると，項順序の定義 (p.188) より D には最小元 α が存在する．$f \in B$ で $\deg f = \alpha$ となるものをとる．この f についてわり算アルゴリズムを 1 回行って得られる新たな f を h で表すと，$\mathrm{in}(h) < \mathrm{in}(f)$ であるから，f の最小性から $h \notin B$ である．この h にわり算アルゴリズムを適用すると，定理の性質を持つ $a'_1, \cdots, a'_s, r'$ が存在して $h = a'_1 g_1 + \cdots + a'_s g_s + r'$ が成り立つ．f から h を得るときに step4 を使ったなら，

$$a_i = a'_i \ (i = 1, \cdots, s), \quad r = r' + \mathrm{in}(f)$$

とおけば $f = a_1 g_1 + \cdots + a_s g_s + r$ が得られる．f から h を得るときに step5 を使ったなら，

$$a_i = \begin{cases} a'_i & (i \neq j) \\ a'_j + \dfrac{\mathrm{in}(f)}{\mathrm{in}(g_j)} & (i = j) \end{cases} \quad r = r'$$

とおけば，$f = a_1 g_1 + \cdots + a_s g_s + r$ が得られる．r が定理の性質を持っていることは明らかである．このことは，$f \in B$ であることに反する．したがって，$D = \emptyset$ である． ∎

例題 9.5

$K[X,Y]$ に辞書式順序 $X >_{\text{lex}} Y$ を入れる．また，
$f = X^3Y^2 + X^3Y + X^2Y^3 + XY$, $g_1 = XY^2 + X$, $g_2 = X^2Y + Y$
とする．このとき f を $G = [g_1, g_2]$ でわり算せよ．

【解答】わり算アルゴリズムを実行すると次のようになる．

		a_1	a_2	r
$XY^2 + X$				
$X^2Y + Y$	$X^3Y^2 + X^3Y + X^2Y^3 + XY$	X^2		
	$X^3Y - X^3 + X^2Y^3 + XY$	X^2	X	
	$-X^3 + X^2Y^3$	X^2	X	$-X^3$
	X^2Y^3	$X^2 + XY$	X	$-X^3$
	$-X^2Y$	$X^2 + XY$	$X - 1$	$-X^3$
	Y	$X^2 + XY$	$X - 1$	$-X^3 + Y$
	0			

となるから

$$f(X) = (X^2 + XY)g_1(X,Y) + (X - 1)g_2(X,Y) + (-X^3 + Y)$$

となる． ■

9.4 ディクソンの補題

$A \subseteq \mathbb{N}^n$ に対する単項式の集合 $\{X^\alpha \mid \alpha \in A\}$ で生成されるイデアル $I = (X^\alpha \mid \alpha \in A)$ を**単項式イデアル**ということにする．このとき次の補題は明らかであろう．

補題 9.3

$I = (X^\alpha \mid \alpha \in A)$ を単項式イデアルとする．このとき，
$$X^\beta \in I \iff \exists \alpha \in A \text{ s.t. } X^\alpha | X^\beta$$
である．

命題 9.2

$I = (X^\alpha \mid \alpha \in A)$ を単項式イデアルとし，I の有限個の元からなる基底 $I = (X^{\beta(1)}, \cdots, X^{\beta(s)})$ が存在するとする．すべての $i\ (1 \leq i \leq s)$ に対して $X^{\beta(i)}$ をわり切るような $X^{\alpha(i)}\ (\alpha(i) \in A)$ が存在するならば，
$$I = (X^{\alpha(1)}, \cdots, X^{\alpha(s)})$$
である．

証明は章末問題 3 を参照．

定理 9.2 (ディクソンの補題)

単項式イデアル $I = (X^\alpha \mid \alpha \in A) \subseteq K[X_1, \cdots, X_n]$ は，有限個の $\alpha(1), \cdots, \alpha(s) \in A \subseteq \mathbb{N}^n$ を選んで
$$I = (X^{\alpha(1)}, \cdots, X^{\alpha(s)})$$
と表すことができる．したがって，I は有限基底を持つ．

[証明] 変数の数 n に関する帰納法によって証明する．

1° $n=1$ の場合，$K[X_1]$ は単項イデアル環であるから，$I = (f(X_1))$ となる $f(X_1) \in K[X_1]$ が存在する．任意の $\alpha \in A$ に対して $f(X_1) | X_1^\alpha$ であるから，$f(X_1)$ は単項式である．すなわち，$\beta \in \mathbb{N}$ が存在して $f(X_1) = X_1^\beta$ となるが，$X_1^\beta | X_1^\alpha$ であるから，$\beta \leq \alpha$ である．ところが，$X^\beta \in I$ であるから $X_1^\beta = X_1^\gamma X_1^\alpha$ となる $\gamma \in \mathbb{N}$ と $\alpha \in A$ が存在しなければならない．したがっ

9.4 ディクソンの補題

て，$\beta = \gamma + \alpha$ であるが，$\beta \leq \alpha$ であるから $\gamma = 0$ となって，$\beta = \alpha \in A$ である．

$2°$ $n > 1$ の場合を考え，$n-1$ のときには定理が成り立つものと仮定する．ここで $K[X_1, \cdots, X_{n-1}, X_n] = K[X_1, \cdots, X_{n-1}][X_n]$ と考え，$X' = (X_1, \cdots, X_{n-1})$ と表記すると，$K[X_1, \cdots, X_{n-1}][X_n] = K[X'][X_n]$ の単項式は，$\alpha = [\alpha_1, \cdots, \alpha_{n-1}] \in \mathbb{N}^{n-1}$ と $m \in \mathbb{N}$ を用いて $X'^\alpha X_n^m$ と表すことができる．

このとき証明したいことは，イデアル I が適当な $\alpha(i) \in \mathbb{N}^{n-1}$ と $m_i \in \mathbb{N}$ を用いて

$$I = (X'^{\alpha(1)} X_n^{m_1}, \cdots, X'^{\alpha(q)} X_n^{m_q})$$

と表すことができるということである．そこで，I の生成元を求めることを考える．適当な整数 $m(\alpha) \geq 0$ に対して $X'^\alpha X_n^{m(\alpha)} \in I$ となるような単項式 X'^α によって生成される $K[X']$ のイデアルを J とする．すると J は $K[X'] = K[X_1, \cdots, X_{n-1}]$ の単項式イデアルであるから，帰納法の仮定によって，有限個の単項式で生成される．これを

$$J = (X'^{\alpha(1)}, \cdots, X'^{\alpha(r)})$$

と表すことにする．このとき，イデアル J はイデアル I の $K[X']$ への射影と考えることができるということを確かめよう．すべての i ($1 \leq i \leq r$) に対して，J の定義から，$m_i \geq 0$ が存在して $X'^{\alpha(i)} X_n^{m_i} \in I$ となる．m をそのような m_i の中で最大のものとする．このとき，0 から $m-1$ までの間にあるすべての p に対して，イデアル $J_p \subseteq K[X']$ を $X'^\beta X_n^p \in I$ となる単項式 X'^β で生成されるものとする．この J_p は，I のちょうど X_n^p なるべき乗を持つ項による「切片」であると考えることができる．ここで再び帰納法の仮定を用いると，イデアル J_p は有限個の $K[X']$ の単項式の集合から生成される．これを

$$J_p = (X'^{\alpha_p(1)}, \cdots, X'^{\alpha_p(r_p)})$$

とおく．

次に，I は以下のリストに出てくる単項式から生成されることを示すことにする．

J から：$X'^{\alpha(1)} X_n^m, \cdots, X'^{\alpha(r)} X_n^m$

J_0 から : $X'^{\alpha_0(1)}, \cdots, X'^{\alpha_0(r_0)}$

J_1 から : $X'^{\alpha_1(1)}X_n, \cdots, X'^{\alpha_1(r_1)}X_n$

$\cdots$

J_{m-1} から : $X'^{\alpha_{m-1}(1)}X_n^{m-1}, \cdots, X'^{\alpha_{m-1}(r_{m-1})}X_n^{m-1}$

まず，I のすべての単項式はこのリストのいずれかの要素でわり切れることを示すことにする．$X'^{\alpha}X_n^q \in I$ とする．$q \geq m$ であると，J の構成の仕方から，$X'^{\alpha}X_n^q$ は $X'^{\alpha(i)}X_n^m$ のいずれかの項でわり切れる．一方，$q < m$ であると，$X'^{\alpha}X_m^q$ は $X'^{\alpha_q(j)}X_m^q$ のいずれかの項でわり切れることが J_q の構成の仕方からわかる．したがって，

$$I \subseteq J + J_0 + J_1 X_m + \cdots + J_{m-1} X_m^{m-1}$$

である．一方，$J + J_0 + J_1 X_m + \cdots + J_{m-1} X_m^{m-1} \subseteq I$ は明らかであるから，

$$I = J + J_0 + J_1 X_m + \cdots + J_{m-1} X_m^{m-1}$$

でなければならない．

ここまでで，I が有限生成であることがわかったわけであるが，定理の証明を完成させるためには，与えられたイデアルの生成元の集合 A から有限個の元を選んでイデアルを生成できることを示さなければならない．

そこで，もとの変数 $X_1, \cdots, X_n$ を使うことにして，単項式イデアル

$$I = (X^{\alpha} \mid \alpha \in A) \subseteq K[X_1, \cdots, X_n]$$

を考える．このとき，先ほどの証明により，$X^{\beta(i)} \in I$ を有限個選んで，

$$I = (X^{\beta(1)}, \cdots, X^{\beta(s)})$$

と表すことができる．$X^{\beta(i)} \in I$ であって，$\{X^{\alpha} \mid \alpha \in A\}$ が I の生成元であるから，どの $X^{\beta(i)}$ に対しても $X^{\alpha(i)}$ $(\alpha(i) \in A)$ が存在して，$X^{\alpha(i)} | X^{\beta(i)}$ となることがわかる．すると，命題 9.2 より $I = (X^{\alpha(1)}, \cdots, X^{\alpha(s)})$ であることがわかる． ■

9.5 ヒルベルトの基底定理とグレブナー基底

$I \subseteq K[X_1, \cdots, X_n]$ を $\{0\}$ 以外のイデアルとするとき, $\mathrm{in}(I) = \{\mathrm{in}(f) \mid f \in I\}$ によって生成される単項式イデアル

$$(\mathrm{in}(I)) = (\mathrm{in}(f) \mid f \in I)$$

を I の**先頭項イデアル**という. $I = (f_1, \cdots, f_s)$ とするときに, $(\mathrm{in}(f_1), \cdots, \mathrm{in}(f_s))$ と先頭項イデアル $(\mathrm{in}(f) \mid f \in I)$ は一般には異なるということに注意しよう. $\mathrm{in}(f_i) \in \mathrm{in}(I) \subseteq (\mathrm{in}(I))$ より $(\mathrm{in}(f_1), \cdots, \mathrm{in}(f_s)) \subseteq (\mathrm{in}(I))$ であるから, $(\mathrm{in}(I))$ のほうが $(\mathrm{in}(f_1), \cdots, \mathrm{in}(f_s))$ より大きくなり得るわけである.

例題 9.6

$I = (f_1, f_2)$ とする. ただし, $f_1 = X^3 - 2X^2Y^3$, $f_2 = X^2Y - 2XY^4 - X$ である. また, $K[X, Y]$ における項順序として辞書式順序を採用することにする. このとき $(\mathrm{in}(f_1), \mathrm{in}(f_2)) \subsetneq (\mathrm{in}(I))$ であることを示せ.

【解答】 まず, $Yf_1 - Xf_2 = Y(X^3 - 2X^2Y^3) - X(X^2Y - 2XY^4 - X) = X^2$ であるから $X^2 \in I$ である. したがって, $X^2 = \mathrm{in}(X^2) \in (\mathrm{in}(I))$ となる. 一方, X^2 は $\mathrm{in}(f_1) = X^3$, $\mathrm{in}(f_2) = X^2Y$ のいずれでもわれないので, 補題 9.3 によって, $X^2 \notin (\mathrm{in}(f_1), \mathrm{in}(f_2)) = (X^3, X^2Y)$ である. ∎

命題 9.3

$I \subseteq K[X_1, \cdots, X_n]$ をイデアルとする. このとき, 次が成り立つ.
(1) $(\mathrm{in}(I))$ は単項式イデアルである.
(2) $g_1, \cdots, g_s \in K[X_1, \cdots, X_n]$ が存在して, $\mathrm{in}(I) = (\mathrm{in}(g_1), \cdots, \mathrm{in}(g_s))$

証明は章末問題 4 を参照.

上の命題とわり算アルゴリズムを利用することによって, 次のヒルベルトの基底定理を示すことができる.

定理 9.3 (ヒルベルトの基底定理)

任意のイデアル $I \subseteq K[X_1, \cdots, X_n]$ は有限生成である. すなわち, $g_1, \cdots, g_t \in I$ が存在して, $I = (g_1, \cdots, g_t)$ となる.

[証明] $I = \{0\}$ の場合は 0 が生成元となることは明らかであるから，$I \neq \{0\}$ としてよい．命題9.3によって，$(\operatorname{in}(I)) = (\operatorname{in}(g_1), \cdots, \operatorname{in}(g_t))$ となる $g_1, \cdots, g_t \in I$ が存在する．このとき，$I = (g_1, \cdots, g_t)$ となることを証明する．

まず，$g_1, \cdots, g_t \in I$ であるから $(g_1, \cdots, g_t) \subseteq I$ であることは明らかである．逆に，$(g_1, \cdots, g_t) \supseteq I$ が成り立つことを証明する．任意の $f \in I$ をとると，わり算アルゴリズムによって，

$$f = a_1 g_1 + \cdots + a_t g_t + r$$

と表される．定理9.1より，r は $\operatorname{in}(g_1), \cdots, \operatorname{in}(g_t)$ のいずれでもわり切れないものとしてよい．

ここで $r = 0$ を背理法で証明することにする．そのため，$r \neq 0$ とすると，

$$r = f - a_1 g_1 - \cdots - a_t g_t \in I$$

と表されることから $\operatorname{in}(r) \in (\operatorname{in}(I)) = (\operatorname{in}(g_1), \cdots, \operatorname{in}(g_t))$ となる．すると，補題9.3によって $\operatorname{in}(r)$ をわり切る $\operatorname{in}(g_i)$ が存在することになるが，これは r の取り方に矛盾する．したがって，$r = 0$ である．よって，

$$f = a_1 g_1 + \cdots + a_t g_t + 0 \in (g_1, \cdots, g_t) \qquad \blacksquare$$

結局，上の証明でわかったことは，I の基底を求めるには $\operatorname{in}(I)$ の基底を求めることが本質的であるということである．このことから，次の定義をすることが自然であることがわかる．

有限集合 $G = \{g_1, \cdots, g_t\}$ がイデアル I の**グレブナー基底**あるいは**標準基底**であるとは，次が成り立つときをいうことにする．

$$(\operatorname{in}(I)) = (\operatorname{in}(g_1), \cdots, \operatorname{in}(g_t))$$

ヒルベルトの基底定理のいっていることを念のために次の系で強調しておこう．

系 9.1

0 以外の任意のイデアル $I \subseteq K[X_1, \cdots, X_n]$ はグレブナー基底を持つ．さらに，I の任意のグレブナー基底は I の基底である．

[証明] 非零なイデアル I に対して $G = \{g_1, \cdots, g_t\}$ を定理9.3の証明のように構成すれば，$(\operatorname{in}(I)) = (\operatorname{in}(g_1), \cdots, \operatorname{in}(g_t))$ かつ $I = (g_1, \cdots, g_t)$ となるから G は I のグレブナー基底である．したがって I はグレブナー基底を持つ．また，同じく定理9.3の証明から，任意のグレブナー基底は I の基底である． $\blacksquare$

9.5 ヒルベルトの基底定理とグレブナー基底

例1 $I = (g_1, g_2)$ とする。ただし，$g_1 = X^3 - 2XY$, $g_2 = X^2Y + X - 2Y^2$ である．また，$K[X, Y]$ における項順序として辞書式順序 (lex) を採用する．このとき，$\{g_1, g_2\}$ が I のグレブナー基底かどうかを決定しよう．

まず，
$$Yg_1 - Xg_2 = Y(X^3 - 2XY) - X(X^2Y + X - 2Y^2) = X^2$$
であるから，$X^2 \in (\text{in}(I))$ であるが，$X^2 \notin (\text{in}(g_1), \text{in}(g_2)) = (X^3, X^2Y)$ であるから $\{g_1, g_2\}$ は I のグレブナー基底ではない． □

例題 9.7

イデアル $I = (g_1, g_2) = (X + Z, Y - Z) \subseteq K[X, Y, Z]$ を辞書式順序 (lex) で考えることにする．ただし，K は標数 0 の体とする．このとき $G = \{g_1, g_2\}$ がグレブナー基底となることを示せ．

【解答】 任意の $f \in I$ に対して，$\text{in}(f) \in (\text{in}(g_1), \text{in}(g_2))$ となることを示せばよい．このことは $\text{in}(f)$ が X あるいは Y でわり切れるということと同値である．$0 \neq f = ag_1 + bg_2 \in I$ とするとき，$\text{in}(f)$ が X, Y のいずれでもわり切れなかったとすると，辞書式順序 (lex) の定義から，f は Z のみの単項式となる．ところが，$f = ag_1 + bg_2$ であるから，f は
$$L = \{(X, Y, Z) \mid g_1(X, Y, Z) = 0, \ g_2(X, Y, Z) = 0\}$$
$$= \{(X, Y, Z) \mid X + Z = 0, \ Y - Z = 0\}$$
上で 0 となる．ここで，$L = \{(-t, t, t) \mid t \in K\}$ となることはすぐわかるから，$f = f(Z) = 0$ ということがわかる．これは $f \neq 0$ と矛盾する．したがって，$\{g_1, g_2\}$ が J のグレブナー基底であることが示せた． ■

グレブナー基底は広中平祐によって標準基底という名称で 1960 年代に導入され，そのすぐ後，独立に Buchberger によって再導入された．Groebner というのは Buchberger が彼の先生である W. Gröbner(1899–1980) に敬意を表したためである．

この節の後半では，ヒルベルトの基底定理を用いて $K[X_1, \cdots, X_n]$ が**ネーター環**であることを示すことにする．ネーター環は一般の可換環における概念であるから，一般的な定義をしておく．R を可換環として，R のイデアルの列 $I_1, I_2, \cdots, I_k, \cdots$ が $I_1 \subseteq I_2 \subseteq \cdots \subseteq I_k \subseteq \cdots$ を満たすとき，このイデアルの

列を**昇鎖**という．例えば，$K[X_1,\cdots,X_n]$ におけるイデアルの列

$$(X_1) \subseteq (X_1, X_2) \subseteq \cdots \subseteq (X_1,\cdots,X_n)$$

は昇鎖である．

一般に，可換環 R の任意のイデアルの昇鎖 $I_1 \subseteq I_2 \subseteq \cdots$ が与えられたとき，自然数 N が存在して

$$I_N = I_{N+1} = I_{N+2} = \cdots$$

となるとき，R は**昇鎖律**を満たすという．昇鎖律を満たす可換環 R を**ネーター環**という．

定理 9.4

$K[X_1,\cdots,X_n]$ はネーター環である．

[証明]　イデアルの昇鎖 $I_1 \subseteq I_2 \subseteq I_3 \subseteq \cdots$ に対して $I = \bigcup_{i=1}^{\infty} I_i$ を考える．

1°　I が $K[X_1,\cdots,X_n]$ のイデアルであることを示す．
  (1) 任意の I_i に対して $0 \in I_i$ であるから $0 \in I$ である．
  (2) $f, g \in I$ とすると i, j が存在して $f \in I_i$, $g \in I_j$ となる．このとき，一般性を失うことなく $i \leq j$ としてよい．すると，$f \in I_i \subseteq I_j$ であることと，I_j がイデアルであることから $f + g \in I_j \subseteq I$ である．
  (3) $f \in I$ と $r \in K[X_1,\cdots,X_n]$ に対して，i が存在して $f \in I_i$ となる．したがって，$rf \in I_i \subseteq I$ が成り立つ．

以上のことから I がイデアルであることが示された．

2°　ヒルベルトの基底定理によって I は有限生成である．I の基底を $\{f_1, \cdots, f_s\}$ とおくと

$$I = (f_1, \cdots, f_s)$$

となる．ここで $I = \bigcup I_i$ であるから $j_1, \cdots, j_s$ が存在して $f_i \in I_{j_i}$ となる．そこで，$N = \max\{j_1, \cdots, j_s\}$ とおくと，$I_1, I_2, \cdots$ が昇鎖であることから $f_i \in I_N$ $(i = 1, \cdots, s)$ となることがいえる．したがって，

$$I = (f_1, \cdots, f_s) \subseteq I_N \subseteq I_{N+1} \subset \cdots \subseteq I$$

となるから，$I_N = I_{N+1} = I_{N+2} = \cdots$ が成り立つ．したがって，$K[X_1,\cdots,X_n]$ は昇鎖律を満たす． ■

9.6 グレブナー基底の性質

前節では $K[X_1,\cdots,X_n]$ の任意の 0 でないイデアル I はグレブナー基底を持つことを示した．本節では，グレブナー基底の性質を述べるとともに，イデアル I の基底がグレブナー基底であるかどうかを判定する条件を与える．

$g_1,\cdots,g_s$ を適当に選んでわり算アルゴリズムを実行する場合，$g_1,\cdots,g_s$ の並べ方を変えると，わり算の結果が変わってしまうことがあるが，グレブナー基底の場合にはそのようなことがないということを次の定理で示す．

定理 9.5

$G=\{g_1,\cdots,g_s\}$ をイデアル $I \subseteq K[X_1,\cdots,X_n]$ のグレブナー基底とする．$g_1,\cdots,g_s$ をどのように並べてわり算アルゴリズムを実行しても，$r \in K[X_1,\cdots,X_n]$ は一致する．

証明は章末問題 5 を参照．

グレブナー基底を用いてわり算を行う場合には，どんな順序でわり算を行っても余り r はただ 1 つであるが，商 $a_1,\cdots,a_s$ はグレブナー基底を並べる順番を変えると変化する．

例2 $I=(g_1,g_2)=(X+Z,Y-Z) \subseteq K[X,Y,Z]$ においては $G=\{g_1,g_2\}$ がそのグレブナー基底である．このとき，$XY \in K[X,Y,Z]$ を $[X+Z,Y-Z]$ でわった場合と $[Y-Z,X+Z]$ でわった場合では商が異なることを確認してみよう．

$[X+Z,Y-Z]$ および $[Y-Z,X+Z]$ でわると

$$XY = Y(X+Z) + (-Z)(Y-Z) + (-Z^2)$$
$$= X(Y-Z) + Z(X+Z) + (-Z^2)$$

となる．したがって，グレブナー基底の並べる順序を変えると，商が異なる場合があることがわかった． □

系 9.2

$G = \{g_1, \cdots, g_s\}$ をイデアル $I \subseteq K[X_1, \cdots, X_n]$ のグレブナー基底とする．このとき，$f \in I$ であるための必要十分条件は f を G でわったときの余りが 0 である．

[証明] **十分性**：f を G でわったときの余り r が 0 のとき，$f \in I$ は明らかである．

必要性：$f \in I$ とすると，$f = a_1 g_1 + \cdots + a_s g_s$ となる $a_1, \cdots, a_s \in K[X_1, \cdots, X_s]$ が存在する．このとき，$f = a_1 g_1 + \cdots + a_s g_s + 0$ は定理 9.5 の証明にある商と余りの表現の 1 つとみなすことができる．したがって，f を G でわったときの余りは 0 となる． ∎

系 9.3

G をイデアル $I \subseteq K[X_1, \cdots, X_n]$ の基底とする．このとき，任意の $f \in I$ に対して f を G でわったときの余りが 0 であると，G は I のグレブナー基底である．

[証明] 任意の $f \in I$ を G でわったときの余りが 0 ということは，$\mathrm{in}(f)$ は $\mathrm{in}(g_1), \cdots, \mathrm{in}(g_t)$ のいずれかでわり切れるということを意味する．これより，$\mathrm{in}(f) \in (\mathrm{in}(g_1), \cdots, \mathrm{in}(g_t))$ となる．したがって，$(\mathrm{in}(I)) = (\mathrm{in}(g_1), \cdots, \mathrm{in}(g_t))$ がいえて，G はグレブナー基底となる． ∎

系 9.2, 9.3 をまとめると，次の命題となる．

命題 9.4

G をイデアル $I \subset K[X_1, \cdots, X_n]$ の基底とする．このとき，G がグレブナー基底であるための必要十分条件は，任意の $f \in I$ に対して f を G でわったときの余りが 0 であることである．

上の命題の同値条件をもってグレブナー基底の定義とすることも多い．

イデアル I のグレブナー基底を G とするとき，I の任意の元 f に対して $G' = G \cup \{f\}$ とすると，G' もグレブナー基底となるから，I のグレブナー基底は一意的には定まらない．また，一般にグレブナー基底は不必要な多項式を含んでいる可能性がある．そこで，できるだけ不必要な多項式を取り去ったグ

レブナー基底のほうが便利なので，

> (1) すべての i について $\mathrm{LC}(g_i) = 1$，すなわち g_i はモニック多項式．
> (2) 任意の $g_i \in G$ について $g_j \nmid g_i$ $(j \neq i)$．

が成り立つグレブナー基底 G を考え，これを**極小グレブナー基底**という．

まず次の補題を証明しておく．

> **補題 9.4**
>
> G を単項式イデアル I のグレブナー基底とし，g を $\mathrm{in}(g) \in (\mathrm{in}(G \backslash \{g\}))$ を満たすものとする．すると，$G \backslash \{g\}$ もグレブナー基底である．

[証明] G がグレブナー基底であるから $(\mathrm{in}(G)) = (\mathrm{in}(I))$ である．ここで，$\mathrm{in}(g) \in (\mathrm{in}(G \backslash \{g\}))$ であると $(\mathrm{in}(G \backslash \{g\})) = (\mathrm{in}(G)) = \mathrm{in}(I)$ が成り立つから，$G \backslash \{g\}$ もグレブナー基底である． ■

補題 9.4 によればイデアル I のグレブナー基底 G が**極小グレブナー基底**であることの定義を，

> (3) $\forall g \in G$, $\mathrm{LC}(g) = 1$
> (4) $\forall g \in G$, $\mathrm{in}(g) \notin (\mathrm{in}(G \backslash \{g\}))$

を満たすときである，といってもよいことがわかる．

グレブナー基底 G が与えられたとき，これから極小グレブナー基底をつくり出すことを考えよう．まず，すべての $g_i \in G$ を $\mathrm{LC}(g_i)$ でわることによって，$\mathrm{LC}(g_i) = 1$ であるとしてよい．

> **極小グレブナー基底を生成するアルゴリズム**
>
> **入力**：グレブナー基底 $G = \{g_1, \cdots, g_s\}$
> **出力**：極小グレブナー基底 G'
> **step1** $G' = G$ とする．
> **step2** $i = 1, \cdots, s$ について，順に以下のことを実行する．
> $g \in G'$ で，$\mathrm{in}(g) | \mathrm{in}(g_i)$ $(g \neq g_i)$ となるものがあれば，$G' \leftarrow G' \backslash g_i$ とする．

このアルゴリズムを実行すると，最終的に G' が (4) を満たすことは明らかであるので，G' は極小グレブナー基底である．

命題 9.5

G, G' がともにイデアル I の極小グレブナー基底であると,$\text{in}(G) = \text{in}(G')$ である.

[証明] 1° G の元 g_1 に対して $\text{in}(g_1) \in (\text{in}(G'))$ であるから,G' の元 g_1' が存在して $\text{in}(g_1')|\text{in}(g_1)$ となる.同様に,$\text{in}(g_1') \in (\text{in}(G))$ であるから $g \in G$ が存在して $\text{in}(g)|\text{in}(g_1')$ となる.これより $\text{in}(g)|\text{in}(g_1)$ が得られるが,G は極小グレブナー基底であるから,$\text{in}(g_1) = \text{in}(g)$ でなければならない.これより $\text{in}(g_1) = \text{in}(g_1')$ が得られる.

2° $g_2 \in G$ に関しても 1° を同じ議論を繰り返すと,$g_2' \in G'$ が存在して $\text{in}(g_2) = \text{in}(g_2')$ となる.G は極小グレブナー基底であるから,$\text{in}(g_1) \neq \text{in}(g_2)$ となって,$g_1' \neq g_2'$ である.この議論を繰り返すことによって,結局,$\text{in}(G) \subseteq \text{in}(G')$ が得られる.

3° G と G' を入れ換えて,上と同じ議論を繰り返すと,議論の対称性によって,$\text{in}(G') \subseteq \text{in}(G)$ が得られる. ■

例題 9.8

辞書式順序 (lex) において
$$G = \{g_1, g_2, g_3, g_4\}$$
$$= \{X^2Y - XY^2 + Y,\ XY^2 + X - Y^3,\ Y^2 + (1/2)Y,\ X - Y\}$$
はグレブナー基底であることは知っているものとして,これを極小グレブナー基底に変換せよ.

【解答】 最初にすることは先頭項係数を 1 にすることであるが,これはすでにそうなっている.さらに,$\text{in}(g_3)|\text{in}(g_2)$,$\text{in}(g_4)|\text{in}(g_1)$ であるから,g_1, g_2 はリストから除くことができる.$\text{in}(g_3), \text{in}(g_4)$ は互いに他ではわり切れないので,リストからはずすことはできない.したがって,極小グレブナー基底は $G' = \{g_3, g_4\}$ となる. ■

グレブナー基底もそうであるが,極小グレブナー基底にも一意性がない.すなわち,イデアル I に対する極小グレブナー基底は一般には複数個存在する.

例えば,例題 9.8 で

$$\{g_3, g_4 + ag_3\} = \{Y^2 + (1/2)Y,\ X - Y + a(Y^2 - (1/2)Y)\}$$

は任意の $a \in K$ に対して極小グレブナー基底となる．したがって，K が無限体であれば，無限個の極小グレブナー基底が存在することになる．そこで，極小グレブナー基底の中から一意的に選び出されるグレブナー基底として，次の**被約グレブナー基底**を定義することにしよう．

G をイデアル $I \in K[X_1, \cdots, X_n]$ のグレブナー基底とする．このとき，$g \in G$ が G に関して**被約**されているとは，g のいかなる項も，$\mathrm{in}(G\setminus\{g\})$ に含まれないときをいうことにする．

G をイデアル $I \subset K[X_1, \cdots, X_n]$ のグレブナー基底とするとき，G が次の 2 条件を満たすとき，G を**被約グレブナー基底**ということにする．

> (1) G のすべての元 g に対して $\mathrm{LC}(g) = 1$
> (2) G のすべての元 g が G に関して被約されている

$G' = \{g_3, g_4 + ag_3\} = \{Y^2 + (1/2)Y,\ X - Y + a(Y^2 - (1/2)Y)\}$ においては，$a = 0$ の場合だけが被約グレブナー基底となっていることに注意しておこう．このことが一般の場合にも成り立つことを主張するのが次の命題である．

命題 9.6

$I \neq \{0\}$ を多項式イデアルとするとき，与えられた項順序に対して，I は唯一の被約グレブナー基底を持つ．

[証明] G を I の極小グレブナー基底とする．ここでの目標は，G のすべての元 g が被約されているように G をつくり直すことである．

1° まず，次のことが成り立つことを証明する．

 主張：ある多項式 $g \in G$ が G に関して被約されているなら，g を含み G と同じ先頭項の集合を持つ極小グレブナー基底においても g は被約されている．

 このことは，被約の定義が，先頭項によってわることができる項がないということと，命題 9.5 からわかる．

2° 次に，任意の $g \in G$ に対して，g' を g を $G\setminus\{g\}$ でわった余りとし，さらに $G' = (G\setminus\{g\}) \cup \{g'\}$ とおく．このとき，G' も I の極小グレブナー基底であることを証明する．

 ここで $\mathrm{in}(g') = \mathrm{in}(g)$ である．なぜなら，G は極小グレブナー基底であるか

ら $\mathrm{in}(g)$ は $\mathrm{in}(G\backslash\{g\})$ のいかなる元でもわり切れない．したがって，$G\backslash\{g\}$ のいずれの元でわっても g の先頭項は余りとして残ることになる．よって，$\mathrm{in}(g) = \mathrm{in}(g')$ である．

　このことは，$(\mathrm{in}(G')) = (\mathrm{in}(G))$ が成り立つことを意味している．また，G' は I に含まれていることから，G' は I のグレブナー基底である．さらに，G' は極小性 (i.e., すべての $g \in G'$ に対して $\mathrm{in}(g) \notin (\mathrm{in}(G'\backslash\{g\})))$ を満たすことも明らかである．したがって，G' は I の極小グレブナー基底であることがわかった．また，g' の定義から，g' は G' に対して被約されていることもわかる．

3° 上で述べた操作を G に対して，G のすべての元が被約されるまで適用する．このプロセスを繰り返す間に極小グレブナー基底は何回か更新される可能性があるが，上で述べたことからわかるように，一度 G のある元が被約されたならば，その元はそれ以降は被約された元であり続ける．したがって，すべての元に対して先ほどの操作を繰り返すことによって，有限回の反復の後に，I の被約グレブナー基底が得られることになる．

4° 最後に示しておかなければならないのは，I に対する被約グレブナー基底はただ 1 つしかないということである．そこで，G, G' をそれぞれ被約グレブナー基底とする．すると，G と G' はそれぞれ極小グレブナー基底であるが，命題 9.5 によって $\mathrm{in}(G) = \mathrm{in}(G')$ である．このことから，$g \in G$ に対して $\mathrm{in}(g) = \mathrm{in}(g')$ となる $g' \in G'$ が存在することがわかる．ここで，$g = g'$ が示されれば (G の元と G' の元が 1 対 1 に対応するので)，$G = G'$ が導かれて，被約グレブナー基底の一意性が示されたことになる．

　$g = g'$ であることを示すために，$g - g' \in I$ を考える．G はグレブナー基底であるので (I のグレブナー基底 G は I の任意の多項式をわり切るので)，$g - g'$ を G でわったときの余りは 0 である．また，$\mathrm{in}(g) = \mathrm{in}(g')$ であることから，g と g' の先頭項どうしは $g - g'$ においては打ち消されている．また，G と G' は被約されているから，$g - g'$ の残った項は $\mathrm{in}(G) = \mathrm{in}(G')$ のいずれの項でもわり切れないことになる．このことは，多項式 $g - g'$ を G でわったときの余りは $g - g'$ それ自身であることを意味している．このことは結局，$g - g' = 0$ すなわち $g = g'$ であることがいえたことになる．

　以上で，すべての証明は終了した． ■

9.7 S–多項式とブーフベルガーの判定法

以下では, f を $G = \{g_1, \cdots, g_s\}$ でわった余りを $\overline{f}^G$ で表すことにする.

例3 $G = [g_1, g_2] = [X^2Y^2 - Y^3, X^4Y^2 - Y^2]$ とし, 項順序を辞書式順序 (lex) とする. また, $f = X^6Y^2$ とするとき $\overline{f}^G$ を求めてみよう.

$$X^6Y^2 = (X^4 + X^2Y + Y^2)(X^2Y^2 - Y^3) + 0 \cdot (X^4Y^2 - Y^2) + Y^5$$

であるから $\overline{X^6Y^2}^G = Y^5$ である. □

本節では, イデアルの基底がグレブナー基底かどうかを判定する問題を考えよう. $\{g_1, \cdots, g_s\}$ がグレブナー基底となるための条件は

$$(\mathrm{in}(I)) = (\mathrm{in}(g_1), \cdots, \mathrm{in}(g_s))$$

となることであるが,

$$G = \{g_1, g_2\}, \quad g_1 = X^2Y - XY^2 + Y, \quad g_2 = XY^2 + X - Y^3$$

としたときに,

$$Yg_1 - Xg_2 = Y(X^2Y - XY^2 + Y) - X(XY^2 + X - Y^3)$$
$$= -X^2 + Y^2$$

というように, g_i の多項式結合によって g_i の先頭項がうち消されてしまうことがある. このとき, この多項式の先頭項は $(\mathrm{in}(g_1), \cdots, \mathrm{in}(g_s))$ に属さない可能性がでてくる. この例のように, 最も簡単な場合である g_i, g_j による先頭項のうち消し, すなわち.

$$aX^\alpha g_i - bX^\beta g_j$$

によって先頭項がうち消される場合を考えよう. ただし, ここからは一般論に戻っているので, ここでの X は $X = (X_1, \cdots, X_n)$ の省略記号であり, $X^\alpha = X_1^{\alpha_1} \cdots X_n^{\alpha_n}$ であることを再確認しておこう. ただし, 必要に応じて X のかわりに $\boldsymbol{X}$ とも書くことにしよう. この場合でも, $aX^\alpha g_i - bX^\beta g_j \in I$ であるから, この多項式の先頭項は $(\mathrm{in}(I))$ に属している. この先頭項の打ち消しについて調べるために, 以下の用語を導入しよう.

$f, g \in K[X_1, \cdots, X_n]$ を 0 でない多項式とする.
(1) $\deg f = \alpha$, $\deg g = \beta$ とする. このとき, $\gamma_i = \max\{\alpha_i, \beta_i\}$ ($i = 1, \cdots, n$) に対して $\gamma = [\gamma_1, \cdots, \gamma_n]$ を定義する. そして X^γ を $\mathrm{LM}(f)$ と $\mathrm{LM}(g)$ の**最小公倍項**といい,

$$X^\gamma = \mathrm{lcm}(\mathrm{LM}(f), \mathrm{LM}(g))$$

で表す.

(2) f と g の多項式結合

$$S(f, g) = \frac{X^\gamma}{\mathrm{in}(f)} \cdot f - \frac{X^\gamma}{\mathrm{in}(g)} \cdot g$$

を f と g の **S–多項式**という (先頭係数の逆数でわることによって, 先頭項を打ち消していることに注意しよう).

例4 $f = X^4 Y^3 - 2XY^3 + Y$, $g = 4X^2 Y^5 + Y^2$ の S–多項式を求めてみよう.

$$\deg f = (4, 3), \quad \deg g = (2, 5)$$

であるから $\gamma = (4, 5)$, $\boldsymbol{X}^\gamma = X^4 Y^5$ である. このとき,

$$S(f, g) = \frac{X^4 Y^5}{X^4 Y^3} \cdot f - \frac{X^4 Y^5}{4 X^2 Y^5} \cdot g = Y^2 \cdot f - (1/4) X^2 \cdot g$$

$$= Y^2 (X^4 Y^3 - 2XY^3 + Y) - (1/4) X^2 (4 X^2 Y^5 + Y^2)$$

$$= -2 X Y^5 + Y^3 - (1/4) X^2 Y^2$$

となる. □

補題 9.5

$G = \{g_1, \cdots, g_s\}$ がイデアル I の基底であるとき, $G \cup \{\overline{S(g_i, g_j)}^G\}$ も I の基底である.

[証明] $S(g_i, g_j)$ の定義から, $S(g_i, g_j)$ は g_i, g_j によって生成されるから, $S(g_i, g_j) \in I$ である. また, $\overline{S(g_i, g_j)}^G$ は $S(g_i, g_j)$ を G でわった余りであるから, $a_1(X), \cdots, a_s(X) \in K[x_1, \cdots, x_n]$ が存在して

$$S(g_i,g_j) = a_1(X)g_1 + \cdots + a_s(X)g_s + \overline{S(g_i,g_j)}^G$$

すなわち

$$\overline{S(g_i,g_j)}^G = S(g_i,g_j) - a_1(X)g_1 - \cdots - a_s(X)g_s$$

となる.したがって $\overline{S(g_i,g_j)}^G \in I$ である.また,G が I の基底なので $G \cup \{\overline{S(g_i,g_j)}^G\}$ も I の基底である. ∎

補題 9.6

各 i に対して $\deg(f_i) = \delta \in \mathbb{N}^n$ であるものとし,$c_i \in K$ に対して和 $\sum_{i=1}^{s} c_i f_i$ を考える.このとき,$\deg\left(\sum_{i=1}^{s} c_i f_i\right) < \delta$ であれば,$\sum_{i=1}^{s} c_i f_i$ は $S(f_i,f_k)$ $(1 \leq j, k \leq s)$ の K 係数の線形結合である.さらに,各 $S(f_i,f_k)$ の多重次数は δ より真に小さい.

[証明] 1° $d_i = \mathrm{LC}(f_i)$ とする.すると,$c_i d_i$ は $c_i f_i$ の先頭係数である.$c_i f_i$ は多重次数 δ を持ち,それらの和は δ よりも真に小さな多重次数を持つから,$\sum_{i=1}^{s} c_i d_i = 0$ であることがいえる.いま,$p_i := f_i/d_i$ と定義すると,p_i の先頭係数は 1 である.ここで,和を

$$\begin{aligned}
\sum_{i=1}^{s} c_i f_i &= \sum_{i=1}^{s} c_i d_i p_i \\
&= c_1 d_1 (p_1 - p_2) + (c_1 d_1 + c_2 d_2)(p_2 - p_3) + \cdots \\
&\quad + (c_1 d_1 + \cdots + c_{s-1} d_{s-1})(p_{s-1} - p_s) \\
&\quad + (c_1 d_1 + \cdots + c_s d_s) p_s
\end{aligned}$$

と折りたたみの形式に書き直す.すると仮定から,すべての i に対して $\mathrm{in}(f_i) = \mathrm{LC}(f_i) \cdot \mathrm{LM}(f_i) = d_i X^\delta$ であるので,$\mathrm{LM}(f_j)$ と $\mathrm{LM}(f_k)$ の最小公倍元は X^δ である.したがって,

$$\begin{aligned}
S(f_j, f_k) &= \frac{X^\delta}{\mathrm{in}(f_j)} \cdot f_j - \frac{X^\delta}{\mathrm{in}(f_k)} \cdot f_k = \frac{X^\delta}{d_j X^\delta} \cdot f_j - \frac{X^\delta}{d_k X^\delta} \cdot f_k \\
&= p_j - p_k
\end{aligned}$$

となる.ここで,$\sum_{i=1}^{s} c_i d_i = 0$ を用いると,折りたたみの式の和は

$$\sum_{i=1}^{s} c_i f_i = c_1 d_1 S(f_1, f_2) + (c_1 d_1 + c_2 d_2) S(f_2, f_3)$$
$$+ \cdots + (c_1 d_1 + \cdots + c_{s-1} d_{s-1}) S(f_{s-1}, f_s)$$

となり，求める式が得られる．

2° p_j と p_k は多重次数が δ で，先頭係数が 1 であるから，その差 $p_j - p_k$ の先頭項は互いに打ち消しあって (多重次数) $< \delta$ となる．ここで $p_j - p_k = S(f_j, f_k)$ であるから，$\deg S(f_j, f_k) < \delta$ がいえるので，補題は示された．∎

定理 9.6 (ブーフベルガーの判定条件)

I を多項式環のイデアルとし，$G = \{g_1, \cdots, g_s\}$ を I の基底とする．また，項順序を固定して考える．このとき，次の 2 条件は同値である．
(1) G は I のグレブナー基底である．
(2) すべての i, j $(i \neq j)$ に対して，$S(g_i, g_j)$ を G でわった余りは 0 である．

[証明] (1) $\Rightarrow$ (2)：G がグレブナー基底であるとすると，定義より $S(g_i, g_j) \in I$ は明らかであるから G によるわり算の余りは命題 9.4 によって 0 である．
(2) $\Rightarrow$ (1)：$f \in I$ を 0 でない多項式とする．すべてのペア i, j に対する S-多項式を G でわったときの余りが 0 なら，$\mathrm{in}(f) \in (\mathrm{in}(g_1), \cdots, \mathrm{in}(g_s))$ であることを示す必要がある．

与えられた $f \in I = (g_1, \cdots, g_s)$ に対して，$h_i \in K[X_1, \cdots, X_n]$ が存在して
$$f = \sum_{i=1}^{t} h_i g_i$$
と表記できる．このとき，$\mu(i) = \deg h_i g_i$ として，
$$\delta = \max\{\mu(1), \cdots, \mu(s)\}$$
と定義すると，$\deg f \leq \max\{\deg h_i g_i\} = \delta$ となる．f を $g_1, \cdots, g_t$ の多項式結合で表現する式が唯一に定まる保証は一般的にはない．また，その場合，それぞれの表現に対しての δ が異なる可能性がある．ところが，項順序は整列順序であるから，そのような何通りかのうちで δ が最小になるような f の $g_1, \cdots, g_s$ による表現を選ぶことができる．

そこで，最小の δ が得られるような f の表現が選ばれたものとする．このと

9.7 S-多項式とブーフベルガーの判定法

き, $\deg f = \delta$ であることを証明する. これがいえると,

$$\deg f = \max(\deg h_i g_i) = \deg h_i g_i$$

が適当な i に対して成り立つ. このことから $\mathrm{in}(f)$ が $\mathrm{in}(g_i)$ でわり切れることがいえる. すると, $\mathrm{in}(f) \in (\mathrm{in}(g_1), \cdots, \mathrm{in}(g_s))$ が示されたことになり, 定理が証明されたことになる.

そこで, $\deg f < \delta$ と仮定する. $\deg h_i g_i = \mu(i) = \delta$ である項だけ別にして f を書き直すと,

$$f = \sum_{\mu(i)=\delta} h_i g_i + \sum_{\mu(i)<\delta} h_i g_i$$
$$= \sum_{\mu(i)=\delta} \mathrm{in}(h_i) g_i + \sum_{\mu(i)=\delta} (h_i - \mathrm{in}(h_i)) g_i + \sum_{\mu(i)<\delta} h_i g_i \tag{9.1}$$

となる. この式の 2 行目に注目すると,

$$\deg \sum_{\mu(i)=\delta} (h_i - \mathrm{in}(h_i)) g_i < \delta, \quad \deg \sum_{\mu(i)<\delta} h_i g_i < \delta$$

であるから, $\deg(f) < \delta$ であるという仮定によって,

$$\deg \sum_{\mu(i)=\delta} \mathrm{in}(h_i) g_i < \delta$$

でなけらばならないことがわかる. ここで, $\mathrm{in}(h_i) = c_i X^{\alpha(i)}$ とおくと,

$$\sum_{\mu(i)=\delta} \mathrm{in}(h_i) g_i = \sum_{\mu(i)=\delta} c_i X^{\alpha(i)} g_i$$

は,

$$\deg \sum_{\mu(i)=\delta} c_i X^{\alpha(i)} g_i < \delta$$

を満たす. したがって, $f_i = X^{\alpha(i)} g_i$ とおくことによって, 補題 9.6 を適用することができる. すなわち,

$$\sum_{\mu(i)=\delta} \mathrm{in}(h_i) g_i = \sum_{\mu(i)=\delta} c_i X^{\alpha(i)} g_i = \sum_{j,k} c_{jk} S(f_j, f_k)$$

となる. ただし $c_{jk} \in K$ である. ここで

$$S(f_j, f_k) = \frac{\mathrm{lcm}(\mathrm{Lm}(f_i), \mathrm{Lm}(f_j))}{\mathrm{in}(f_i)} f_i - \frac{\mathrm{lcm}(\mathrm{Lm}(f_i), \mathrm{Lm}(f_j))}{\mathrm{in}(f_j)} f_j$$
$$= \frac{X^\delta}{X^{\alpha(i)} \mathrm{in}(g_i)} X^{\alpha(i)} g_i - \frac{X^\delta}{X^{\alpha(j)} \mathrm{in}(g_j)} X^{\alpha(j)} g_j$$

$$= \frac{X^\delta}{\operatorname{lcm}(g_i, g_j)} \left(\frac{\operatorname{lcm}(g_i, g_j)}{\operatorname{in}(g_i)} g_i - \frac{\operatorname{lcm}(g_i, g_j)}{\operatorname{in}(g_j)} g_j \right)$$
$$= X^{\delta - \gamma_{jk}} S(g_i, g_j) \tag{9.2}$$

であるから,結局,

$$\sum_{\mu(i)=\delta} \operatorname{in}(h_i) g_i = \sum_{j,k} c_{jk} X^{\delta - \gamma_{jk}} S(g_j, g_k) \tag{9.3}$$

となる.ただし,$X^{\gamma_{jk}} = \operatorname{lcm}(\operatorname{LM}(g_j), \operatorname{LM}(g_k))$ である.ここで $S(g_i, g_j)$ を $G = \{g_1, \cdots, g_s\}$ でわったときの余りが 0 となることから,

$$S(g_j, g_k) = \sum_{i=1}^{s} a_{ijk} g_i \tag{9.4}$$

と表すことができる.ただし,$a_{ijk} \in K[X_1, \cdots, X_n]$ である.また,わり算アルゴリズムにおいては任意の i, j, k に対して,

$$\deg a_{ijk} g_i \leq \deg S(g_j, g_k)$$

が成り立つ.

さて,式 (9.4) の両辺に $X^{\delta - \gamma_{jk}}$ をかけると,

$$X^{\delta - \gamma_{jk}} S(g_j, g_k) = \sum_{i=1}^{s} X^{\delta - \gamma_{jk}} a_{ijk} g_i = \sum_{i=1}^{s} b_{ijk} g_i \tag{9.5}$$

と書ける.ただし,ここで $b_{ijk} = X^{\delta - \gamma_{jk}} a_{ijk}$ である.このとき,式 (9.2) と補題 9.6 によって,

$$\deg b_{ijk} g_i \leq \deg X^{\delta - \gamma_{jk}} S(g_j, g_k) < \delta \tag{9.6}$$

である.式 (9.5) を式 (9.3) に代入すると,

$$\sum_{\mu(i)=\delta} \operatorname{in}(h_i) g_i = \sum_{j,k} c_{jk} X^{\delta - \gamma_{jk}} S(g_j, g_k) = \sum_{j,k} c_{jk} \left(\sum_{i} b_{ijk} g_i \right)$$
$$= \sum_{i} \left(\sum_{j,k} b_{ijk} c_{jk} \right) g_i =: \sum_{i} \tilde{h}_i g_i \tag{9.7}$$

となる.すると,式 (9.6) と $c_{jk} \in K$ から,すべての i に対して

$$\deg \tilde{h}_i g_i < \delta$$

である.

最後に式 (9.7) を式 (9.1) に代入すると,

$$f = \sum_i \tilde{h}_i g_i + \sum_{m(i)=\delta} (h_i - \mathrm{in}(h_i)) g_i + \sum_{m(i)<\delta} h_i g_i$$

が得られる．このとき，上の式に現れる各項の多重次数は δ より真に小さいことがわかるが，これは δ の最小性と矛盾する． ∎

例題 9.9

$G = \{g_1, g_2\} = \{X+Z, Y-Z\}$ がイデアル $I = (g_1, g_2)$ のグレブナー基底となっていることをブーフベルガーの判定条件を使って再確認せよ．ただし，項順序は $>_{\mathrm{lex}}$ である．

【解答】 g_1, g_2 の S–多項式をつくると

$$S(g_1, g_2) = \frac{XY}{X} g_1 - \frac{XY}{Y} g_2 = Y(X+Z) - X(Y-Z) = Zg_1 + Zg_2$$

となるから，$\overline{S(g_1, g_2)}^G = 0$ となって，確かに G はグレブナー基底である． ∎

例題 9.10

今度は $G = \{g_1, g_2\}$, $g_1 = X^3 - 2XY$, $g_2 = X^2Y + X$ としたときに，G がイデアル $I = (g_1, g_2)$ のグレブナー基底となっているかどうかを確かめよ．項順序はやはり $>_{\mathrm{lex}}$ である．

【解答】 g_1, g_2 の S–多項式をつくると

$$S(g_1, g_2) = \frac{X^3 Y}{X^3} g_1 - \frac{X^3 Y}{X^2 Y} g_2$$
$$= Y(X^3 - 2XY) - X(X^2Y + X) = -X^2 - 2XY^2$$

となるので，G はグレブナー基底ではない． ∎

9.8 ブーフベルガーのアルゴリズム

$K[X_1,\cdots,X_n]$ のイデアル I の基底がグレブナー基底でないとき，その基底からグレブナー基底を構成することを考えよう．いま，イデアル I とその基底 $G = \{g_1,\cdots,g_s\}$ が与えられているものとする．この基底がグレブナー基底であるかどうかを判定する方法は，定理 9.6 で述べたとおりである．

集合 $\{(i,j)\,|\,1 \leq i < j \leq s\}$ に辞書式順序を入れて，この順序で順に $\overline{S(g_i,g_j)}^G$ を計算して，最初の 0 でない元を g_{s+1} とおく．もしすべてが 0 であれば，すでに G がグレブナー基底となっている．そうでない場合には $G_1 = G \cup \{g_{s+1}\}$ とおく．補題 9.5 によって G_1 も I の基底である．このとき次の補題が成り立つ．

> **補題 9.7**
> 先頭項イデアル $(\mathrm{in}(G_1))$ は先頭項イデアル $(\mathrm{in}(G))$ より真に大きい．すなわち，$(\mathrm{in}(G)) \subsetneq (\mathrm{in}(G_1))$ である．

[証明]　$\mathrm{in}(g_{s+1}) \in (\mathrm{in}(G))$ であると $\mathrm{in}(g_{s+1})$ は $\mathrm{in}(g_1),\cdots,\mathrm{in}(g_s)$ のいずれかでわり切れることになって，g_{s+1} が多項式 $S(g_i,g_j)$ を G でわった余りであることに反する．したがって，$\mathrm{in}(g_{s+1}) \notin (\mathrm{in}(G))$ である．　■

G_1 について G と同じように S–多項式を G_1 でわる操作を行い，余りに 0 でないものがあれば，それを g_{s+2} として $G_2 = G_1 \cup \{g_{s+2}\}$ とおく．このようにして I の基底の昇鎖

$$G \subsetneq G_1 \subsetneq \cdots \subsetneq G_l \subsetneq \cdots$$

が得られる．定理 9.4 によって $K[X_1,\cdots,X_n]$ はネーター環であるから，この操作は有限回で終了する．そのとき得られている基底を G_k とすると，G_k における S–多項式を G_k でわった余りはすべて 0 である．すると定理 9.6 によって，G_k はグレブナー基底である．

上のことをアルゴリズムと定理にまとめておくと次のようになる．

9.8 ブーフベルガーのアルゴリズム

ブーフベルガーのアルゴリズム

入力：イデアル I の基底 $G = \{g_1, \cdots, g_s\}$.
出力：イデアル I のグレブナー基底 G'.
step1 G の S–多項式を順につくり，G による余りをつくる．そのすべてが 0 なら，現在の G がグレブナー基底であるから，$G' = G$ として出力して終了する．そうでなければ 0 でない余りを G に付け加えて step1 の先頭に戻る．

定理 9.7

ブーフベルガーのアルゴリズムによって，I のグレブナー基底を有限回のステップで求めることができる．

ブーフベルガーのアルゴリズムはこのままでは非常に効率が悪い．例えば，一度 $\overline{S(g_i, g_j)}^G = 0$ となったものは，以下のループでも常に 0 となっているが，上のアルゴリズムでは，その項を毎回 0 かどうかチェックしている．この点に注意して，上のアルゴリズムをもう少し効率のよいものにすることができる．実際，一度に 1 つずつ新たな g_k を G に付け加えていく場合には，すでに計算した $\overline{S(g_i, g_j)}^G$ を改めて計算しなおす必要はない．なお，グレブナー基底は計算代数においては，基本的な道具であるので，グレブナー基底を高速に求めるための研究が盛んに行われているが，本書の範囲を越えるので，ここでは述べない．

グレブナー基底から，極小グレブナー基底さらに被約グレブナー基底を求める方法はすでに述べている．この節を閉じるにあたって，実際にグレブナー基底を求めてみよう．

例題 9.11

$G = \{g_1, g_2, g_3\}$, $g_1 = X^3 + 1$, $g_2 = Y^3 + 1$, $g_3 = X^2Y + XY + Y^2 + 1$ を考えよう．ただし，$K = \mathrm{GF}(2)$ とする．このとき，これに基づく被約グレブナー基底を求めよ．

【解答】 まず最初にグレブナー基底を求めよう．

$$S(g_1, g_2) = Y^3 g_1 - X^3 g_2 = X^3 + Y^3 = g_1 + g_2 \in \mathrm{GF}(2)[X]$$
$$S(g_1, g_3) = Y g_1 - X g_3 = X^2 Y + XY^2 + X + Y \in \mathrm{GF}(2)[X]$$

$$= g_3 + (XY^2 + XY + X + Y^2 + Y + 1)$$

となるので，$g_4 = XY^2 + XY + X + Y^2 + Y + 1$ を G に加えて $G = \{g_1, g_2, g_3, g_4\}$ とする．

$$S(g_1, g_4) = Y^2 g_1 - X^2 g_4 = g_1 + g_2$$
$$S(g_2, g_3) = Y g_1 - X g_3 = (X + Y)g_2 + (X^2 + X + Y^2 + Y)$$

なので，$g_5 = X^2 + X + Y^2 + Y$ を新たに生成元に加えて，$G = \{g_1, g_2, g_3, g_4, g_5\}$ とする．

$$S(g_1, g_5) = g_1 - X g_5 = g_4 + g_5$$
$$S(g_2, g_4) = Y g_1 - X g_3 = g_2 + g_4$$
$$S(g_2, g_5) = X^2 g_1 - Y^3 g_5$$
$$= (X^2 + XY^2 + XY + X + Y^2 + Y + 1)g_2 + g_4$$
$$S(g_3, g_4) = X g_3 - Y g_4 = Y g_1 + (X + 1)g_2 + g_3$$
$$S(g_3, g_5) = g_2$$
$$S(g_4, g_5) = Y g_1 + Y g_2 + (Y + 1)g_3 + g_4$$

であるから，$G = \{g_1, g_2, g_3, g_4, g_5\}$ はグレブナー基底であることがいえる．なお，被約グレブナー基底は

$$\tilde{G} = \{Y^3 + 1, XY^2 + XY + Y + X^2 + X + 1, X^2 + X + Y^2 + Y\}$$

となる．

9.9 2次元巡回符号とグレブナー基底

GF(q) 上の $m \times n$ 行列全体からなる集合 G をまず考えよう. $m \times n$ 行列は $l = mn$ 次元行列と自然に同一視できるから, G は GF(q) 上の l 次元ベクトル空間である. W を G の線形部分空間とする. すなわち, W は和と GF(q) 上の元のスカラー倍に対して閉じているものとする. このとき, W を符号長 l の線形符号というのであった. $A \in W$ を任意にとったとき, A の行を巡回置換して得られる行列も, 列を巡回置換して得られる行列も, W に含まれるものとする. このとき W を $m \times n$ の **2次元巡回符号** という.

例5 G を GF(2) 上の 2×2 行列全体からなる集合とし, $W = \{A, B, C, D\}$ を
$$A = \begin{bmatrix} 0 & 0 \\ 0 & 0 \end{bmatrix}, \quad B = \begin{bmatrix} 1 & 0 \\ 0 & 1 \end{bmatrix}, \quad C = \begin{bmatrix} 0 & 1 \\ 1 & 0 \end{bmatrix}, \quad D = \begin{bmatrix} 1 & 1 \\ 1 & 1 \end{bmatrix}$$
とすると, W は 2×2 の2次元巡回符号である. □

通常の巡回符号を多項式で表現すると便利であったので, 2次元巡回符号も多項式で表現することを考えてみよう. $A \in W$ は行列
$$A = \begin{bmatrix} a_{0,0} & \cdots & a_{0,n-1} \\ \vdots & & \vdots \\ a_{m-1,0} & \cdots & a_{m-1,n-1} \end{bmatrix}$$
であるので, この多項式表現は2変数 X, Y を使って
$$A(X, Y) = \sum_{i=0}^{m-1} \sum_{j=0}^{n-1} a_{ij} X^i Y^j$$
と表すのが自然であろう.

例6 上の **例5** に対しては $A(X, Y) = 0$, $B(X, Y) = XY + 1$, $C(X, Y) = X + Y$, $D(X, Y) = XY + X + Y + 1$ となっている. □

この多項式表現を用いたとき, 行の巡回置換および列の巡回置換はそれぞれ
$$\overline{XA(X, Y)} \bmod (X^m - 1), \quad \overline{YA(X, Y)} \bmod (Y^n - 1)$$
と表すことができる. ここで, $\overline{XA(X, Y)} \bmod (X^m - 1)$ は $A(X, Y)$ を X の多項式として, $X^m - 1$ でわって, 剰余をとることを表す記号であり, $\overline{YA(X, Y)} \bmod (Y^n - 1)$ は $A(X, Y)$ を Y の多項式として, $Y^n - 1$ でわって, 剰余をとることを表す記号とする.

例7 上の **例5** において，行列 B を列方向に巡回することは多項式 $YB(X,Y) = Y(XY+1) = XY^2 + Y \equiv X + Y \bmod (Y^2 - 1)$ を考えることに対応するが，$X + Y = C(X,Y)$ であるから，C の多項式表現が得られることがわかる．□

そこで，$\mathrm{GF}(q)$ 上の任意の2変数多項式 $f(X,Y) = \sum_i \sum_j a_{ij} X^i Y^j$ と任意の符号多項式 $c(X,Y)$ に対して $f(X,Y)c(X,Y)$ を考えてみよう．このとき，
$$f(X,Y) \equiv \sum_i \sum_j a_{ij} \overline{X^i Y^j c(X,Y)} \bmod (X^m - 1)$$
であるが，$\overline{X^i c(X,Y)} \bmod (X^m - 1)$ は符号多項式であるから，
$$f(X,Y) \equiv \sum_j a_{ij} Y^j \overline{\sum_i X^i c(X,Y)} \bmod (X^m - 1, Y^n - 1)$$
$$= \overline{\sum_i \sum_j a_{ij} X^i Y^j c(X,Y)} \bmod (X^m - 1, Y^n - 1)$$
も符号多項式となることがわかる．このとき，$X^m - 1$, $Y^n - 1$ の順に剰余をとっても，$Y^n - 1$, $X^m - 1$ の順に剰余をとっても同じ結果となることは容易に確かめることができる．

さて，ここで2次元巡回符号の生成多項式について考えてみよう．2変数多項式環のイデアルは一般には単項イデアルではないので，生成多項式を通常の巡回符号の場合のように1つだけ選択するということは必ずしも便利なものではない．そこで，$f_1(X,Y) = X^{m-1} - 1$, $f_2(X,Y) = Y^{n-1} - 1$ とし，$f_1(X,Y), \cdots, f_l(X,Y)$ を2次元巡回符号の生成多項式とする．さらに，イデアル $(f_1(X,Y), \cdots, f_l(X,Y))$ の被約グレブナー基底を $G = \{g_1(X,Y), \cdots, g_k(X,Y)\}$ としよう．こうすれば，$m \times n$ の2次元巡回符号 W において，X, Y に関してそれぞれ $m-1$, $n-1$ 次以下の多項式 $w(X,Y)$ が W の符号多項式となるための必要十分条件は $w(X,Y)$ が G によってわり切れることとなる．

例8 3×3 の2次元巡回符号のイデアル基底を $\mathrm{GF}(2)[X]$ 上で
$$\{X^3 - 1, Y^3 - 1, X^2 Y + XY + Y^2 + 1\}$$
とすると，これに対する被約グレブナー基底は前節の結果から
$$\tilde{G} = \{Y^3 + 1, XY^2 + XY + Y + X^2 + X + 1, X^2 + X + Y^2 + Y\}$$
となる．ただし，$X^3 - 1 = X^3 + 1 \in \mathrm{GF}(2)[X]$ であることに注意しよう．□

9章の問題

□ **1** $\mathbb{N}^n$ 上の順序付け $>$ は,すべての $\mathbb{N}^n$ 上の狭義減少列 $\alpha(1) > \alpha(2) > \alpha(3) > \cdots$ が必ず有限で終わるとき,またそのときに限って整列順序となることを示せ.

□ **2** $\mathbb{N}^n$ 上の辞書式順序は項順序であることを示せ.

□ **3** $I = (X^\alpha \mid \alpha \in A)$ を単項式イデアルとし,I の有限個の元からなる基底 $I = (X^{\beta(1)}, \cdots, X^{\beta(s)})$ が存在するとする.すべての i $(1 \leq i \leq s)$ に対して $X^{\beta(i)}$ をわり切るような $X^{\alpha(i)}$ $(\alpha(i) \in A)$ が存在するならば,
$$I = (X^{\alpha(1)}, \cdots, X^{\alpha(s)})$$
であることを示せ.

□ **4** $I \subseteq K[X_1, \cdots, X_n]$ をイデアルとする.このとき,次のことを示せ.
 (1) $(\mathrm{in}(I))$ は単項式イデアルである.
 (2) $g_1, \cdots, g_s \in K[X_1, \cdots, X_n]$ が存在して,$\mathrm{in}(I) = (\mathrm{in}(g_1), \cdots, \mathrm{in}(g_s))$ となる.

□ **5** $G = \{g_1, \cdots, g_s\}$ をイデアル $I \subseteq K[X_1, \cdots, X_n]$ のグレブナー基底とする.$g_1, \cdots, g_s$ をどのように並べてわり算アルゴリズムを実行しても,$r \in K[X_1, \cdots, X_n]$ は一致することを示せ.

問 題 解 答

1 イントロダクション

1 (1) (反射律) $a \in A$ なら $\mathcal{A}$ が A の分割なので, $a \in A_\lambda$ となる $\lambda \in \Lambda$ が存在する. このとき, $a \sim a$ が成り立つのは明らかである.
(2) (対称律) $a \sim b$ なら $a, b \in A_\lambda$ となる $\lambda \in \Lambda$ が存在する. このとき $\sim$ の定義から $b \sim a$ が成り立つ.
(3) (推移律) $a \sim b, \; b \sim c$ なら $a, b \in A_\lambda, \; b, c \in A_\mu$ となる $\lambda, \mu \in \Lambda$ が存在する. このとき, $b \in A_\lambda \cap A_\mu$ であるから, $A_\lambda \cap A_\mu \neq \emptyset$ である. すると, $\mathcal{A}$ は A の分割であることから $A_\lambda = A_\mu$ がいえる. したがって, $a, c \in A_\lambda$ となるので $a \sim c$ が成り立つ.

2 $\sim$ によって導かれる A の分割を $\mathcal{B}$ とおく. 任意の $[a] \in \mathcal{B}$ に対して $a \in [a]$ であるが, $\mathcal{A}$ も A の分割であるから, $a \in A_\lambda$ となる $A_\lambda \in \mathcal{A}$ がただ 1 つ存在する. このとき,

$$b \in [a] \;\Leftrightarrow\; a \sim b \quad (a, b \in A_\lambda)$$

となるから, $[a] = A_\lambda$ となる. したがって, $\mathcal{A} = \mathcal{B}$ である.

3 1° f を全射とすると, 任意の $b \in B$ に対して $f(a) = b$ となる $a \in A$ がある. このとき $a = f^{-1}(b)$ であるから $f^{-1}(b) \neq \emptyset$ である. 逆に, 任意の $b \in B$ に対して $f^{-1}(b) \neq \emptyset$ とすると, $a \in f^{-1}(b)$ となる $a \in A$ が存在する. このとき $f(a) = b$ となるから, f は全射である.
2° f を単射とするする. いま, $b \in B$ で $f^{-1}(b)$ が空集合あるいは唯一の元からなる集合になっていないものがあるとすると, $a, c \in f^{-1}(b)$ となる $a, c \in A$ がある. このとき $f(a) = b = f(c)$ となるから, f は単射ではないことになって, 矛盾が生じる. 逆に, 任意の $b \in B$ に対して $f^{-1}(b)$ は空集合あるいは唯一の元からなる集合になっているものとする. ここで, f が単射でないと $f(a) = f(c) = b$ となる $a, c \in A, \; b \in B$ が存在する. このとき $f^{-1}(b) \supseteq \{a, c\}$ であるから, 矛盾である.

2 群　　論

1　$x \circ x^{-1} = x^{-1} \circ x = e$ であるから x は x^{-1} の逆元である．一方，x^{-1} の逆元は定義によって $(x^{-1})^{-1}$ と書くわけであるが，逆元の一意性から $x = (x^{-1})^{-1}$ がいえる．

2　必要性は明らかであるから，十分条件を示すことにする．

(1)　(結合則) $x, y, z \in H$ とすると，$x, y, z \in G$ であるから，
$$(x \circ y) \circ z = x \circ (y \circ z)$$

(2)　(単位元の存在) $H \neq \emptyset$ であるから，$x \in H$ が存在する．すると，$e = x \circ x^{-1} \in H$ である．

(3)　(逆元の存在) $x \in H$ に対して，$e \circ x^{-1} = x^{-1} \in H$ である．

(4)　(H が $\circ$ に関して閉じていること) $x, y \in H$ とすると，$y^{-1} \in H$ である．すると，$x \circ (y^{-1})^{-1} = x \circ y \in H$ である．

3　(1)　(反射律) $x \in G$ に対して $x^{-1}x = e \in H$ である．したがって，$x \sim x$．

(2)　(対称律) $x, y \in G$ に対して，$x \sim y$ なら $y^{-1}x \in H$ であるから，$(y^{-1}x)^{-1} = x^{-1}y \in H$．したがって，$y \sim x$ である．

(3)　(推移律) $x, y, z \in G$ に対して $x \sim y, y \sim z$ なら，$y^{-1}x, z^{-1}y \in H$ であるから，
$$(z^{-1}y)(y^{-1}x) = z^{-1}x \in H$$

である．したがって，$x \sim z$ である．

以上によって，$\sim$ が G の同値関係であることが証明できた．

$x \in G$ の同値類 $\bar{x}$ を求めてみよう．$x \sim y$ とすると $y \sim x$ すなわち $x^{-1}y \in H$ となるので，$z \in H$ が存在して $x^{-1}y = z$ すなわち $y = xz \in xH$ となる．

逆に，$y \in xH$ とすると，$z \in H$ が存在して $y = xz$ となるので，$x^{-1}y = z \in H$，すなわち $y \sim x$ がいえるから，$x \sim y$ となる．これによって，$\bar{x} = xH$ となることがいえた．

4　(1)　$x \in G$ に対して
$$xex^{-1} = xx^{-1} = e \Rightarrow x\{e\}x^{-1} = \{e\}$$

であるから，$\{e\}$ は正規部分群である．

(2)　G が G の正規部分群であることは，任意の $z \in G$ に対して
$$xzx^{-1} \in G \Rightarrow xGx^{-1} \subseteq G$$

となることからわかる．

5　(1)　$x', y' \in f(H)$ とすると，$f(x) = x', f(y) = y'$ となる $x, y \in H$ が存在する．

すると，
$$x'(y')^{-1} = f(x)f(y)^{-1} = f(x)f(y^{-1}) = f(xy^{-1})$$
となるが，$xy^{-1} \in H$ であるから $x'(y')^{-1} \in f(H)$ となって，定理 2.2 から $f(H)$ が G' の部分群になることがいえる．

(2) H' を G' の部分群として，$x, y \in f^{-1}(H')$ とすると，$f(xy^{-1}) = f(x)f(y)^{-1} = f(x)f(y)^{-1} \in H'$ であるから，$f^{-1}(H')$ は G の部分群である．

6 (1) f が準同型であること．
$x, y \in \mathbb{R}$ とすると $f(x+y) = e^{x+y} = e^x e^y = f(x)f(y)$ である．

(2) 単射であること．$e^x = e^y$ に対して両辺の自然対数をとると $x = y$ が得られるから，f は単射である．

(3) 全射であること．$y > 0$ に対して $x = \log y$ とおくと $f(x) = e^x = e^{\log y} = y$ であるから，f は全射である．

7 $n = qm + r$, $q \in \mathbb{N}$, $0 \le r < m$ とすると，$e = a^n = a^{qm+r} = (a^m)^q a^r = e^q a^r = a^r$ であるが，a の位数が m であるから，$r = 0$ となる．したがって n は m の倍数である．

8 $1°$ $b^n = (a^d)^n = a^{dn} = a^m = e$ である．

$2°$ $1 \le k < n$ で $b^k = e$ とすると，$e = b^k = (a^d)^k = a^{dk}$ となるが，$dk < m$ であるから，これは a の位数が m であることに反する．したがって，b の位数は n である．

3 環 論

1 x が右逆元 y を持つとすると，$xy = 1$ である．また，左逆元 z を持つとすると $zx = 1$ である．すると，
$$z = z1 = z(xy) = (zx)y = 1y = y$$
となるから，$z = y$ は逆元である．また，z 自身も逆元 x を持つ．したがって，U は乗法群となる．

2 (1) aR が加法群となることは，$x, y \in aR$ としたとき $x - y \in aR$ となることをいえばよい．$x = ar$, $y = ar'$ となる $r, r' \in R$ が存在するから，
$$x - y = ar - ar' = a(r - r') \in aR$$
がいえる．次に，$x \in aR$ と $r \in R$ をとると，$x = ar'$ となる $r' \in R$ が存在するから，$xr = (ar')r = a(r'r) \in aR$ となる．したがって，aR は左イデアルである．

(2) $x, y \in RaR$ とすると，

と表すことができるが，このとき，
$$x - y = \sum_{\text{有限和}} rar' + \sum_{\text{有限和}} (-r'')ar''' \in RaR$$
である．また，$x \in RaR$ と $r \in R$ をとると，$x = \sum_{\text{有限和}} r'ar''$ となるから，
$$rx = \sum_{\text{有限和}} (rr')ar'' \in RaR, \quad xr = \sum_{\text{有限和}} r'a(r''r) \in RaR$$
となる．したがって，RaR はイデアルである．

3 必要性：R を体とし，I を 0 以外のイデアルとする．$I \ni a \neq 0$ をとると，$a(\in R)$ は逆元を持つから，$aa^{-1} = 1 \in I$ となる．すると，任意の $r \in R$ に対して $r = r \cdot 1 \in I$ となるから，$I = R$ となる．

十分性：R は自明なイデアルしか持たないものとする．$a \in R$ を 0 でない元とすると $Ra = R$ となるから，$b \in R$ が存在して $ba = 1$ となる．すなわち，a は単元である．したがって，R は体である．

4 $1°$ $a, b \in \mathrm{Ker} f$ とすると，$f(a-b) = f(a) - f(b) = 0 - 0 = 0$ であるから，$a - b \in \mathrm{Ker} f$ である．

$2°$ $a \in \mathrm{Ker} f$ かつ $r \in R$ とすると，$f(ra) = f(r)f(a) = f(r)0 = 0$ であるから，$ra \in \mathrm{Ker} f$ となる．したがって，$\mathrm{Ker} f$ は R のイデアルである．

5 環準同型定理 3.2 によって，I を含むイデアル $J (\subseteq R)$ と R/I のイデアル J' とは，$I \subsetneq J \subsetneq R \leftrightarrow \{0\} \subsetneq J' \subsetneq R/I$ によって 1 対 1 に対応する．したがって，I が極大イデアルであることと，R/I が自明なイデアル以外にイデアルと持たないことが同値である．これより，命題 3.2 によって R/I は体である．

6 J を $I = f^{-1}(I')$ を真部分集合として含む R のイデアルとする．このとき，$J = R$ となることを証明すればよい．まず，$x \in J \setminus I = \{y \in J \mid y \notin I\}$ が存在することに注意して，$x' = f(x) \notin I'$ とおく．I' が R' の極大イデアルであるから，$R' = I' + R'x'$ となる．したがって，$1 = u' + r'x'$ を満たす $u' \in I'$ と $r' \in R'$ が存在する．ここで，任意の $y \in R$ および $y' = f(y)$ に対して，
$$y' = (y'u') + (y'r')x'$$
となるが，$y'u' \in I'$ かつ $y'r' \in R'$ であるから，$\alpha \in I$ と $\beta \in R$ が存在して，
$$f(\alpha) = y'u', \quad f(\beta) = y'r'$$
となる．このとき，

$$f(y-(\alpha+\beta x)) = f(y) - (f(\alpha)+f(\beta)f(x)) = y' - (y'u'+y'r'x') = 0$$

であるから, $y-(\alpha+\beta x) \in I$ が得られる. したがって, $\gamma \in I$ が存在して, $y = (\gamma+\alpha)+\beta x \in I+Rx$ となる. y は任意であったから, 結局, $R \subseteq I+Rx$ が得られるから $R = I+Rx$ である. これより $R = I+Rx \subseteq J \subseteq R$ となって, $J = R$ となる.

7 $1/1$ が単位元となることと, 結合法則が成り立つことは,
$$1/1 \cdot a/s = (1 \cdot a)/(1 \cdot s) = a/s,$$
$$(a/s \cdot b/t) \cdot c/u = (ab/st) \cdot c/u = abc/stu = a/s \cdot (bc/tu) = a/s \cdot (b/t \cdot c/u)$$
よりわかる.

8 環の公理系を順番に示していくことにする.

(1) $(S^{-1}R, +)$ がアーベル群であること:
(結合則) $a/s, a'/s', a''/s'' \in S^{-1}R$ とすると,
$$(a/s + a'/s') + a''/s''$$
$$= (s'a+sa')/ss' + a''/s'' = (s''(s'a+sa')+ss'a'')/ss's''$$
$$= (s's''a + s(s''a'+s'a''))/ss's'' = a/s + (s''a'+s'a'')/s's''$$
$$= a/s + (a'/s' + a''/s'')$$

(零元の存在) $0/1$ が $S^{-1}R$ の単位元となることは明らかである.
(反元の存在) a/s の反元が $(-a)/s$ であることも明らかである.

(2) $((S^{-1}R)^*, \cdot) = (S^{-1}R \setminus \{0/1\}, \cdot)$ が結合則を満たすことと単位元の存在:
(結合則) $a/s, a'/s', a''/s'' \in S^{-1}R$ とすると,
$$(a/s \cdot a'/s') \cdot a''/s'' = aa'/ss' \cdot a''/s'' = (aa')a''/(ss')s''$$
$$= a(a'a'')/s(s's'') = a/s \cdot a'a''/(s's'')$$
$$= a/s \cdot (a'/s' \cdot a''/s'')$$

(単位元の存在) $1/1$ が $S^{-1}R$ の単位元となることは明らかである.

(3) (分配則) $a/s, a'/s', a''/s'' \in S^{-1}R$ とする. すると,
$$a/s \, (a'/s' + a''/s'') = (a/s) \cdot (s''a'+s'a'')/s's''$$
$$= (s''aa'+s'aa'')/ss's''$$
$$= s''aa'/ss's'' + s'aa''/ss's''$$
$$= (aa'/ss') + (aa''/ss'')$$
$$= (a/s) \cdot (a'/s') + (a/s) \cdot (a''/s'')$$

である.

9 命題 3.6 によって $u, v \in R$ が存在して
$$ua + vb = 1$$
となる.この両辺に c をかけると $uac + vbc = c$ である.また,$a|bc$ であるから,$bc = at$ となる $t \in R$ が存在する.これを上式に代入すると,
$$c = uac + vat = (uc + vt)a$$
となる.したがって,$a|c$ である.

10 (反射律) $a = a1$ であるから,$a \approx a$ である.
(対称律) $a \approx b$ とすると,$a = bu$ と書ける.ただし u は単元である.u^{-1} も単元であるから,$b = au^{-1}$ より $b \approx a$ である.
(推移律) $a \approx b$, $b \approx c$ とすると,$a = bu$, $b = cu'$ と書ける.ただし u, u' は単元である.すると,$a = bu = c(u'u)$ であるから,$a \approx c$ である.

11 1° $\mathbb{Z}(\sqrt{-5}) = \{a + b\sqrt{-5} \mid a, b \in \mathbb{Z}\}$ は環である.
[証明] R がかけ算に関して閉じていることは $a + b\sqrt{-5}, c + d\sqrt{-5} \in \mathbb{Z}(\sqrt{-5})$ に対して
$$(a + b\sqrt{-5})(c + d\sqrt{-5}) = (ac - 5bd) + (ad + bc)\sqrt{-5} \in R$$
となることからわかる.すると $\mathbb{Z}(\sqrt{-5})$ は複素数体 $\mathbb{C}$ の部分環になっていることは明らかである.

2° $\mathbb{Z}(\sqrt{-5})$ の単数群は $\{1, -1\}$ である.
[証明] $a, b, c, d \in \mathbb{Z}$ に対して $(a + b\sqrt{-5})(c + d\sqrt{-5}) = 1$ となるものとする.すると,
$$\begin{cases} ac - 5bd = 1 \\ ad + bc = 0 \end{cases}$$
となる.(第 2 式) $\times bc -$ (第 1 式) $\times bd$ をつくると,
$$(bc)^2 + 5(bd)^2 = -bd$$
が得られる.これより
$$0 \leq (bc)^2 = -5(bd)^2 - bd = -bd(5bd + 1)$$
となる.ここで $-bd(5bd + 1) > 0$ を bd について解くと $-1/5 < bc < 0$ となるが,b, d は整数であるから,これはあり得ない.したがって
$$0 \leq (bc)^2 = -bd(5bd + 1) \leq 0$$
となるから,$bc = bd = 0$ である.$b \neq 0$ とすると,$c = d = 0$ となって $ac - 5bd = 1$

が成り立たないから，$b=0$ である．すると，$ad+bc=0$ から $ad=0$ となる．したがって，$a=b=0$ あるいは $b=d=0$ となる．$a=b=0$ はあり得ないから，$b=d=0$ である．したがって，$ac=1$ となる．

$3°$　$3, 2+\sqrt{-5}, 2-\sqrt{-5} \in \mathbb{Z}(\sqrt{-5})$ が既約元であることを示す．

[証明]　(1) 証明は $2°$ と基本的に同じである．$a,b,c,d \in \mathbb{Z}$ として，$3 = (a+b\sqrt{-5})(c+d\sqrt{-5})$ が成り立つものとする．すると，

$$\begin{cases} ac-5bd = 3 \\ ad+bc = 0 \end{cases}$$

となる．(第2式)$\times bc -$ (第1式)$\times bd$ をつくると，

$$(bc)^2 + 5(bd)^2 = -3bd$$

が得られる．$a,b,c,d \in \mathbb{Z}$ であるから，

$$0 \leq (bc)^2 = -5(bd)^2 - 3bd = -bd(5bd+3) \leq 0$$

である．したがって，$bc=bd=0$ となる．$b \neq 0$ はあり得ないから，$b=0$ となる．すると，$d=0$，$ac=3$ である．したがって，3は既約元である．

(2) $a,b,c,d \in \mathbb{Z}$ として，$2+\sqrt{-5} = (a+b\sqrt{-5})(c+d\sqrt{-5})$ が成り立つものとする．すると，

$$\begin{cases} ac-5bd = 2 \\ ad+bc = 1 \end{cases}$$

となる．(第2式)$\times bc -$ (第1式)$\times bd$ をつくると，

$$(bc)^2 + 5(bd)^2 = bc - 2bd$$

が得られる．$a,b,c,d \in \mathbb{Z}$ であるから，

$$0 \leq bc(bc-1) = (bc)^2 - bc = -5(bd)^2 - 2bd = -bd(5bd+2) \leq 0$$

である．したがって，$bc=bd=0$ となる．$b \neq 0$ はあり得ないから，$b=0$ となる．すると，$b=0$, $ac=2$, $ad=1$ となるから，$(a,b,c,d) = (1,0,2,1)$ か $(a,b,c,d) = (-1,0,-2,-1)$ である．したがって，$2+\sqrt{-5}$ は既約元である．

(3) $a,b,c,d \in \mathbb{Z}$ として，$2-\sqrt{-5} = (a+b\sqrt{-5})(c+d\sqrt{-5})$ が成り立つものとする．すると，

$$\begin{cases} ac-5bd = 2 \\ ad+bc = -1 \end{cases}$$

となる．(第2式)$\times bc -$ (第1式)$\times bd$ をつくると，

$$(bc)^2 + 5(bd)^2 = -bc - 2bd$$

が得られる．$a, b, c, d \in \mathbb{Z}$ であるから，
$$0 \leq bc(bc+1) = (bc)^2 + bc = -5(bd)^2 - 2bd = -bd(5bd+2) \leq 0$$
である．したがって，$bc = bd = 0$ となる．$b \neq 0$ はあり得ないから，$b = 0$ となる．すると，$b = 0$, $ac = 2$, $ad = -1$ となるから，$(a, b, c, d) = (1, 0, 2, -1)$ か $(a, b, c, d) = (-1, 0, -2, 1)$ である．したがって，$2 + \sqrt{-5}$ は既約元である．

$3°$ 最後に，$9 = 3^2 = (2+\sqrt{-5})(2-\sqrt{-5})$ であるから，既約元の積への分解の一意性が成り立たない．したがって，$\mathbb{Z}(\sqrt{-5})$ は一意分解環ではない．

4 初等整数論

1 $a = 104734747$, $b = 214247371$ に拡張ユークリッドの互除法を行うと次のようになる．

$$
\begin{aligned}
214247371 &= 1 \cdot 214247371 & &+ 0 \cdot 104734747 \\
104734747 &= 0 \cdot 214247371 & &+ 1 \cdot 104734747 \\
\hline
214247371 &= 2 \cdot 104734747 & &+ 4777877 \\
4777877 &= 1 \cdot 214247371 & &- 2 \cdot 104734747 \\
\hline
104734747 &= 21 \cdot 4777877 & &+ 4399330 \\
4399330 &= -21 \cdot 214247371 & &+ 43 \cdot 104734747 \\
\hline
4777877 &= 1 \cdot 4399330 & &+ 378547 \\
378547 &= 22 \cdot 214247371 & &- 45 \cdot 104734747 \\
\hline
4399330 &= 11 \cdot 378547 & &+ 235313 \\
235313 &= -263 \cdot 214247371 & &+ 538 \cdot 104734747 \\
\hline
378547 &= 1 \cdot 235313 & &+ 143234 \\
143234 &= 285 \cdot 214247371 & &- 583 \cdot 104734747 \\
\hline
235313 &= 1 \cdot 143234 & &+ 92079 \\
92079 &= -548 \cdot 214247371 & &+ 1121 \cdot 104734747 \\
\hline
143234 &= 1 \cdot 92079 & &+ 51155 \\
51155 &= 833 \cdot 214247371 & &- 1704 \cdot 104734747 \\
\hline
92079 &= 1 \cdot 51155 & &+ 40924 \\
40924 &= -1381 \cdot 214247371 & &+ 2825 \cdot 104734747 \\
\hline
51155 &= 1 \cdot 40924 & &+ 10231 \\
10231 &= 2214 \cdot 214247371 & &- 4529 \cdot 104734747 \\
\hline
40924 &= 4 \cdot 10231 & &
\end{aligned}
$$

となるので,
$$(104734747, 214247371) = 10231$$
かつ
$$-4529 \cdot 104734747 + 2214 \cdot 214247371 = 10231$$
が得られる.

2 $b|a$ であるので, $a = pb$ となる $p \in \mathbb{Z}$ が存在する. すると $c|pb\,(=a)$ かつ $(b,c) = 1$ となるので, 定理 4.3 より $c|p$ となる. したがって $p = qc$ となる $q \in \mathbb{Z}$ が存在する. これより $a = pb = qbc$ となるので $bc|a$ がわかる.

3 $d' = (a', b')$ として $a' = a''d'$, $b' = b''d'$, $a'', b'' \in \mathbb{Z}$ とすると
$$a = a'd = a''d'd, \quad b = b'd = b''d'd$$
となるので, $d'd$ が a と b の公約数となる. これより $d = (a,b) \geq dd'$ となる. したがって, $d' = 1$ が得られる.

4 $d' = (a + mb, b)$ とする. このとき $d'|b$, $d'|a + mb$ であるから $d'|a$ となる. したがって $d \geq d'$ が得られる. 一方, $d|a$, $d|b$ であるから $d|a+mb$ となるので, $d|d'$ である. したがって $d' \geq d$ となるので, $d = d'$ が得られる.

5 $p = 2$ のときは $1! = 1 \equiv -1 \pmod{2}$ であるから定理は成り立つ. したがって以下では p は奇素数とする. 系 4.3 あるいは $\mathbb{Z}_p^*$ が群となることを使うと, $a\,(1 \leq a \leq p-1)$ に対して $ab \equiv 1 \pmod p$ となる $b\,(1 \leq p \leq 1)$ がただ 1 つ存在する. ここで, $a = b$ すなわち自分自身が $\mathbb{Z}_p$ で逆元となっているものを考えると,
$$a^2 = 1 \iff (a-1)(a+1) = 0 \iff a = 1, p-1 \in \mathbb{Z}_p$$
となる. $p - 1 \equiv -1 \pmod p$ であるので, 残りの $2, \cdots, p-2$ なる $p-3$ 個 (偶数) の数について考える. $a \in \mathbb{Z}_p$ に対して $ab = 1$ となる $b\,(b \neq a)$ がただ 1 つ存在するわけであるから, a, b を組にしていくと, $2, \cdots, p-2$ はそれぞれが互いに逆元となっている $(p-3)/2$ 個の組に分かれる. したがって, $\mathbb{Z}_p$ で考えると
$$(p-1)! = 1 \cdot \{2 \cdots 3 \cdots (p-2)\}(p-1) = p - 1$$
となる. これを $\mathbb{Z}$ で考えることにすると
$$(p-1)! = 1 \cdot \{2 \cdots 3 \cdots (p-2)\}(p-1) \equiv p-1 \equiv -1 \pmod p$$
となる.

6 $1°$ p は素数であるから, $1, 2, \cdots, p$ のうちで p と互いに素となる数は $1, 2, \cdots, p-1$ の $p-1$ 個である. したがって $\varphi(p) = p-1$ となる.

$2°$ $1, 2, \cdots, p^e$ のうちで p^e と互いに素でない数は, ちょうど p の倍数と一致する.

p の倍数は
$$\{p, 2p, 3p, \cdots, p^e\} = p\{1, 2, \cdots, p^{e-1}\}$$
であるから p^{e-1} 個である．したがって，$\varphi(p^e) = p^e - p^{e-1}$ となる．

7 例題 3.7 によって $m \in \mathbb{N}$ は一意的に素因数分解される．m の素因数を $p_1, \cdots, p_k$ として $m = p_1^{e_1} \cdots p_k^{e_k}$ とすると，命題 4.5 と 4.6 によって，

$$\varphi(m) = \varphi(p_1^{e_1} \cdots p_k^{e_k}) = \varphi(p_1^{e_1}) \cdots \varphi(p_k^{e_k}) = p_1^{e_1}\left(1 - \frac{1}{p_1}\right) \cdots p_k^{e_k}\left(1 - \frac{1}{p_k}\right)$$
$$= p_1^{e_1} \cdots p_k^{e_k}\left(1 - \frac{1}{p_1}\right) \cdots \left(1 - \frac{1}{p_k}\right) = m\left(1 - \frac{1}{p_1}\right) \cdots \left(1 - \frac{1}{p_k}\right)$$

となる．

8 $2^2 = 4, 2^3 = 3, 2^4 = 1$ であるから，$\mathbb{Z}_5^* = \langle 2 \rangle$ となって巡回群である．ほかの元についても見てみると $3^2 = 4, 3^3 = 2, 3^4 = 1, 4^2 = 1$ となるから，位数 1 の元は 1 だけで $\varphi(1) = 1$ 個である．位数 2 の元は 4 だけだから $\varphi(2) = 1$ 個，位数 4 の元は 2, 3 だから $\varphi(4) = 2$ 個となる．

5 公開鍵暗号

1 $\varphi(n) = (p-1)(q-1) = 11200$ であるから，解くべき合同式は $65537d \equiv 1 \pmod{11200}$ である．$65537 = 5 \cdot 11200 + 9537$ であるので，結局 $9537d \equiv 1 \pmod{11200}$ を解けばよい．拡張ユークリッドの互除法によって $2833 \cdot 11200 - 3327 \cdot 9537 = 1$ となるから，$d = -3327 \equiv 7873 \pmod{11200}$ となる．

2 $n = pq = 11413$ である．これより $6369^{65537} \equiv 9357 \pmod{n}$，$7068^{65537} \equiv 5702 \pmod{n}$，$6572^{65537} \equiv 10640 \pmod{n}$ となるので，暗号文は 9357, 5702, 10640 となる．

3 $d = 7873$ を用いて復号すると，$9357^{7873} \equiv 6369 \pmod{n}$，$5702^{7873} \equiv 7068 \pmod{n}$，$10640^{7873} \equiv 6572 \pmod{n}$ となるので，確かに元の平文 6369, 7068, 6572 に復号されることが確かめられる．

4 100 までの素数でわり算すればよいから，$L = \log_2 10^{200} = 332.193$ となる．このとき演算回数はおおよそ $2^{\frac{1}{2}L}/L \approx 3.01 \times 10^{47}$ となる．すると，計算時間は概算で

$$3.01 \times 10^{47}/10^{15}(秒) \geq 3.01 \times 10^{32}/10^9(年) = 3.01 \times 10^{23}(年)$$

となる．宇宙が始まってから現在までがおおよそ 150 億年 $= 1.5 \times 10^{10}$ 年であるから，これでは 200 桁の数が素数である場合の判定は不可能であることがわかる．

5 1105 については

$$1105 = 276 \cdot 4 + 1, \ 1105 = 92 \cdot 12 + 1, \ 1105 = 69 \cdot 16 + 1$$

からカーマイケル数であることが確かめられる．1729 については

$$1729 = 288 \cdot 6 + 1, \ 1729 = 144 \cdot 12 + 1, \ 1729 = 96 \cdot 18 + 1$$

から確かめることができる．2465 については

$$2465 = 616 \cdot 4 + 1, \ 2465 = 154 \cdot 16 + 1, \ 2465 = 88 \cdot 28 + 1$$

となる．6601 については

$$6601 = 1100 \cdot 6 + 1, \ 6601 = 300 \cdot 22 + 1, \ 6601 = 165 \cdot 40 + 1$$

となる．8911 については

$$8911 = 1485 \cdot 6 + 1, \ 8911 = 495 \cdot 18 + 1, \ 8911 = 135 \cdot 66 + 1$$

となる．

6 $k=1, \ q=4455$ であるから，$b=2$ に対して，

$$i = 0, \ 2^{4455} \equiv 6364 \pmod{8911}$$

となるから，出力は「$n=8911$ は合成数」となって，底 2 は $n=8911$ が合成数であることの証拠である．

6 多項式環

1 $f(X) = \sum_i a_i X^i, \ g(X) = \sum_j b_j X^j, \ h(X) = \sum_k c_k X^k$ とおくと

$$(f(X) + g(X)) + h(X)$$
$$= \left(\sum_i (a_i + b_i) X^i \right) + \sum_k c_k X^k = \sum_i ((a_i + b_i) + c_k) X^i$$
$$= \sum_i (a_i + (b_i + c_k)) X^i = \sum_i a_i X^i + \sum_j (b_j + c_j) X^j$$
$$= f(X) + (g(X) + h(X))$$

$$(f(X) \cdot g(X)) \cdot h(X)$$
$$= \left(\sum_k \left(\sum_{i+j=k} a_i b_j \right) X^k \right) \cdot \sum_l c_l X^l$$
$$= \sum_m \left(\sum_{k+l=m} \left(\sum_k \left(\sum_{i+j=k} a_i b_j \right) \right) c_l \right) X^m$$

$$= \sum_m \Big(\sum_{i+j+l=m} a_i b_j c_l\Big) X^m = \sum_m \Big(\sum_{i+k=m} a_i \Big(\sum_k \Big(\sum_{j+l=k} (b_j c_l)\Big)\Big)\Big) X^m$$

$$= \Big(\sum_i a_i X^i\Big) \cdot \sum_k \Big(\sum_{j+l=k} b_j c_l\Big) X^k = f(X) \cdot (g(X) \cdot h(X))$$

となるので,たし算とかけ算に対する結合則が成り立つ.

2 十分条件は明らかなので,必要条件を証明する.系 6.3 によって

$$f(X) = g(X)(X-a) + r(X), \quad \deg r(X) < 1 \text{ または } r(X) = 0$$

となる $g(X), r(X) \in K[X]$ が存在する.$r(X) \neq 0$ とすると $\deg r(X) < 1$ であるから $\deg r(X) = 0$ となって,$0 \neq r(X) = b \in K$ となる.すると,$f(X) = (X-a)g(X) + b$ となるが,このとき $f(a) = b \neq 0$ となるので,$f(a) = 0$ に矛盾する.したがって $r(X) = 0$ である.これより $f(X) = (X-a)g(X)$ である.

3 $f(X)$ が可約とすると,2 つの多項式の積に分解する.$f(X)$ は 3 次の多項式であるから,このとき一方の多項式は必ず 1 次式になる.したがって,$f(X)$ が 1 次因数を持たないことを示せば,$f(X)$ は既約となる.1 次因数を持つ場合には因数定理が成り立つから,$a = 0, 1, 2$ を $f(X)$ に順に代入してゼロとなるかどうかを確かめてみよう.

$X = a$	0	1	2
$2X$	0	2	1
X^3	0	1	2
$X^3 + 2X + 1$	1	1	1

これより,$f(X)$ は $\mathbb{Z}_3$ で根を持たないことがわかるので,$f(X)$ は $\mathbb{Z}_3[X]$ で既約である.

4 補題 6.1 のように

$$f(X) = a_n X^n + a_{n-1} X^{n-1} + \cdots + a_0$$
$$g(X) = b_m X^m + a_{m-1} X^{m-1} + \cdots + b_0$$

とする.p を R の任意の素元 (= 既約元) とする.$f(X)$ は原始多項式であるから,p は $f(X)$ の係数 $a_n, \cdots, a_0$ の公約元ではない.したがって,$a_n, \cdots, a_0$ のうち少なくとも 1 つは p でわり切れない.同様に $g(X)$ も原始多項式であるから,$b_m, \cdots, b_0$ のうち少なくとも 1 つは p でわり切れない.

a_0 から始めて最初にわり切れないものを a_r とする.すなわち $p|a_0, \cdots, p|a_{r-1}, p \nmid a_r$ である.同様に,b_0 から始めて最初にわり切れないものを b_s とする.すなわち $p|b_0, \cdots, p|b_{s-1}, p \nmid b_s$ である.このとき $f(X)g(X)$ の X^{r+s} の係数を考えると

$$\underbrace{a_0b_{r+s}+\cdots+a_{r-1}b_{s+1}}_{p\text{ でわり切れる}}+a_rb_s+\underbrace{a_{r+1}b_{s-1}+\cdots+a_{r+s}b_0}_{p\text{ でわり切れる}}$$

となるが，$p \nmid a_r b s$ であるから，この X^{r+s} の係数は p でわり切れない．p は任意であったから，積 $f(X)g(X)$ の係数はどんな素元も公約元にはならない．したがって，$f(X)g(X)$ の最大公約元は 1 となるから，$f(X)g(X)$ は原始多項式である．

7 体論

1 $f(X)$ が既約多項式ではないとすると，$f(X) = h(X)g(X)$ ($\deg g(X), \deg h(X) \geq 1$) というように分解する．このとき，$f(X)$ がモニックなので $g(X), h(X)$ もモニックとしてかまわない．このとき $f(\alpha) = g(\alpha)h(\alpha) = 0$ であるから，$g(\alpha) = 0$ か $h(\alpha) = 0$ となって，$f(X)$ が最小多項式であることに反する．

2 α, β が K 上代数的であるから，命題 7.5 (3) によって，$K(\alpha, \beta)$ は有限次拡大である．すると命題 7.4 によって，$K(\alpha, \beta)$ は代数拡大である．

3 (1) $\Rightarrow$ (2) $f(X) \in K[X]$ を定数ではない既約多項式とすると，定理 6.5 によって $K[X]/(f(X))$ は体であるが，第 7 章 2 節で述べているようにこれは K の有限次拡大体である．すると，命題 7.4 によって $K[X]/(f(X))$ は K の代数拡大体となる．ところが K は代数的閉体であるから，$K[X]/(f(X)) = K$ でなければならない．これは，$K[X]/(f(X))$ には K の元しかないということであるが，それは $f(X)$ が 1 次式でなければあり得ない．

(2) $\Rightarrow$ (3) $K[X]$ は一意分解体であるから，$f(X) \in K[X]$ は既約式の積に分解する．ところが既約式はすべて 1 次式であるから，(3) が成り立つ．

(3) $\Rightarrow$ (4) $f(X) \in K[X]$ は 1 次式の積に分解するから，$\deg f(X) = n$ とすると

$$f(X) = (X - \alpha_1) \cdots (X - \alpha_n) \quad (\alpha_1, \cdots, \alpha_n \in K)$$

となる．このとき，$\alpha_i \in K$ は $f(X)$ の根である．

(4) $\Rightarrow$ (5) $\alpha \in L$ を K 上代数的とし，α の最小多項式を $f(X) \in K[X]$ とすると，$f(X)$ は K に根を持つ．すると，因数定理 6.5 によって $f(X)$ は 1 次式を因数に持つことになる．$f(X)$ は既約多項式であるから，このことは $f(X) = X - \alpha$ という 1 次式ということである．ところが，$X = \alpha$ も $f(X)$ の根であるから $f(X) = X - \alpha$ となって，$\alpha \in K$ がいえた．

(5) $\Rightarrow$ (1) これは明らかである．

4 $\bar{K}$ を K の代数的閉包とする（シュタイニッツの定理）．すると $\bar{K}$ において $f(X) = a(X - \alpha_1) \cdots (X - \alpha_n)$ ($\alpha_i \in \bar{K}$) と分解するから，$L = K(\alpha_1, \cdots, \alpha_n)$ ($\subseteq \bar{K}$) は

$f(X)$ の K 上の最小分解体である.

5 $a \in K$ は $\sigma(a) = \bar{a} = a + (f(X))$ に写される. $a \neq 0$ のときは,
$$\bar{1} = \sigma(1) = \sigma(aa^{-1}) = \sigma(a)\sigma(a^{-1}) = \sigma(a)\sigma(a)^{-1} = \bar{a}\bar{a}^{-1}$$
となるから, $\bar{a} \neq \bar{0}$ である. したがって, $\mathrm{Ker}\,\sigma = \{0\}$ である. これより定理 2.8 によって, σ は単射準同型である.

6 準同型写像 $\sigma : K[X] \to K[\alpha] = K(\alpha)$, $h(X) \mapsto h(\alpha)$ を考えると, $K[X]/(f(X)) = K[X]/(\mathrm{Ker}\,\sigma) \cong K(\alpha)$ である. また, $g(\alpha) = 0$ であるから, $g(X) \in \mathrm{Ker}\,\sigma = (f(X))$ となって, $f(X) | g(X)$ がいえた.

7 $f(X)g(X)$ の k 次の項は $\displaystyle\sum_{i+j=k} a_i b_j X^k$ であるから, $(f(X)g(X))'$ の $k-1$ 次の項は
$$\sum_{i+j=k} k a_i b_j X^{k-1}$$
である. 一方, $f'(X)g(X) + f(X)g'(X)$ の $k-1$ 次の項は
$$\sum_{i+j=k-1}(i+1)a_{i+1}X^i \cdot b_j X^j + \sum_{i+j=k-1} a_i X^i \cdot (j+1)b_{j+1} X^j$$
$$= \sum_{i=0}^{k-1}((i+1)a_{i+1}b_{k-i-1} + (k-i)a_i b_{k-i})X^{k-1}$$
$$= ka_k b_0 X^{k-1} + \sum_{i=1}^{k-1}(ia_i b_{k-i} + (k-i)a_i b_{k-i})X^{k-1} + ka_0 b_k X^{k-1}$$
$$= ka_k b_0 X^{k-1} + \sum_{i=1}^{k-1} ka_i b_{k-i} X^{k-1} + ka_0 b_k X^{k-1} = \sum_{i=0}^{k} ka_i b_{k-i} X^{k-1}$$
となるから, $(f(X)g(X))' = f'(X)g(X) + f(X)g'(X)$ がいえた.

8 r に関する帰納法によって証明する.

$1°$ $r=1$ のときを証明する.
$$_p\mathrm{C}_k = \frac{p(p-1)\cdots(p-k+1)}{k(k-1)\cdots 1}$$
かつ p は素数であるから, $_p\mathrm{C}_k$ は $k \neq 0, p$ 以外のときには p でわり切れる. したがって $K = \mathbb{F}_p$ では $_p\mathrm{C}_k = 0\ (k \neq 0, p)$ である. これより,
$$(a+b)^p = a^p + b^p$$
である.

$2°$ $r \geq 2$ のときを証明する. $r-1$ のときを仮定すると
$$(a+b)^q = \left((a+b)^{p^{r-1}}\right)^p = (a^{p^{r-1}} + b^{p^{r-1}})^p$$

$$= (a^{p^{r-1}})^p + (b^{p^{r-1}})^p = a^{p^r} + b^{p^r} = a^q + b^q$$

である．

$3°$ $(a-b)^q$ については，$(a+b)^q = a^q + b^q$ において b のかわりに $-b$ を代入する．このとき，p が奇素数なら $(-b)^q = -b^q$ であり，$p = 2$ なら $-b^q = b^q$ であるから，やはり成り立つ．

9 エラトステネスのふるいを適用する．まず，$X \in \mathbb{F}_3[X]$ は既約だから，その倍数を消去する．次に $X+1$, $X+2$ が既約だからその倍数をすべて消去する．次に，X^2+1 が既約であるが，この倍数で X, $X+1$, $X+2$ で消去されていないものは 3 次以上の多項式であるから，2 次以下の既約多項式だと，ここまでですべて求まったことになる．

X　　　　　　$X+1$　　　　　$X+2$
$X^2 \times$　　　　　X^2+1　　　　$X^2+2\times$　　$X^2+X\times$
$X^2+X+1\times$　X^2+X+2　$X^2+2X\times$　$X^2+2X+1\times$
X^2+2X+2

結局，求める既約多項式は

X　$X+1$　$X+2$　X^2+1　X^2+X+2　X^2+2X+2

となる．

9　計算代数

1 この命題の対偶，「$\mathbb{N}^n$ 上の順序付け $>$ が整列順序とならないとき，またそのときに限って，$\mathbb{N}^n$ における狭義減少列で無限に続くものがある」を証明する．

$>$ が整列順序でなかったとすると，最小元を持たない空でない $\mathbb{N}^n$ の部分集合 S が存在する．そこで，S から $\alpha(1)$ をとる．$\alpha(1)$ は最小元ではないので，これよりも小さい元 $\alpha(2) \in S$ が存在する．この $\alpha(2)$ も最小元ではないのでさらに小さい元 $\alpha(3) \in S$ が存在する．これを続けていくと S の狭義減少無限列 $\alpha(1) > \alpha(2) > \alpha(3) > \cdots$ が得られる．

また逆に，このような狭義減少無限列が存在したとき，集合 $\{\alpha(1), \alpha(2), \alpha(3), \cdots\}$ は最小元を持たない．したがって $>$ は整列順序ではない．

2 項順序の定義 (1), (2), (3) それぞれについて示す．

(1) $>_{\text{lex}}$ が全順序であることは，辞書式順序の定義と通常の数の順序が全順序であることから直接導くことができる．

(2) $\alpha >_{\text{lex}} \beta$ とすると，$\alpha - \beta$ の一番左の 0 でない成分 ($\alpha_k - \beta_k$ とする) は正であ

る．ここで，$(\alpha+\gamma)-(\beta+\gamma)=\alpha-\beta$ である．この一番左の 0 でない成分は $\alpha_k-\beta_k>0$ である．

(3) $>_{\text{lex}}$ が整列順序でないと仮定すると，補題 9.1 によって，$\mathbb{N}^n$ の元からなる無限狭義減少列

$$\alpha(1)>_{\text{lex}}\alpha(2)>_{\text{lex}}\alpha(3)>_{\text{lex}}\cdots$$

が存在する．ここで，各ベクトル $\alpha(i)\in\mathbb{N}^n$ の第 1 成分を考えると，辞書式順序の定義から，第 1 成分は非負整数からなる非増加列をつくることがわかる．なぜなら，$\alpha(j+1)$ の第 1 成分が $\alpha(j)$ の第 1 成分よりも真に大きいとすると，$\alpha(j+1)-\alpha(j)$ の一番左の 0 でない成分が正となるので，$\alpha(j+1)>_{\text{lex}}\alpha(j)$ となり，矛盾が生じる．このとき，非負整数の集合 $\mathbb{N}^n$ における通常の順序は整列順序であるから，この第 1 成分の列は最小値を持つ．したがって，自然数 k が存在して，$i\geq k$ であるようなすべての i に対して，$\alpha(i)$ の第 1 成分は等しくなる．

次に k 番目以降のベクトルの列を取り出して考えることにする．それらのベクトルの第 2 成分以降からなるベクトルの列を (混同の恐れがないので) 改めて $\alpha(k),\alpha(k+1),\cdots$ とおいて考えると，これらも辞書式順序に従っている．そして，上の議論と同様に $\alpha(k),\alpha(k+1),\cdots$ の第 1 成分の列は非増加列となるから，この列も最小値を持つ．したがって，自然数 k' が存在して，$i\geq k'$ であるようなすべての i に対して，$\alpha(i)$ の第 1 成分は等しくなる．

この議論をもとのベクトルの第 3 成分以降に対しても行うと，成分の数は有限であるので，ある自然数 l 以降は $\alpha(l),\alpha(l+1),\cdots$ がすべて同じになることがわかる．これは

$$\alpha(0)>_{\text{lex}}\cdots>_{\text{lex}}\alpha(l)>_{\text{lex}}\alpha(l+1)>_{\text{lex}}\cdots$$

が狭義減少列であることに矛盾する．

3 $I=(X^{\beta(1)},\cdots,X^{\beta(s)})$, $J=(X^{\alpha(1)},\cdots,X^{\alpha(s)})$ とするとき，$I=J$ であることを示せばよい．

1° $I\subseteq J$ を示す．I の任意の元は多項式 $h_i\in K[X_1,\cdots,X_n]$ および基底 $X^{\beta(i)}$ によって $\sum_i h_i X^{\beta(i)}$ と表すことができる．$X^{\beta(i)}$ は適当な $X^{\alpha(i)}$ をとれば，ある単項式 $X^{\gamma(i)}\in K[X_1,\cdots,X_n]$ を用いて $X^{\beta(i)}=X^{\gamma(i)}X^{\alpha(i)}$ と表せるので，

$$\sum_i h_i X^{\beta(i)}=\sum_i h_i X^{\gamma(i)} X^{\alpha(i)}$$

であり，これは明らかに J に属する．

2° $J\subseteq I$ を示す．J の任意の元は多項式 $h_i\in K[X_1,\cdots,X_n]$ によって $\sum_i h_i \boldsymbol{x}^{\alpha(i)}$

と表すことができる．ここで，$\alpha(i) \in A$ であるので $X^{\alpha(i)} \in I$ である．したがって，$\sum_i h_i \boldsymbol{x}^{\alpha(i)} \in I$ となる．

4 (1) $g \in I \backslash \{0\}$ に対する先頭単項式 $\mathrm{LM}(g)$ は単項式イデアル $(\mathrm{LM}(g) \mid g \in I - \{0\})$ を生成する．ここで，$\mathrm{LM}(g)$ と $\mathrm{in}(g)$ は係数の違いしかないので

$$(\mathrm{LM}(g) \mid g \in I \backslash \{0\}) = (\mathrm{in}(g) \mid g \in I \backslash \{0\}) = (\mathrm{in}(I))$$

である．

(2) $(\mathrm{in}(I))$ が $g \in I \backslash \{0\}$ に対する先頭単項式 $\mathrm{LM}(g)$ によって生成されることから，ディクソンの補題 (定理 9.2) によって，$(\mathrm{in}(I)) = (\mathrm{LM}(g_1), \cdots, \mathrm{LM}(g_t))$ となる $g_1, \cdots, g_t \in I$ が存在することがわかる．これより，$(\mathrm{in}(I)) = (\mathrm{in}(g_1), \cdots, \mathrm{in}(g_t))$ が成り立つ．

5 $g_1, \cdots, g_s$ を異なる適当な順序で並べてわり算アルゴリズムを実行したときに得られた結果をそれぞれ

$$f = a_1 g_1 + \cdots + a_s g_s + r = a_1' g_1 + \cdots + a_s' g_s + r'$$

であるものとする．このとき，

$$r - r' = (a_1' g_1 + \cdots + a_s' g_s) - (a_1 g_1 + \cdots + a_s g_s) \in I$$

であるので，グレブナー基底の定義から，$r \neq r'$ なら $\mathrm{in}(r - r') \in (\mathrm{in}(I)) = (\mathrm{in}(g_1), \cdots, \mathrm{in}(g_s))$ となる．すると，補題 9.3 によって，$\mathrm{in}(r_2 - r_1)$ をわり切る $\mathrm{in}(g_i)$ が存在する．これは，r, r' のいずれの項も $\mathrm{in}(g_1), \cdots, \mathrm{in}(g_s)$ によってわれないことから，不可能である．したがって，$r = r'$ が成り立つ．

参考文献

　ここでは本書を執筆するのに参考とさせていただいたものを含めてあげておくので，読者はこれらを参考にして勉強を続けられるとよい．
　代数学の教科書としてやさしいものとしては，例えば次のものがある．
［１］　上野健爾，代数入門，岩波書店，2004．
［２］　新妻弘，木村哲三，群・環・体入門，共立出版，1999．
［３］　新妻弘，演習 群・環・体入門，共立出版，2000．
［４］　松阪和夫，代数系入門，岩波書店，1976．
　標準的な教科書として，次のものをあげておく．
［５］　森田康夫，代数概論，裳華房，1987．
［６］　松村英之，代数学，朝倉書店，1990．
　代数学の各分野の教科書としては次のようなものがある．[8],[9],[10] は専門的な教科書である．[9] は名著であるが，[10] のほうが読みやすい．
［７］　M. リード，伊藤由佳里訳，可換環論入門，岩波書店，2000．
［８］　松村英之，可換環論，共立出版，1980, 2000．
［９］　永田雅宣，可換体論（新版），裳華房，1985．
［10］　藤崎源二郎，体とガロア理論，岩波書店，1991．
　初等整数論については次のものをあげておく．最初のもののほうがやさしい．[15] は古典的名著．
［11］　楫元，工科系のための 初等整数論入門，培風館，2000．
［12］　近藤庄一，初等的数論の代数，サイエンティスト社，1996．
［13］　木田裕司，初等整数論，朝倉書店，2001．
［14］　J. シルヴァーマン，鈴木二郎訳，はじめての数論，ピアソン・エデュケーション，2001．
［15］　高木貞治，初等整数論講義（第 2 版），共立出版，1931, 1971．
［16］　和田秀男，コンピュータと素因子分解（改訂版），遊星社，1999．
　暗号理論については最初に[17] を一読されるとよい．また，早めに楕円曲線暗号理論を学ばれるとよいが，[22],[23],[24] などを参照されたい．

参考文献

[17] 一松信, 暗号の数理 (改訂新版), ブルーバックス, 講談社, 2005.
[18] 岡本栄司, 暗号理論入門 (第2版), 共立出版, 2002.
[19] 笠原正雄, 境隆一, 暗号, 共立出版, 2002.
[20] 澤田秀樹, 暗号理論と代数学, 海文堂, 1997.
[21] 藤原良, 神保雅一, 符号と暗号の数理, 共立出版, 1993.
[22] S. コウチーニョ, 林彬訳, 暗号の数学的基礎, シュプリンガー・フェアラーク東京, 2001.
[23] N. コブリッツ, 林彬訳, 暗号の代数的理論, シュプリンガー・フェアラーク東京, 1999.
[24] S. ブーフマン, 林芳樹訳, 暗号理論入門, シュプリンガー・フェアラーク東京, 2001.
[25] I. ブラケ, G. セロッシ, N. スマート, 鈴木治郎訳, 楕円曲線暗号, ピアソン・エデュケーション, 2001.

符号理論は教科書が多すぎて, ここではあげきれない. [26] は読みやすい. [27] は本格的な教科書. [27] の参考書リストを参考にするとよい.

[26] 笠原正雄, 佐竹賢治, 誤り訂正符号と暗号の基礎数理, コロナ社, 2004.
[27] 今井秀樹, 符号理論, 電子情報通信学会, 1990.

計算代数については, まず[28]を読まれたい. [29] は本格的教科書. 計算代数は, 実際に計算機で計算する必要があるが, そのためには[32],[33] を参考にするとよい.

[28] D. コックス, J. リトル, D. オシー, 落合啓示他訳, グレブナ基底と代数多様体入門 (上, 下), シュプリンガー・フェアラーク東京, 2000.
[29] D. コックス, J. リトル, D. オシー, 大杉英史他訳, グレブナ基底 (1, 2), シュプリンガー・フェアラーク東京, 2000.
[30] 日比孝之, グレブナー基底, 朝倉書店, 2003.
[31] 丸山正樹, グレブナー基底とその応用, 共立出版, 2002.
[32] 野呂正行, 横山和弘, グレブナー基底の計算 基礎編, 東京大学出版会, 2003.
[33] 斉藤友克, 竹島卓, 平野照比古, グレブナー基底の計算 実践編, 東京大学出版会, 2003.

なお暗号理論や計算代数を応用するに当たっては, 代数幾何学を知っていたほうがよい. これに関しては, [34] が具体例が多く親しみやすい.

[34] 上野健爾, 代数幾何入門, 岩波書店, 1995.

索　引

ア　行

アーベル群 (abelian group)　　3, 19
余り (remainder)　　191
誤り語 (errorword)　　168
アルゴリズム (algorithm)　　71
暗号 (cipher)　　100
暗号化 (encryption)　　100
位数 (order)　　19
一意分解環 (unique factorization ring)　　59
イデアル (ideal)　　41
因数定理 (factor theorem)　　122
ウィルソンの定理　　86
上への同型　　149
埋め込み (embedding)　　149
オイラー関数 (Euler function)　　87
オイラーの定理　　87

カ　行

カーマイケル数 (Carmichael number)　　106
解 (solution)　　117
概素数 (almost prime)　　105
解読 (cryptanalysis)　　100
ガウス整数 (Gaussian integer)　　4
ガウスの整数環 (ring of Gaussian integers)　　4
可換環 (commutative ring)　　3, 39
可換群 (commutative group)　　3, 19
可換体 (commutaive field)　　5
可逆元 (invertible element)　　39
核 (kernel)　　26, 44
拡大次数 (extension degree)　　6, 140
拡大体 (extended field)　　6, 140
加法 (addition)　　2
加法群 (additive group)　　3
可約 (reducible)　　128
ガロア体 (Galois field)　　166
環 (ring)　　3, 38
関係 (relation)　　9
環準同型写像 (ring-homomorphism)　　44
関数 (function)　　13
擬素数 (pseudo-prime)　　105
基底 (basis)　　138, 191
既約 (irreducible)　　128
既約元 (irreducible element)　　58
逆元 (inverse element)　　18
逆写像 (inverse mapping)　　13
既約剰余類群 (irreducible quotient group)　　84
逆像 (inverse image)　　13
既約多項式 (irreducible polynomial)　　128

極小グレブナー基底 (minimal Groebner basis) 203
局所化 (localization) 56
極大イデアル (maximal ideal) 51
距離 (metric) 171
距離空間 (metric space) 171
グレブナー基底 (Groebner basis) 198
群 (group) 18
結合則 (associative law) 18
検査記号 (check digit) 169
検査行列 (check matrix) 168
検査ビット (check bit) 169
原始根 (primitive root) 95, 159
原始多項式 (primitive polynomial) 130
元の位数 (order) 33
公開鍵 (public key) 100, 101
公開鍵暗号 (public key cryptography) 100
交換則 (commutative law) 19
項順序 (monomial ordering) 188
合成写像 (composite mapping) 14
恒等写像 (identity mapping) 14
公約元 (common divisor) 59
公約式 (common divisor) 125
公約数 (common divisor) 125
根 (root) 117

サ 行

最小重み (minimum weight) 172
最小距離 (minimum distance) 171
最小公倍元 (least common multiple) 59
最小公約元 (least common multiple) 67
最小公倍項 (least common multiple) 208
最小多項式 (minimal polynomial) 142
最小ハミング重み (minimum Hamming weight) 172
最小ハミング距離 (minimum Hamming distance) 171
最小分解体 (minimal splitting field) 150
最大公約元 (greatest common divisor) 59, 67
最大公約式 (greatest common divisor) 125
最大公約数 (greatest common divisor) 125
鎖公式 (chain rule) 141
差集合 (difference set) 5
次元 (dimension) 139
四元数体 (quaternion field) 123
辞書式順序 (lexicographic order) 188
次数 (degree) 114, 116
次数付き逆辞書式順序 (graded reverse lexicographic order) 189
次数付き辞書式順序 (graded lexicographic order) 189
自然な射影 (natural projection) 28
自然な準同型 (natural homomorphism) 28
実数体 (field of real numbers) 5
自明なイデアル (trivial ideal) 41
自明な群 (trivial group) 20
自明な正規部分群 (trivial normal subgroup) 23
写像 (map, mapping) 13
斜体 (skew field) 39

索　引

周期 (period)　162
シュタイニッツの定理 (Steinitz theorem)　149
巡回群 (cyclic group)　32
巡回置換 (cyclic permutation)　175
巡回ハミング符号 (cyclic Hamming code)　182
巡回符号 (cyclic code)　175
順序 (order)　15
順序集合 (ordered set)　15
準同型 (homomorphism)　25
準同型写像 (homomorphism)　25
準同型定理　29
商 (quotient)　191
商環 (quatient ring)　56
商群 (quotient group)　24
証拠 (evidence)　105
昇鎖 (ascending chain)　200
昇鎖律 (ascending chain condition)　200
商集合 (quotient set)　12
商体 (quotient field)　57
乗法 (multiplication)　2
情報記号 (information digit)　169
乗法群 (multiplicative group)　20
乗法的閉集合 (multiplicative closed subset)　53
情報ビット (information bit)　169
剰余環 (factor ring)　44
剰余群 (quotient group)　24
剰余類 (equivalence class, residue classes)　23, 46
シンドローム (syndrome)　173
推移律 (transitive law)　9
数体 (number field)　7
スカラー倍 (scalor multipication)　138

図式 (diagram)　14
整域 (integral domain)　49
正規部分群 (noraml subgroup)　23
制限 (restriction)　14
(有理) 整数環 (ring of integers)　3
生成行列 (generator matrix)　170
生成系 (generating system, system of generators)　32, 191
生成元 (generator)　32, 40
生成多項式 (generator polynomial)　176
整列集合 (well-ordered set)　15
整列順序 (well-oder)　15, 188
線形空間 (linear space)　138
線形従属 (linearly dependent)　138
線形独立 (linearly independent)　138
線形符号 (linear code)　166
線形部分空間 (linear subspace)　138
全射 (surjection)　13
全射準同型写像 (epimorphism)　28
単射 (bijection)　13
先頭項係数 (leading coefficient)　189
先頭項 (initial term, leading term)　189
先頭項イデアル (initial ideal)　197
先頭単項式 (leading monomial)　189
全順序 (total order)　15
素イデアル (prime ideal)　49
像 (image)　13
双対符号 (dual code)　167
素元 (prime, prime element)　59
素体 (prime field)　51, 140
孫子の剰余定理 (Theorem of Sun Zi)　82
孫子の定理　82

タ 行

体 (field)　5, 39
第一同型定理　31
対称律 (symmetric law)　9
代数的 (algebraic)　142
代数拡大 (algebraic extension)　143
代数的拡大体 (algebraically extended field)　7
代数的閉体 (algebraically closed field)　147
代数的閉包 (algebraich closure)　149
第二同型定理　31
代表系 (system of representatives)　12
代表元 (representative)　12
互いに素 (relatively prime)　59, 74, 125
多項式環 (multivariate polynomial ring)　116
多重次数 (multidegree)　189
単位元 (unit element)　18
単一パリティ検査符号 (parity check equations)　168
単拡大 (simple extension, monogenic extention)　143
単元 (unit)　39
単項イデアル (principal ideal)　40
単項イデアル環 (principal ring)　42
単項式イデアル (monomial ideal)　194
単射 (injection)　13
単射準同型写像 (monomorphism)　27
単純環 (simple ring)　41
単数群 (group of units)　39, 84

値域 (range)　13
中間体 (intermediate field)　140
中国人の剰余定理 (Chinese Remainder Theorem)　43
超越的 (transcendental)　142
超越的拡大 (transcendential extension)　143
直積 (cartesian product)　8
直交 (orthogonal)　167
直交補空間 (orthgonal complement)　167
定義域 (domain)　13
ディクソンの補題 (Dickson's lemma)　194
ディジタル通信路 (digital channel)　166
転置 (transpose)　167
導関数 (derivative)　154
同型 (isomorphic)　28
同型写像 (isomorphism)　28
同値関係 (equivalence relation)　9
同値類 (equivalence class)　10
同伴 (associate)　64

ナ 行

内積 (inner product)　167
中への同型　149
ネーター環 (Noeterian ring)　199, 200

ハ 行

倍元 (multiple)　59
倍数 (multiple)　125
ハミング重み (Hamming weight)　171

ハミング距離 (Hamming distance) 171
ハミング符号 (Hamming code) 173
パリティ検査行列 (parity check matrix) 168
パリティ検査方程式系 (parity check equations) 167
反元 19
反射律 (reflective law) 9
半順序 (partial order) 15
非対称鍵暗号 (asymmetric key cryptography) 100
左イデアル (left ideal) 40
左逆元 (left inverse) 39
左剰余類 (left equivalence class) 22
秘密鍵 (private key, secret key) 100, 101
被約 (reduced) 205
被約グレブナー基底 (reduced Groebner basis) 205
標準基底 (standard basis) 198
標数 (characteristic) 50, 140
ヒルベルトの基底定理 (Hilbert basis theorem) 197
ブーフベルガーのアルゴリズム (Buchberger's algorithm) 215
フェルマーテスト (Fermat test) 105
フェルマーの小定理 (small Fermat's theorem) 85
復号 (decoding, decryption) 100
複素数体 (field of complex numbers) 5
符号語 (codeword) 166
符号多項式 (code-polynomial) 175
符号長 (code length) 166
ブーフベルガーの判定条件 210
不定元 (indeterminate) 114

部分環 (subring) 39
部分空間 (subspace) 138
部分群 (sub-group) 20
部分集合族 (family of subsets) 11
部分体 (subfield) 51, 140
分解環 (factorial ring) 59
分解体 (splitting field) 150
分割 (division) 11
分配則 (distributive law) 38
平方因子 (square factor) 90
ベクトル空間 (vector space) 138

マ 行

右イデアル (right ideal) 40
右逆元 (right inverse) 39
右剰余類 (right equivalence class) 22
無限拡大 (infinite extension) 7
無限群 (infinite group) 20
無限次拡大 (infinite extension) 140
無限巡回群 (infinite cyclic group) 32
モニック (monic) 142
モニック多項式 (monic polynomial) 118

ヤ 行

約元 (divisor) 59, 67
約数 (divisor) 125
ユークリッド整域 (Euclidean domain) 66
有限拡大 (finite extension) 7
有限群 (finite group) 19
有限次拡大 (finite extension) 140
有限次元ベクトル空間 (finite dimen-

sional vector space) 139
有限巡回群 (finite cyclic group) 32
有限生成 (finitely generated) 32
有理関数 (rational function) 117
有理関数体 (field of rational functions) 117
有理式 (rational expression) 117
有理数体 (field of rational numbers) 5
余因数 (cofactor) 109

ラ 行

離散距離 (discrete metric) 171
離散距離空間 (discrete metric space) 171
両側イデアル (two-sided ideal) 40
零因子 (zero divisor) 49
零元 (zero element) 19

連立合同式 (simultaneous congruences) 82

ワ 行

和 (sum) 138

数字・欧字

1次合同式 (linear congruence) 78
1変数多項式環 (polynomial ring in one variable, univariate polynomial ring) 115
2項関係 (binary relation) 9
2次元巡回符号 (two dimensional cyclic code) 217
K–同型 (K-isomorphism) 149
S–多項式 (S-polynomial) 208

著者略歴

平林 隆一(ひらばやしりゅういち)

1982 年　東京工業大学工学研究科経営工学専攻博士課程修了
1982 年　東京理科大学工学部二部経営工学科助手
1994 年　東京理科大学工学部二部経営工学科教授
現　在　目白大学経営学部経営学科教授，工学博士
　　　　この間アーヘン工科大学，フンボルト大学等の数学科客員教授を歴任

主要著書

OR 事例集(分担執筆，日本 OR 学会編，日科技連出版社，1983)
情報システムハンドブック(分担執筆，培風館，1989)
Parametric Optimization and Related Topics V (共同編集, Peter Lang, 2000)

新・工科系の数学＝TKM-A1
工学基礎　代数系とその応用

2006 年 10 月 10 日 ⓒ　　　　　初 版 発 行
2018 年 10 月 10 日　　　　　　初版第 2 刷発行

著　者　平林隆一　　　発行者　矢沢和俊
　　　　　　　　　　　印刷者　中澤　眞
　　　　　　　　　　　製本者　米良孝司

【発行】　　　株式会社　数理工学社
〒151-0051　東京都渋谷区千駄ヶ谷 1 丁目 3 番 25 号
☎(03)5474-8661(代)　　　サイエンスビル

【発売】　　　株式会社　サイエンス社
〒151-0051　東京都渋谷区千駄ヶ谷 1 丁目 3 番 25 号
☎(03)5474-8500(代)　　　振替 00170-7-2387

組版　ビーカム
印刷　(株)シナノ　　製本　ブックアート
《検印省略》

本書の内容を無断で複写複製することは，著作者および出版者の権利を侵害することがありますので，その場合にはあらかじめ小社あて許諾をお求め下さい。

サイエンス社・数理工学社の
ホームページのご案内
http://www.saiensu.co.jp
ご意見・ご要望は
suuri@saiensu.co.jp　まで．

ISBN4-901683-40-3

PRINTED IN JAPAN

工学基礎
離散数学とその応用

徳山　豪 著

A5 判 ／ 224 頁 ／ 本体 1950 円
2 色刷　ISBN4-901683-10-1

本書の特徴

- 証明や説明法も既存のものはできるだけ用いずに，柔らかく理解できるように構成された「楽しく読める」書．
- 情報処理や工学的応用を意識しながら，離散数学の基本技術が修得できる．
- 離散数学自体の美しさも平易に解説し，かつ現代数学や情報科学への拡がりも紹介．
- 章末問題を多数収録し，詳しい解説も掲載．

主要目次

第1章　序章
第2章　集合と論理
第3章　組合せ数
第4章　グラフ理論
第5章　情報理論と木
第6章　組合せ数学の宝石箱

発行・数理工学社／発売・サイエンス社

工学基礎
最適化とその応用

矢部　博 著
A5判／272頁／本体 2300 円
2色刷　ISBN4-901683-34-9

本書の特徴
- まず最適性条件，双対定理などの理論を述べ，次に代表的な数値解法を紹介した．
- 代表的な数値解法に対する図解を載せるとともに具体的な計算例も与えた．
- 理解を深めるために，章末に豊富な演習問題を載せて詳しい解答も付した．

主要目次
第 1 章　序章
第 2 章　凸集合と凸関数
第 3 章　線形計画法
第 4 章　非線形計画法 I（無制約最小化問題）
第 5 章　非線形計画法 II（制約付き最小化問題）

発行・数理工学社／発売・サイエンス社

マネジメント・エンジニアリング のための数学

猿渡　康文 著

A5 判／240 頁／本体 2200 円
2 色刷　ISBN4-901683-37-3

本書の特徴

- 客観的かつ説得力のあるマネジメント技術である最適化に焦点を当てて解説.
- 文系・理系を問わず広い読者を想定し，カレントで応用範囲の広い内容をカバー.
- 例題を通して平易に解説し，結果を導出するためのエンジニアリング（技術）も詳解.

主要目次

第 1 章　マネジメント・エンジニアリングへの誘い
第 2 章　線形計画モデル
第 3 章　線形計画問題と双対理論
第 4 章　線形計画問題と感度分析
第 5 章　ネットワーク計画モデル
第 6 章　ネットワーク計画問題と主・双対単体法
第 7 章　階層化意思決定法
第 8 章　経営の効率性評価モデル ─ 包絡分析法

発行・数理工学社／発売・サイエンス社